Ruth David | Jan de Boer | Hans Erhorn
Johann Reiß | Lothar Rouvel | Heiko Schiller
Nina Weiß | Martin Wenning

Heizen, Kühlen, Belüften & Beleuchten

Bilanzierungsgrundlagen nach DIN V 18599

Ruth David | Jan de Boer | Hans Erhorn
Johann Reiß | Lothar Rouvel | Heiko Schiller
Nina Weiß | Martin Wenning

Heizen, Kühlen, Belüften & Beleuchten

Bilanzierungsgrundlagen nach DIN V 18599

2., unveränderte Auflage

Fraunhofer IRB Verlag

Bibliografische Information der Deutschen Nationalbibliothek

Die Deutsche Nationalbibliothek verzeichnet diese Publikation in der Deutschen Nationalbibliografie; detaillierte bibliografische Daten sind im Internet über http://dnb.d-nb.de abrufbar.
ISBN: 978-3-8167-7937-7

Herstellung: Dietmar Zimmermann
Satz: Robert Turzer, Tübingen
Umschlaggestaltung: Martin Kjer
Druck: BoD - Books on Demand, Norderstedt

Für den Druck des Buches wurde chlor- und säurefreies Papier verwendet.

Diese Publikation entstand im Rahmen des Begleitforschungsprojektes des Förderkonzeptes »Energetische Sanierung der Bausubstanz (EnSan)« des Bundesministeriums für Wirtschaft und Technologie (BMWi).

Fraunhofer-Informationszentrum
Raum und Bau IRB
Nobelstraße 12, 70569 Stuttgart
Telefon (0711) 9 70-25 00
Telefax (0711) 9 70-25 08
E-Mail: irb@irb.fraunhofer.de
http://www.baufachinformation.de

Vorwort

Mit der Ende 2002 erlassenen EU-Richtlinie »Gesamtenergieeffizienz von Gebäuden« ergibt sich ab dem Jahr 2006 europaweit die Anforderung, nicht nur Wohngebäude sondern auch Nichtwohngebäude, nicht nur die Raumheizung sondern auch die Kühlsysteme, die Lüftungssysteme und die Beleuchtungssysteme sowie die Gebäudekonstruktion in eine ganzheitliche Bewertung der energetischen Effizienz von Gebäuden einzubeziehen. Diese Anforderungen gelten in gleicher Weise für Neubauten wie für Bestandsgebäude. Für die Umsetzung der EU-Richtlinie in Deutschland ist es durch die erstmalige enge Zusammenarbeit der Normungsgremien für Bauwesen, Technische Gebäudeausrüstung und Lichttechnik gelungen, ein gemeinsames, durchgängiges Verfahren für die Gesamtenergieeffizienz von Gebäuden zu entwickeln und in der DIN V 18599 zu veröffentlichen. Bei der Entwicklung der Methodik konnte auf neueste Forschungsergebnisse aus verschiedenen Vorhaben im Förderprogramm »Energetische Sanierung der Bausubstanz (EnSan)« des Bundesministeriums für Wirtschaft und Technologie (BMWi) zurückgegriffen werden.
Die Gesamtenergieeffizienz von Gebäuden soll, gemäß der EU-Richtlinie, nach einer Methode berechnet werden, die regional differenziert werden kann und bei der zusätzlich zur Wärmedämmung auch andere Faktoren einbeziehbar sind, wie beispielsweise Heizungssysteme und Klimaanlagen, Nutzung erneuerbarer Energieträger und unterschiedliche Konstruktionsarten des Gebäudes. Die Kommission empfiehlt hierzu eine Weiterentwicklung der in vielen Mitgliedstaaten bereits eingeführten Normen wie DIN EN 832 und DIN EN ISO 13790, unter der Maßgabe der Berücksichtigung von Klimaanlagen und Beleuchtung. Ein gemeinsamer Ansatz bei diesem Prozess ist der Einsatz von qualifiziertem und zugelassenem Fachpersonal, dessen Unabhängigkeit auf der Grundlage objektiver Kriterien zu gewährleisten ist. Dies wird dazu beitragen, gleiche Bedingungen für die Anstrengungen in den Mitgliedstaaten bei Energieeinsparungen im Gebäudesektor zu schaffen und wird für die künftigen Besitzer oder Nutzer auf dem europäischen Immobilienmarkt hinsichtlich der Gesamtenergieeffizienz für Transparenz sorgen.
In diesem Fachbuch werden die Grundlagen der neuen Methodik zur energetischen Bewertung von Gebäuden vorgestellt und die zugrunde liegenden Überlegungen zur Ermittlung der Nutzenergiebilanzanteile detailliert erörtert. Die Einbindung des Kühlbedarfs in das bestehende Bilanzierungsverfahren für die Heizwärme bildet hierbei einen der Schwerpunkte. Im Buch werden die grundlegenden Zusammenhänge dargestellt sowie Details erläutert, die sich aus der Ausweitung auf sommerliche Klimaverhältnisse und auf die Nutzung in Nichtwohngebäuden ergeben. Als weiterer Schwerpunkt wird die Methodik zur

Ermittlung des Nutzenergiebedarfs für zentrale und dezentrale Luftaufbereitungsanlagen zum Heizen, Kühlen, Befeuchten und Entfeuchten von Zuluft sowie der Luftförderung behandelt. Dritter Schwerpunkt ist die Bestimmung des Energiebedarfs für die Beleuchtung unter Berücksichtigung der natürlichen Belichtung von Gebäuden. Beispielrechnungen veranschaulichen die Anwendung der Methoden.
Dem Anwender der DIN V 18599 bietet dieses Buch Hintergrundinformationen über die Methodik und die Details des Berechnungsverfahrens für den Nutzenergiebedarf von Gebäuden und erleichtert damit das Verständnis und die richtige Anwendung in der energetischen Bilanzierung.

Wir bedanken uns beim Bundesministerium für Wirtschaft und Technologie (BMWi) und beim Projektträger Jülich (PTJ) für die uns gewährten Rahmenbedingungen bei der Erstellung des Buches. Frau Irmgard Haug sprechen wir unseren Dank für die Erstellung der Graphiken aus und beim Verlag möchten wir uns für die gute Zusammenarbeit bedanken.

Die Autoren

Inhalt

Hans Erhorn

1 Bewertung der Gesamtenergieeffizienz von Gebäuden

1.1 Einführung

Politische Vorgaben

Die Steigerung der Energieeffizienz ist ein wesentlicher Bestandteil der politischen Strategien und Maßnahmen der Staaten der Europäischen Union (EU), die zur Erfüllung der im Rahmen des Kyoto-Protokolls eingegangenen Verpflichtungen erforderlich sind, und ist daher in jedes politische Konzept zur Erfüllung weiterer Verpflichtungen einzubeziehen. Das Europäische Parlament und der Europäische Rat haben hierzu auf Vorschlag der Europäischen Kommission am 16. Dezember 2002 die Richtlinie 2002/91/EG über die Gesamtenergieeffizienz von Gebäuden erlassen, die auf der Richtlinie 89/106/EWG des Rates vom 21. Dezember 1988 zur Angleichung der Rechts- und Verwaltungsvorschriften der Mitgliedsstaaten über Bauprodukte aufbaut. Hiernach sind Bauwerke und ihre Heizungs-, Kühlungs- und Belüftungsanlagen derart zu entwerfen und auszuführen, dass unter Berücksichtigung der klimatischen Gegebenheiten des Standortes und der Bedürfnisse der Bewohner der Energieverbrauch bei ihrer Nutzung gering gehalten wird.
Die Gesamtenergieeffizienz von Gebäuden soll, gemäß der EU-Richtlinie, nach einer Methode berechnet werden, die regional differenziert werden kann und bei der zusätzlich zur Wärmedämmung auch andere Faktoren von wachsender Bedeutung einbezogen werden, z. B. Heizungssysteme und Klimaanlagen, Nutzung erneuerbarer Energieträger und Konstruktionsart des Gebäudes. Die Kommission empfiehlt hierzu eine Weiterentwicklung der in vielen Mitgliedsstaaten bereits eingeführten Normen wie DIN EN 832 und DIN EN ISO 13790, unter der Maßgabe der Berücksichtigung von Klimaanlagen und Beleuchtung. Ein gemeinsamer Ansatz bei diesem Prozess und der Einsatz von qualifiziertem und/oder zugelassenem Fachpersonal, dessen Unabhängigkeit auf der Grundlage objektiver Kriterien zu gewährleisten ist, werden dazu beitragen, gleiche Bedingungen für die Anstrengungen in den Mitgliedstaaten bei Energieeinsparungen im Gebäudesektor zu schaffen, und werden für die künftigen Besitzer oder Nutzer auf dem europäischen Immobilienmarkt hinsichtlich der Gesamtenergieeffizienz für Transparenz sorgen.

Gemäß dem Subsidiaritätsprinzip im Sinne des Vertrags zur Gründung der Europäischen Gemeinschaft sollen auf EU-Ebene nur allgemeine Grundsätze für ein System von Anforderungen und Zielen für die Gesamtenergieeffizienz festgelegt werden; die detaillierte Umsetzung aber soll den Mitgliedstaaten überlassen bleiben, um jedem Mitgliedstaat die Möglichkeit zu geben, das seiner jeweiligen Situation optimale angepasste System zu wählen.

Deutsche Umsetzung

In Deutschland ist über die Energieeinsparverordnung seit 2002 ein Bilanzierungssystem zur Bewertung der Energieeffizienz von beheizten Gebäuden eingeführt, das auf den physikalischen Modellen der Normen DIN EN 13790 (Bewertung Gebäude) und prEN 14335 (Bewertung Heiztechnik) fußt. Diese Methode ist für die Ausführungs- und Nutzungsbedingungen in neu errichteten Wohngebäuden entwickelt worden und wird bisher auch auf Nichtwohngebäude mit vergleichbarem Nutzungsprofil angewendet. Aufgrund der spezifischen Randbedingungen, die der Methode zugrunde liegen, ergeben sich bei der Anwendung unter anderen Nutzungsbedingungen, wie zum Beispiel bei Bestandsgebäuden oder bei Funktionsgebäuden mit raumlufttechnischen Anlagen, häufig unrealistisch erscheinende Energiebilanzanteile. Dies führte zur Entwicklung von spezifischen Bewertungsmethoden für verschiedene Gebäudetypen, wie z. B. Berechnungsmethoden für Passivhäuser oder Heizenergiebedarfsberechnungen für Bestandswohngebäude. Alle diese Methoden waren nicht geeignet, die in der EU-Richtlinie definierten Anforderungen an eine durchgängige Methode zufriedenstellend umzusetzen. Daher stellte das Bundesministerium für Verkehr, Bau und Wohnungswesen 2003 einen Normungsantrag, eine derartige Methode in Deutschland zu entwickeln unter der besonderen Vorgabe, verfügbare Ansätze soweit wie möglich zu nutzen, eine europäische Harmonisierung anzustreben sowie ein einfach handhabbares Verfahren zu entwickeln, das durchgängig für Alt- und Neubauten und Wohn- und Nichtwohngebäude angewandt werden kann.

Hierzu wurde beim Deutschen Institut für Normung e.V. (DIN) ein Gemeinschaftsausschuss der Fachgebiete Bauwesen, Heiz- und Raumlufttechnik und Lichttechnik gegründet, in dem die möglichen Ansätze gemeinsam diskutiert und festgelegt wurden. Für die Methodik und die Ansätze zur Berechnung des Nutzenergiebedarfs von konditionierten Bereichen in Gebäuden konnten hierbei aus dem Vorhaben SANIREV II des Förderprogramms EnSan im Forschungsrahmenprogramm des Bundes grundlegende Ergebnisse bereitgestellt werden. Ergänzt werden konnten diese Ansätze mit Ergebnissen aus dem Tageslicht-Verbundvorhaben des Bundesministeriums für Wirtschaft und Technologie (BMWi), indem eine monatliche Bilanzierungsmethode für die energetische

Bewertung der Beleuchtung von Gebäuden, unter besonderer Berücksichtigung des Tageslichtangebotes in Räumen, entwickelt wurde.
Zur Sicherstellung eines nachhaltigen Ansatzes, der mit den Konzepten in den anderen europäischen Staaten verträglich konkurrieren kann und daneben die Anforderungen der EU-Richtlinie umfassend erfüllt, wurden die entwickelten Ansätze in die europäische Normung transferiert und in die relevanten CEN Normen implementiert. Hierbei bestand die besondere Problematik, dass das europäische Normungskomitee CEN über keine vergleichbare durchgängige Methode verfügt und daher keine fachbereichsübergreifenden Ansätze verfolgt.

1.1.1 Die deutsche Bewertungsmethode

Die nach der Vornormenreihe DIN V 18599 durchgeführte Energiebilanz folgt einem integralen Ansatz, d. h. es erfolgt eine gemeinschaftliche Bewertung des Baukörpers, der Nutzung und der Anlagentechnik unter Berücksichtigung der gegenseitigen Wechselwirkungen. Zur Verbesserung der Übersichtlichkeit besteht, wie Abb. 1-1 und 1-2 zeigt, die Vornormenreihe DIN V 18599 aus mehreren Teilen, die einzelne Themenschwerpunkte behandeln.

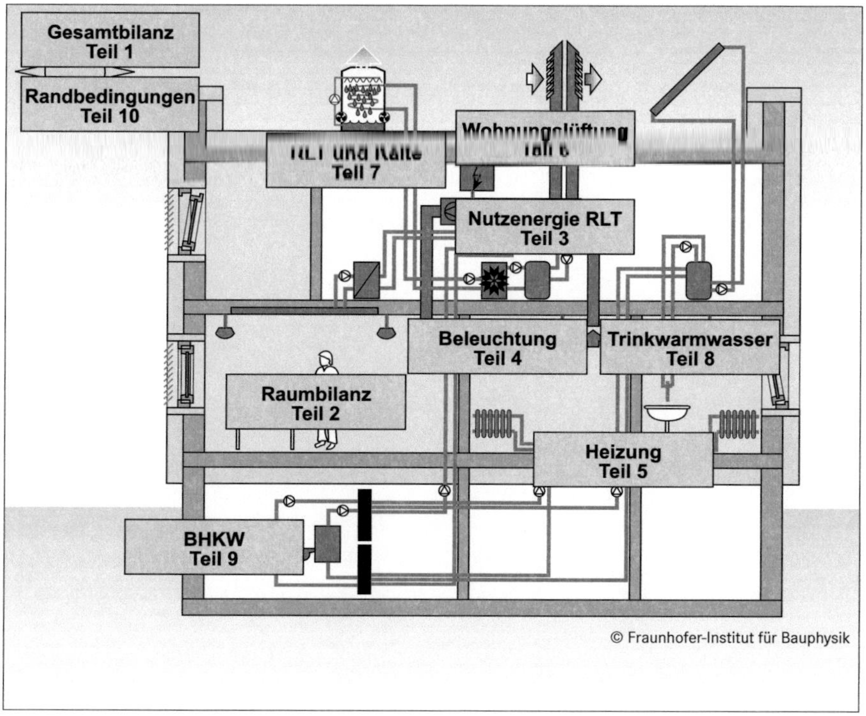

Abb. 1-1: Darstellung der einzelnen Themenschwerpunkte der DIN V 18599

DIN V 18599 – ein ganzheitlicher Ansatz

Im Teil 1 sind die Bilanzierungsregeln beschrieben und die Schnittstellen zu den anderen Teilen der Norm definiert. Darüberhinaus sind die Zonierungsregeln und die Primärenergiefaktoren hier festgelegt. Die Teile 2 bis 4 beschäftigen sich mit der Ermittlung der Nutzenergie für konditionierte Gebäudeteile. Hierbei wird unterschieden zwischen dem Energiebedarf der in Nutzungszonen entsteht, um hierin die gewünschten thermischen und visuellen Randbedingungen sicherzustellen, und dem Energiebedarf, der für die Luftaufbereitung notwendig ist, um die Zuluft von Außenluftbedingungen auf Zuluftbedingungen zu veredeln. Hierin sind auch Prozesse wie Be- und Entfeuchtung enthalten. Die Nutzenergie berücksichtigt nicht die Effizienz der Anlagentechnik, sondern gibt Auskunft über den Bedarf an Energie, den ein Gebäude bei vorgegebenen Nutzungsbedingungen erfordert. In den Teilen 4 bis 8 sind die Regeln für die Ermittlung der Energieeffizienz der Anlagentechnik für Beleuchtung, Heizung, Lüftung, Kühlung und Warmwasser definiert. Im Teil 9 wird beschrieben, wie die Energieaufwendungen in multifunktionalen Generatoren, wie z. B. Blockheizkraftwerken, primärenergetisch zu bewerten sind. Angaben über die Randbedingungen für unterschiedliche Nutzungen in Gebäuden finden sich im Teil 10 sowohl als standardisierte Nutzungsprofile für die Erstellung des Energieausweises als auch als typische Bandbreiten für die Energieberatung.

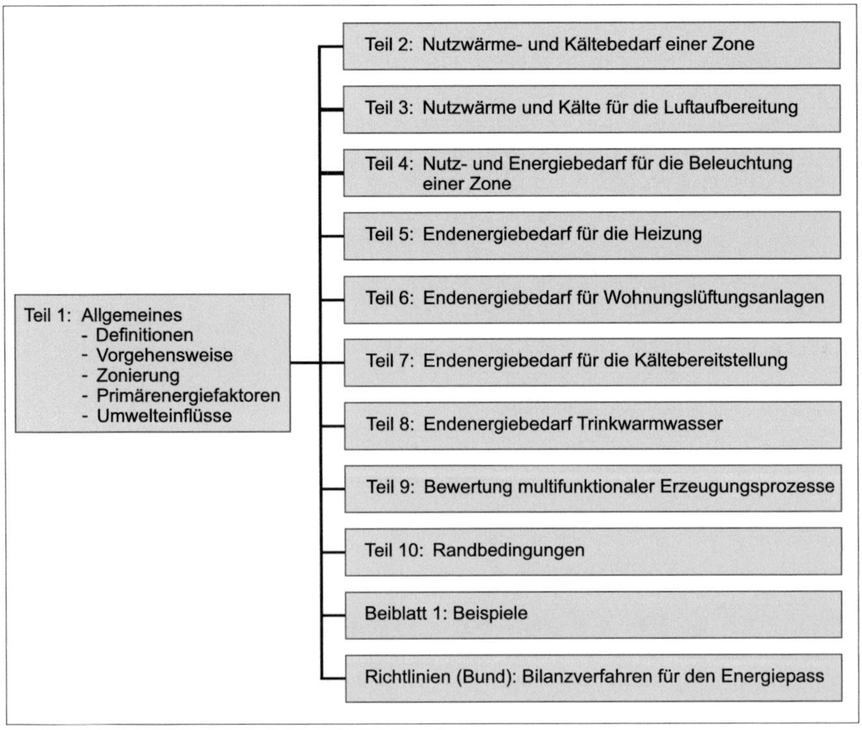

Abb. 1-2: Darstellung der einzelnen Themenschwerpunkte der Teile der DIN V 18599

1.1.2 Die CEN Standards

Das EU Mandat

Die Europäische Kommission hat zur Unterstützung einer harmonisierten nationalen Umsetzung in Bezug auf den Erwägungsgrund 11 der Richtlinie ein Mandat an das europäische Standardisierungskomitee CEN erteilt, mit dem sie die Entwicklung eines europäischen Normenpaketes finanziert, mittels dessen alle relevanten Aufgaben zur Anwendung der Richtlinie über die Gesamtenergieeffizienz von Gebäuden normativ geregelt werden können. Das Mandat besteht aus 31 Arbeitspaketen, die in fünf Technischen Komitees angelagert sind und zu über 40 Normenentwürfen führen. Abbildung 1-3 zeigt den Aufbau des Normenpaketes zur Erfüllung aller Artikel der EU-Richtlinie für die Gesamtenergieeffizienz.

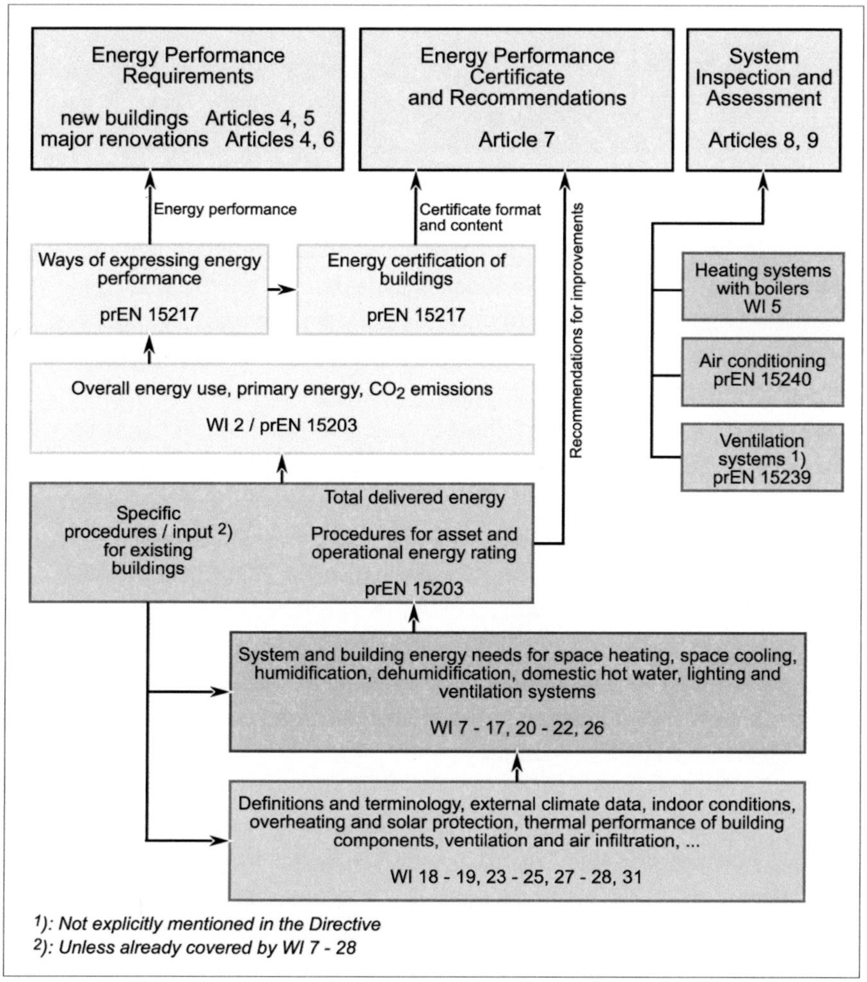

Abb. 1-3: Struktur des europäischen Normenpakets aus dem Mandat der EU Kommission

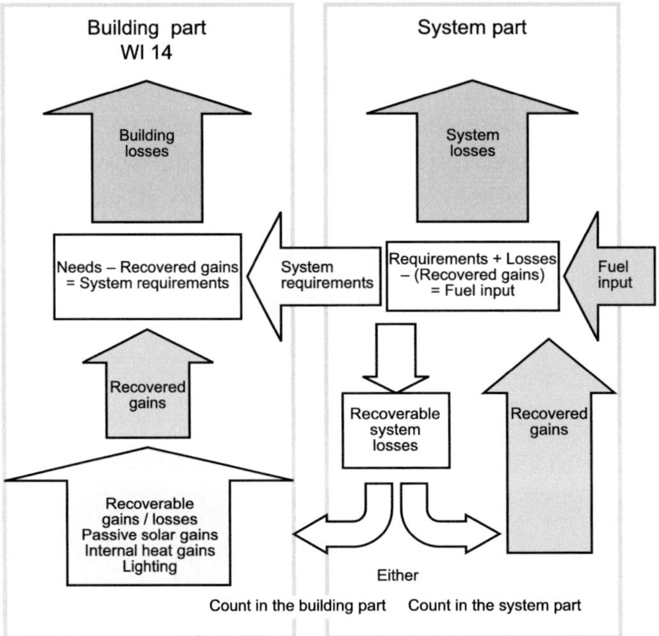

Abb. 1-4: Alternative Möglichkeiten der Verrechnung auftretender Systemverluste bei der Bilanzierung in prEN 15203 zur Ermittlung des End- und Primärenergiebedarfs

Das Paket beinhaltet eine Serie von Normen, in der die erforderlichen Eingangsgrößen für die Bewertung definiert werden, wie Klimadaten, Innenraumbedingungen, U- und g-Werte von Gebäudekomponenten, Luftmengen, etc. Eine weitere Serie beinhaltet Normen zur Bestimmung der Energieaufwendungen für Systeme zur Raumkonditionierung. Diese meist unabhängig voneinander entwickelten Normen weisen kein Schnittstellenkonzept auf. In vier übergeordneten Normen zur Energieausweiserstellung gibt es Hinweise, welche Kennwerte und Prozeduren erforderlich sind, um die energetische Zertifizierung durchführen zu können.

Die Struktur der europäischen Normen ist dadurch gekennzeichnet, dass Alternativverfahren aufgeführt sind, die aus normativer Sicht als gleichwertig eingestuft werden können. Dieses Vorgehen wurde gewählt, um bestehende Ansätze aus den Mitgliedsstaaten bestmöglich zu integrieren. Daher ist das europäische Normenpaket eher als ein Rahmenwerk zu verstehen, in dem die Grundregeln definiert sind, das aber eine möglichst große Freiheit für die Mitgliedsländer bei der Implementierung der Richtlinie erlaubt.

So erlaubt die DIN EN ISO 13790 für die Ermittlung der Heiz- und Kühlenergie einer Zone gleichberechtigt die Monatsbilanzmethode, eine Stundenbilanzmethode mit Referenztagen und eine dynamische Simulation anzuwenden. In prEN 15203 wird alternativ die Berücksichtigung der Energieabgaben der Anlagentechnik bei der Ermittlung der internen Wärmegewinne oder bei der Berechnung der Anlageneffizienz empfohlen. Abb. 1-4 zeigt die alternativen Vorgehensweisen.

Während in der bisherigen deutschen Berechnungsprozedur zur Ermittlung des Heizenergiebedarfs gemäß DIN V 4108-6 in Verbindung mit DIN V 4710-10 der rechte Pfad beschritten wird, d. h. unterschiedlich große Anlagenverluste beeinflussen nicht den Heizwärmebedarf, sondern werden lediglich bei der Effizienzermittlung der Anlagentechnik berücksichtigt, muss bei einer Erweiterung der Bilanzierungsmethode um die Anteile Beleuchtung und Kühlung eine Korrektur hin zum linken Pfad erfolgen. Indem die Wärmeabgabe der Anlagentechnik als Teil der internen Wärmequellen Berücksichtigung findet, lassen sich die Auswirkungen unterschiedlicher Anlagenausführungen auf den Wärmebedarf und besonders auf den Kühlbedarf eines Raumes realitätsnäher beschreiben. Dieser holistische Berechnungsansatz stellt auch die Grundlage der künftigen deutschen Bewertungsmethode nach DIN V 18599 dar.

1.2 Übersicht über DIN V 18599, deren Teile und Verflechtungen

Der Ansatz

Die Vornormenreihe DIN V 18599 stellt ein Verfahren zur Bewertung der Gesamtenergieeffizienz von Gebäuden zur Verfügung, wie sie nach Artikel 3 der Richtlinie über die Gesamteffizienz von Gebäuden (EPBD) ab 2006 in allen Mitgliedsländern der Europäischen Union (EU) gefordert wird.
Die Berechnungen erlauben die Beurteilung aller Energiemengen, die zur bestimmungsgemäßen Heizung, Warmwasserbereitung, raumlufttechnischen Konditionierung und Beleuchtung von Gebäuden notwendig sind (siehe Abb. 1-1). Dabei berücksichtigt DIN V 18599 auch die gegenseitige Beeinflussung von Energieströmen und die daraus resultierenden planerischen Konsequenzen. Neben dem Berechnungsverfahren werden auch nutzungsbezogene Randbedingungen für eine neutrale Bewertung zur Ermittlung des Energiebedarfs angegeben (unabhängig von individuellem Nutzerverhalten und lokalen Klimadaten). Die Vornormenreihe ist geeignet, den langfristigen Energiebedarf für Gebäude oder auch Gebäudeteile zu ermitteln und die Einsatzmöglichkeiten erneuerbarer Energien für Gebäude abzuschätzen. Die normativ dokumentierten Algorithmen sind anwendbar für die energetische Bilanzierung von:

- Wohn- und Nichtwohnbauten
- Neubauten und Bestandsbauten.

DIN V 18599-1 – Allgemeine Bilanzierungsverfahren, Begriffe, Zonierung und Bewertung der Energieträger

DIN V 18599-1 liefert einen Überblick über das Vorgehen bei der Berechnung des Nutz-, End-, und Primärenergiebedarfs für die Heizung, Kühlung, Beleuchtung und Warmwasserbereitung für Gebäude. Es werden allgemeine Definitionen bereitgestellt, die übergreifend für alle Teile von DIN V 18599 gelten. Die Bilanzierung folgt dem bewährten Schema von der Nutzenergie über die Endenergie hin zur Primärenergie. Zum ermittelten Nutzenergiebedarf (für Wärme, Kälte, Beleuchtung, Trinkwarmwasser und Befeuchtung) werden die vorhandenen technischen Verluste addiert, um den Endenergiebedarf zu bestimmen. Gegenüber der bisher bekannten Energiebilanzierung anderer Verfahren wird der Endenergiebedarf brennwertbezogen (sonst: heizwertbezogen) ausgegeben. Eine Tabelle zur Umrechnung des Energieinhalts von Energieträgern enthält Anhang B. Die Umrechnung der je Energieträger bilanzierten Endenergie in die Primärenergie zur Bewertung der Umweltwirksamkeit erfolgt mit Primärenergiefaktoren (siehe Anhang A). Neu ist die Aufteilung eines Gebäudes in Zonen. Dies ist notwendig, um den bei Nichtwohngebäuden hohen Einfluss der Nutzung (siehe DIN V 18599-10) auf den Energiebedarf zu berücksichtigen. Eine Zone ist durch einheitliche Nutzungsrandbedingungen gekennzeichnet. Für jede Zone wird der Nutzenergiebedarf für Heizen (früher Heizwärmebedarf) und Kühlen getrennt bestimmt. Die Versorgungseinrichtungen eines Gebäudes (Heizung, Trinkwarmwasserbereitung, Lüftung, Kühlung, Beleuchtung) können jedoch von den Zonen abweichende Versorgungsbereiche umfassen. Diese können sich über mehrere Zonen erstrecken (zentrale Heizung für ein Wohn- und Geschäftshaus). Eine Zone kann auch mehrere Versorgungsbereiche umfassen (zwei Arten der Lüftung innerhalb der Zone »Einzelbüros«). DIN V 18599-1 liefert sowohl ein Verfahren, wie die Zonierung eines Gebäudes vorzunehmen ist, als auch Rechenregeln, wie Energiekennwerte (innere Wärmequellen und -senken, technische Verluste) von Versorgungsbereichen auf die Zonen umzulegen sind.

DIN V 18599-2 – Nutzenergiebedarf für Heizen und Kühlen von Gebäudezonen

DIN V 18599-2 bildet mit der Bestimmung des Nutzenergiebedarfs einer Gebäudezone gewissermaßen das Kernstück der Vornormenreihe DIN V 18599. Das monatliche Bilanzverfahren nach DIN V 18599-2 ermöglicht den Einbezug von Kühlung, von raumlufttechnischen Anlagen sowie der Rückkopplung mit haustechnischen Anlagen und gibt somit die Möglichkeit, die Energieeffizienz nicht nur im Wohnbereich, sondern allgemein für Gebäude zu bestimmen. Ergänzend zu der bisherigen Monatsbilanzierung des Heizwärmebedarfs sind in DIN V

18599-2 einige Änderungen aufgenommen, die die Umsetzung der Berechnung für sommerliche Verhältnisse und die Anpassung auf die besonderen Erfordernisse von Nichtwohngebäuden ermöglichen. Die für DIN V 18599-2 entwickelte Methodik integriert die bestehenden Verfahren zur Ermittlung des Heizenergiebedarfs nach DIN EN 832 bzw. DIN 4108-6, erweitert diese aber um die Ermittlung des Kühlbedarfs und um den Einbezug von raumlufttechnischen Anlagen. Der Einbezug von raumlufttechnischen Anlagen in die energetische Bewertung von Gebäuden erfordert in der Methodik einen neuen Baustein, der die Aufbereitung der Zuluft im Klimagerät bewertet. Eine weitere Neuerung in der energetischen Bewertung des Gebäudes ist die Bestimmung der ungeregelten Wärmeeinträge des Heizsystems in Abhängigkeit vom bestehenden Bedarf und von der Systemauslastung. Gleiches gilt natürlich für Kälte- oder Wärmeeinträge aus dem Kühlsystem. Die Abbildung dieser Rückkopplung wurde bisher immer vermieden; stattdessen wurden die Wärmeeinträge durch Verluste des Heizsystems in der Gebäudebilanz pauschal vorgegeben. Durch das Zusammenwirken von bau- und haustechnischen Interessenkreisen an der Erarbeitung der Vornormenreihe DIN V 18599 ist jetzt die Möglichkeit geschaffen worden, die Wärmeeinträge bedarfsorientiert einzubeziehen. Der Heizwärme- und der Kühlbedarf werden zunächst ohne die Wärme- und Kälteeinträge des Heiz- und Kühlsystems in einer überschlägigen Bilanz ermittelt. Abhängig von der Belastung der Heiz- und Kühlkreise können hieraus in ausreichender Genauigkeit die Verluste aus Übergabe, Verteilung und Erzeugung ermittelt werden und der in der Gebäudezone wirksame Anteil ausgewiesen werden. Unter Berücksichtigung dieser Wärme- und Kälteeinträge werden anschließend der Ausnutzungsgrad, der Heizwärmebedarf und der Kühlbedarf endgültig bestimmt.

DIN V 18599-3 – Nutzenergiebedarf für die energetische Luftaufbereitung

DIN V 18599-3 behandelt den Nutzenergiebedarf für das Heizen, Kühlen, Be- und Entfeuchten in zentralen RLT-Anlagen sowie den Energiebedarf für die Luftförderung durch diese Anlagen. Die Bezeichnung Nutzenergiebedarf wird an dieser Stelle verwendet, weil der Energieeinsatz nicht nur der Temperierung von Gebäuden dient, sondern auch der Sicherstellung von Raumluftqualität und Raumluftfeuchte, d. h. erweiterter Nutzungsanforderungen gegenüber der bisher üblichen rein thermischen Betrachtung. Für die Berechnung müssen Grundsätze der Prozessführung bekannt sein. Wesentliche Eingangsgrößen sind:

- die Art und Dimensionierung von Energierückgewinnungsanlagen
- die Qualität der Feuchteanforderungen
- die Art des Befeuchtungssystems.

Unter Berücksichtigung dieser Merkmale wurde eine Matrix von sinnvollen Anlagenkombinationen erstellt, die einen Großteil der praktisch vorkommenden Anlagenschaltungen abdecken. Das Berechnungsverfahren basiert auf der Umrechnung von tabellierten Energiebedarfskennwerten für diese Variantenmatrix und darauf aufbauenden, einfachen Interpolationen und Korrekturen, durch die verschiedene Einflüsse berücksichtigt werden können.

DIN V 18599-4 – Nutz- und Endenergiebedarf für Beleuchtung

Die in DIN V 18599-4 zu berücksichtigenden beleuchtungstechnischen Einflüsse umfassen die installierte Anschlussleistung des Beleuchtungssystems, die Tageslichtversorgung, Beleuchtungskontrollsysteme und Nutzungsanforderungen. In Ermangelung geeigneter Bewertungsmodelle wurde das Nachweisverfahren vollständig neu entwickelt. Der Geltungsbereich umfasst ausschließlich die Beleuchtung zur Erfüllung der Sehaufgabe in Nichtwohngebäuden. Dekorative Beleuchtung wird nicht berücksichtigt. Die künstliche Beleuchtung wirkt als Wärmequelle in der thermischen Zonenbilanz. Die Wärmegewinne fließen auf monatlicher Basis in das in DIN V 18599-2 beschriebene thermische Modell ein. Im Winter sind sie zur Herabsetzung des Heizwärmebedarfs nutzbar, im Sommer können sie dagegen die Überhitzungsgefahr und damit den Energiebedarf für Kühlung vergrößern. Der Energiebedarf für Beleuchtungszwecke wird in jedem zu betrachtenden Berechnungsbereich als Produkt aus elektrischer Anschlussleistung (im Verfahren als elektrische Bewertungsleistung bezeichnet, um dies auch begrifflich von der eigentlichen elektrotechnischen Lastauslegung der Beleuchtungsstromkreise zu trennen) und einer effektiven Betriebszeit der Kunstlichtanlage ermittelt. Die effektiven Betriebszeiten berücksichtigen, ausgehend von der Gesamtbetriebszeit der Beleuchtungsanlage, das energetische Einsparpotenzial aufgrund der Tageslichtnutzung und einer eventuellen Abwesenheit der Nutzer in den jeweils betrachteten Bereichen. Das Energieeinsparpotential durch Tageslicht findet in einem dreistufigen Verfahren Eingang in die Bewertung. Das Verfahren berücksichtigt darüber hinaus tageslichtabhängige und präsenzabhängige Beleuchtungskontrollsysteme.

DIN V 18599-5 – Endenergiebedarf von Heizsystemen

DIN V 18599-5 liefert ein Verfahren zur energetischen Bewertung von Heizsystemen. Bei der Erarbeitung konnte von der vorhandenen Methodik in DIN V 4701-10 ausgegangen werden. So sind die anlagentechnischen Bilanzierungsabschnitte Übergabe, Verteilung, Speicherung und Erzeugung beibehalten worden. Der Anwendungsbereich von DIN V 18599-5 ist jedoch wesentlich weiter gefasst; es gibt praktisch keine Einschränkungen bezüglich der Gebäudenutzung oder des bauseitigen Heizwärmebedarfs. Die Anwendbarkeit für den Bestand macht die Aufnahme von Standardwerten für ältere Heizsysteme erforderlich, wie z. B. energetische Kennwerte von Altkesseln oder U-Werte bestehender Verteilungsleitungen. Neuland wird bei der Bilanzierung der inneren Wärmegewinne in DIN V 18599-5 beschritten. Die Wärmeverluste von Anlagenkomponenten innerhalb der thermischen Hülle des Gebäudes werden nicht mehr pauschal verringert, sondern in einem iterativen Verfahren in die Zonenbilanz eingebunden. Wesentliche Änderungen ergeben sich für die Wärmeübergabe. Das Berechnungsverfahren für diesen Bilanzabschnitt ist umfangreich und liefert generell höhere Verlustgrößen als bisher bekannt. DIN V 18599-5 berücksichtigt dabei Arbeiten im Rahmen von europäischen Normungsvorhaben, die in relevanten Normen des CEN/TC 228 münden sollen. Die neuen Verfahren zur Bewertung von Kesseln, Wärmepumpen und thermischen Solarsystemen bauen ebenfalls auf europäischen Norm-Entwürfen auf. Wärmeverluste von Heizkesseln werden in DIN V 18599-5 brennwertbezogen ausgewiesen. Monatliche Kenngrößen werden über Belastungsgrade bestimmt. Das enthaltene neue Verfahren zur Ermittlung des Stromaufwandes von Umwälzpumpen gestattet eine bessere Bewertung des Energiesparpotenzials moderner Heizungspumpen.

DIN V 18599-6 – Endenergiebedarf von Wohnungslüftungsanlagen und Luftheizungsanlagen für den Wohnungsbau

DIN V 18599-6 legt ein Verfahren zur energetischen Bewertung für Wohnungslüftungsanlagen mit und ohne Wärmerückgewinnung sowie Luftheizungsanlagen in den einzelnen zu bewertenden Prozessbereichen für Wohngebäude fest. Das Bewertungsverfahren gilt gleichermaßen für neu zu errichtende Gebäude als auch für bestehende Gebäude bzw. Baumaßnahmen im Bestand. Nicht Bestandteil von DIN V 18599-6 ist die Beschreibung und Bewertung von Systemen zur Kühlung und Klimatisierung im Wohnungsbau sowie von Lüftungssystemen in Nichtwohngebäuden. Solche Systeme sind in DIN V 18599-7 beschrieben.

Grundlage für die Erarbeitung des Bewertungsverfahrens des Bilanzablaufes in DIN V 18599-6 waren die Ansätze des bereits vorhandenen Bewertungsverfahrens zur Wohnungslüftung in den Prozessbereichen Übergabe, Verteilung, Speicherung und Wärmeerzeugung nach DIN V 4701-10. Für die Berechnung von Wohnungslüftungsanlagen und Luftheizungsanlagen mit kombinierter Wärmeversorgung (z. B. Abluft-Zuluft-Wärmepumpe mit und ohne WÜT in Verbindung mit einer Gas-, Öl- oder Elektro-Heizung) sind Berechnungsverfahren für

- Abluft- Zuluft- Wärmeübertrager → (Quelle: Abluft, Senke: Zuluft)
- Abluft- Zuluft- Wärmepumpen → (Quelle: Abluft, Senke: Zuluft)
- Abluft- Wasser- Wärmepumpen → (Quelle: Abluft, Senke: Wasser)
- Abluft- Zuluft/Wasser-Wärmepumpen → (Quelle: Abluft, Senke: Zuluft, Wasser)

in DIN V 18599-6 enthalten. Luftheizungsanlagen, bei denen die Wärmezufuhr vollständig durch Luft als Wärmeträger erfolgt und die ohne wasserführendes Nachheizregister betrieben werden, werden vollständig in DIN V 18599-6 abgebildet. Luftheizungsanlagen mit wasserführenden Nachheizregistern werden luftseitig in DIN V 18599-6 und wasserseitig in DIN V 18599-5 bewertet.

DIN V 18599-7 - Endenergiebedarf von Raumlufttechnik- und Klimakältesystemen für den Nichtwohnungsbau

DIN V 18599-7 beschreibt die Berechnung des Endenergiebedarfs für die Raumlufttechnik und Klimakälteerzeugung. Ausgehend vom Nutzenergiebedarf für die Raumkühlung (siehe DIN V 18599-2) und der Außenluftaufbereitung (siehe DIN V 18599-3) werden Übergabe- und Verteilverluste für die Raumkühlung und RLT-Kühlung und RLT-Heizung berechnet und Randbedingungen für die Komponenten der Raumlufttechnik definiert.
Aufgrund der außerordentlich großen System- und Komponentenvielfalt bei der Lüftung und Klimatisierung wurde die Bewertung der Systeme in den Vordergrund gestellt. Dies ist für den Nichtwohnbereich ein angemessenes Verfahren, da in diesem Bereich zum Zeitpunkt der Genehmigungsplanung keine konkreten Produktdaten vorliegen, sondern bestenfalls eine Vorstellung über das zu installierende System existiert. Diese Vorgehensweise ist auch insofern angemessen, da der Energiebedarf im Nichtwohnbereich wesentlich durch die geplanten Systeme und Betriebsparameter und weniger durch die konkreten Produkte beeinflusst wird. Der Elektroenergiebedarf für die Kühl- und Kaltwasserverteilung hat aufgrund der gegenüber der Heizungstechnik geringeren Temperaturdifferenzen und sensibleren Bemessung einen relativ großen Stellenwert. Deshalb wurde in DIN V 18599-7 auf der Grundlage des Verfahrens nach DIN V 18599-5 ein etwas detaillierteres Verfahren beschrieben, mit dem die wesentlichen Einflussparameter berücksichtigt werden können. Auch ist die Berechnung individueller Netze möglich und die verfügbaren Regelkonzepte können abgebildet werden. Die Berechnung der erforderlichen Endenergie für die Klimakälte erfolgt anhand spezifischer technologie- und nutzungsabhängiger Kennwerte, die tabellarisch zusammengestellt sind. Grundlage für dieses Kennwerteverfahren bilden die Nennkälteleistungszahl (EER) und ein mittlerer Teillastfaktor (PLV_{av}) auf der Basis stündlicher Berechnungen des Teillastverhaltens typischer Kälteerzeuger. Für die Bewertung von Dampfbefeuchtungssystemen werden Kennwerte für die einfache Berechnung der Endenergie, in Abhängigkeit der Art der Dampferzeugung, angegeben, die die wesentlichen Aufwände für Abschlämmung und Verteilverluste beinhalten.

DIN V 18599-8 – Nutz- und Endenergiebedarf von Warmwasserbereitungssystemen

DIN V 18599-8 liefert ein Verfahren zur energetischen Bewertung von Warmwassersystemen. Bei der Erarbeitung dieses Dokuments konnte man (ebenso wie bei den Heizsystemen) auf der vorhandenen Methodik nach DIN V 4701-10 aufbauen. Das betrifft sowohl die warmwasserseitigen Bilanzierungsabschnitte Übergabe, Verteilung, Speicherung und Erzeugung als auch einen wesentlichen Teil der Berechnungsalgorithmen. DIN V 18599-8 gestattet eine energetische Bewertung aller typischen Systeme zur Trinkwassererwärmung im Neubau und im Gebäudebestand. Es können zentrale und dezentrale Warmwasserversorgungsanlagen auf der Basis von fossilen Brennstoffen, Strom, Fernwärme oder regenerativen Energieträgern abgebildet werden.

DIN V 18599-9 – End- und Primärenergiebedarf von Kraft-Wärme-Kopplungsanlagen

DIN V 18599-9 liefert ein Verfahren zur Berechnung des Endenergieaufwands für Kraft-Wärme-gekoppelte Systeme (z. B. BHKW), die als Wärmeerzeuger innerhalb eines Gebäudes zur Wärmeerzeugung eingesetzt werden. Dabei werden die Verluste sowie die Hilfsenergieaufwendungen des Prozessbereiches Wärmeerzeugung ermittelt und für die weitere Berechnung in DIN V 18599-1 zur Verfügung gestellt. Damit können die in DIN V 18599-9 abgebildeten KWK-Systeme die Aufwendungen für Wärmeerzeuger aus DIN V 18599-5 bis DIN V 18599-8 ersetzen oder zumindest als zusätzlicher Wärmeerzeuger beeinflussen. Eine Kopplung mit den anderen Teilen der Vornormenreihe erfolgt jeweils über DIN V 18 599-1.

Die Spezifik des Berechnungsverfahrens nach DIN V 18599-9 besteht darin, dass bei der gleichzeitigen, voneinander abhängigen Erzeugung von elektrischem Strom und Wärme (Kraft-Wärme-Kopplung, KWK) derjenige Endenergieaufwand ermittelt werden muss, der der Wärmeerzeugung zuzurechnen ist. Der im KWK-System erzeugte Strom wird dazu unter Berücksichtigung der Primärenergiefaktoren für elektrischen Strom und den verwendeten Endenergieträger von dem gesamten Endenergieaufwand abgezogen. Für die Berechnung werden die Erzeugernutzwärmeabgabe nach DIN V 18599-5 sowie die Leistungsdaten der verwendeten Geräte und Apparate benötigt. Diese Daten können entsprechend DIN V 18599-9 oder entsprechend der zitierten Normen einfach gemessen oder berechnet werden. Das Ergebnis der Berechnung nach DIN V 18599-9 ist der anrechenbare Endenergieaufwand, der für die Bestimmung des Primärenergieaufwands nach DIN V 18599-1 erforderlich ist.

DIN V 18599-10 – Nutzungsrandbedingungen, Klimadaten

In DIN V 18599-10 werden Randbedingungen für Wohn- und Nichtwohngebäude sowie Klimadaten für das Referenzklima Deutschland zur Verfügung gestellt. Die aufgeführten Nutzungsrandbedingungen können als Grundlage für den öffentlich-rechtlichen Nachweis herangezogen werden und bieten darüber hinaus Informationen für Anwendungen im Rahmen der Energieberatung.
Für Wohngebäude werden u. a. die Randbedingungen Raum-Solltemperatur, interne Wärmegewinne, Nutzungszeiten, Nutzwärmebedarf, Trinkwarmwasser und Luftwechsel aufgeführt. Die Nutzungsrandbedingungen für die energetische Bewertung von Nichtwohngebäuden sind erstmals in einer Norm in umfangreichem Maße zusammengestellt. In einer Tabelle werden Richtwerte der Nutzungsrandbedingungen für insgesamt 33 Nutzungen aufgeführt. Die Gliederung der Tabelle sieht die Angabe von Nutzungs- und Betriebszeiten sowie Nutzungsrandbedingungen zu Beleuchtung, Raumklima und Wärmequellen vor. Nutzungsrandbedingungen, die für alle Nichtwohngebäude gleich angesetzt werden, sind u. a. die Raum-Solltemperatur für den Heiz- und Kühlfall, die Auslegungstemperaturen für Heizung und Kühlung und die Temperaturabsenkung für reduzierten Betrieb. Weiterhin sind für eine Auswahl von Nutzungen Richtwerte des Nutzenergiebedarfs für Trinkwarmwasser zusammengestellt.
In einem informativen Anhang ist ein Näherungsverfahren für die Berechnung der Tag- und Nachtstunden (für die Ermittlung des Energiebedarfs für Beleuchtung nach DIN V 18599-4) aufgenommen. Das Verfahren kann zur Bestimmung der Tag- und Nachtstunden für abweichende Betriebszeiten oder für nicht in DIN V 18599-10 behandelte Nutzungen herangezogen werden.

DIN V 18599 im internationalen Vergleich

Die Vornormenreihe DIN V 18599 wurde so angelegt, dass die im Rahmen der Umsetzung der EPBD von der EU Kommission beauftragten Europäische Normen bereits Berücksichtigung gefunden haben. Dies konnte erreicht werden, indem in allen relevanten europäischen Normungsgremien ein Delegierter aus dem Gemeinschaftsausschuss mitarbeitet und dafür Sorge trägt, dass die in der Vornormenreihe DIN V 18599 dokumentierten Algorithmen auch in den entsprechenden europäischen Norm-Entwürfen berücksichtigt werden. Im Gegensatz zu den derzeit in der Kommentierung befindlichen über 40 europäischen Norm-Entwürfen ist es mit diesen Regeln des DIN gelungen, ein in sich abgestimmtes Vornormenpaket zu entwickeln. Es ist beabsichtigt, die Vornormenreihe DIN V 18599 kurzfristig ins Englische zu übersetzen und sie auch für andere Länder als Vorlagen vorzuschlagen. Da viele Länder noch nicht über vergleichbare Verfahren verfügen, besteht hierdurch die berechtigte Hoffnung, analoge Ansätze in vielen Mitgliedsländern der EU wiederzufinden.

1.3 Grundsätzliches Vorgehen bei der energetischen Bilanzierung

Die energetische Bilanzierung eines Gebäudes mit seiner Anlagentechnik kann je nach Aufgabenstellung (z. B. öffentlich-rechtlicher Nachweis, Energieberatung usw.) einen unterschiedlichen Umfang haben. So kann bei der Energieberatung die Bilanz des Energiebedarfs auf bestimmte Bereiche (z. B. Heizung, Be- und Entlüftung, Klimatisierung, Trinkwarmwasserbereitung, Beleuchtung usw.) begrenzt werden. Für den öffentlich-rechtlichen Nachweis des Energiebedarfs ist der Bilanzumfang fest vorgegeben und umfasst für Nicht-Wohngebäude alle für die Konditionierung notwendigen Bau- und Energiesysteme. Bei Wohngebäuden wird derzeit die Bilanzierung auf die Systeme zur Beheizung, Belüftung und zur Warmwasserbereitung begrenzt.

1.3.1 Der Bilanzraum

Die Energiebilanz eines konditionierten Gebäudes sollte eine gemeinschaftliche Bewertung des Baukörpers, der Nutzung und der Anlagentechnik unter Berücksichtigung der gegenseitigen Wechselwirkungen umfassen, das bedeutet die Energieaufwendungen für

- die Heizung
- die Lüftung
- die Klimatisierung (einschließlich Kühlung und Befeuchtung)
- die Trinkwarmwasserversorgung
- die Beleuchtung

von Gebäuden einschließlich der Stromaufwendungen (Hilfsenergien), die unmittelbar für die Energieversorgung erforderlich sind. Bild 1-5 gibt einen Überblick über die Abfolge der Bilanzschritte sowie die Verknüpfung der einzelnen Teile der DIN V 18599 bei der Bilanz.

1.3.2 Strukturierung des Gebäudemodells

Für die Berechnung des Energiebedarfs kann es gegebenenfalls erforderlich sein, das Gebäude in Zonen zu unterteilen. Der Energiebedarf des Gebäudes ergibt sich aus der Summe des Energiebedarfs aller Gebäudezonen. Eine Zone umfasst die Räume bzw. den Grundflächenanteil eines Gebäudes, die/der durch einheitliche Nutzungsrandbedingungen (Temperatur, Lüftung, Beleuchtung) gekennzeichnet sind bzw. ist. Sie weist mindestens eine Art der Konditionierung

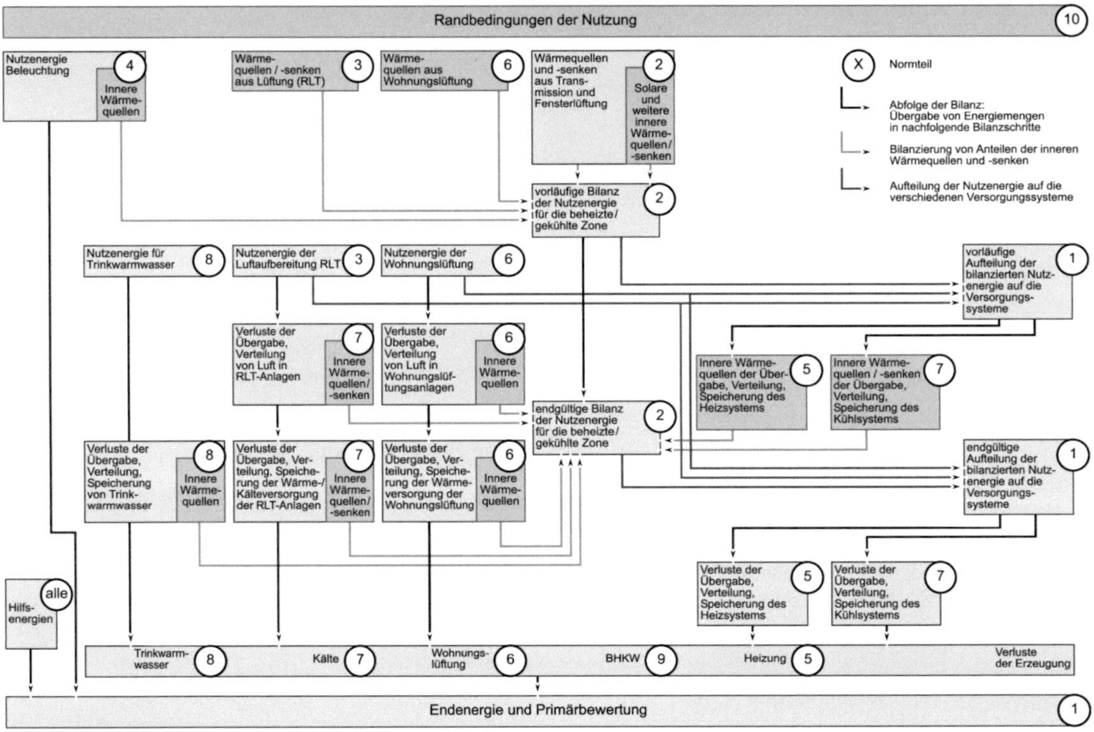

Abb. 1-5: Verknüpfung der Bilanzanteile und deren gegenseitigen Interaktionen, wie sie in DIN V 18599 umgesetzt wurde. Die Zahlen geben die Normteile wieder, in denen die Bilanzanteile dokumentiert sind (Quelle: Beuth-Verlag).

(Heizung, Kühlung, Be- und Entlüftung, Befeuchtung, Beleuchtung und Trinkwarmwasserversorgung) auf. Für jede konditionierte Zone muss, sofern sie beheizt und/oder gekühlt wird, der Nutzenergiebedarf für Heizung und Kühlung getrennt bestimmt werden. Bei hohem Luftwechsel zwischen verschiedenen Räumen oder Raumgruppen des Gebäudes sind diese grundsätzlich in einer Gebäudezone zusammenzufassen und eine gemeinsame Bilanz des Nutzwärme/ -kältebedarfs zu erstellen.

Neben der nutzungsspezifischen Zonierung ist auch noch eine anlagenspezifische Zuordnung vorzunehmen. Dies erfolgt in Form von Versorgungsbereichen. Ein Versorgungsbereich (Heizung, Warmwasser, Lüftung, Kühlung, Beleuchtung usw.) umfasst die Gebäudeteile, die von der gleichen Technik versorgt werden. Ein Versorgungsbereich kann sich über mehrere Zonen erstrecken; eine Zone kann auch mehrere Versorgungsbereiche umfassen. Die Zonen und die in den Berechnungen der einzelnen Technischen Gewerke verwendeten Versorgungsbereiche können voneinander abweichen. Für die Zuordnung der einzelnen gewerkspezifischen Bilanzanteile zu den Zonen gelten dann folgende Regeln:

- Umfasst ein Versorgungsbereich mehr als eine Zone, oder verläuft die Grenzlinie einer Zone durch einen Versorgungsbereich, so ist der Energiebedarf, bzw. die Energieabgabe (Verluste) auf die einzelnen Zonen aufzuteilen.

- Wird eine Zone in mehrere Versorgungsbereiche untergliedert, so ergibt sich der Energiebedarf der Zone als Summe des Energiebedarfs der innerhalb der Zone befindlichen Teilnettogrundflächen aller Versorgungsbereiche.

1.3.3 Die Bilanzierungsschritte

Die Bilanzierungsschritte unter Berücksichtigung des integralen Ansatzes ergeben sich in folgender Reihenfolge:

1. Feststellen der Nutzungsrandbedingungen und gegebenenfalls Zonierung des Gebäudes nach Nutzungsarten, Bauphysik, Anlagentechnik einschließlich Beleuchtung
2. Zusammenstellung der notwendigen Eingangsdaten für die Bilanzierung der Gebäudezonen (Flächen, bauphysikalische Kennwerte, anlagentechnische Kennwerte auch Zulufttemperatur und Luftwechsel für geplante Lüftungssysteme)
3. Ermittlung des Nutzenergiebedarfs und Endenergiebedarfs für die Beleuchtung sowie Festlegung der hieraus resultierenden Wärmequellen für die Zone
4. Ermittlung der Wärmequellen/-senken durch mechanische Lüftungssysteme in der Zone
5. Bestimmung der Wärmequellen/-senken aus Personen, Geräten und Prozessen (ohne Anlagentechnik) in der Zone
6. Erste (überschlägige) Bilanzierung des Nutzwärme/-kältebedarfs der Zone (getrennt für Nutzungstage und Nichtnutzungstage) unter Berücksichtigung der zuvor ermittelten Wärmequellen/-senken
7. Aufteilung der (überschlägig) bilanzierten Nutzenergie auf die Versorgungssysteme (RLT-System, Wohnungslüftung, Heiz- und Kühlsystem) nach DIN V 18599-5 und DIN V 18599-7 der Zone
8. Ermittlung der auftretenden Wärmequellen durch die Heizung in der Zone (Verteilung, Speicherung, gegebenenfalls Erzeugung in der Zone) anhand des überschlägigen Nutzwärmebedarfs der Zone
9. Ermittlung der auftretenden Wärmequellen/-senken durch die Kühlung in der Zone (Verteilung, Speicherung, gegebenenfalls Erzeugung in der Zone) anhand des überschlägigen Nutzkältebedarfs der Zone
10. Ermittlung der auftretenden Wärmequellen durch die Trinkwarmwasserbereitung in der Zone (Verteilung, Speicherung, gegebenenfalls Erzeugung in der Zone) anhand des Trinkwarmwasserbedarfs der Zone
11. Bilanzierung des Nutzwärme/-kältebedarfs der Zone (getrennt für Nutzungstage und Nichtnutzungstage) unter zusätzlicher Berücksichtigung der zuvor ermittelten, in der Zone anfallenden Wärmequellen/-senken aus Heizung, Kühlung und Trinkwarmwasserbereitung. Die Iteration mit den Schritten 7.

bis 11. sind solange zu wiederholen, bis zwei aufeinanderfolgende Ergebnisse für den Nutzwärmebedarf und den Nutzkältebedarf sich jeweils um nicht mehr als eine festzulegende Differenz voneinander unterscheiden. Zur Sicherstellung einer möglichst guten Genauigkeit sollte die Ergebnisdifferenz 1 % nicht überschreiten.

12. Ermittlung des Nutzenergiebedarfs für die Luftaufbereitung und gegebenenfalls Saldierung des Nutzkühlbedarfs der Zonen (VVS-Anlagen) inklusive der erforderlichen Hilfsenergie für die Luftförderung
13. Endgültige Aufteilung der bilanzierten Nutzenergie auf die Versorgungssysteme (RLT-System, Wohnungslüftung, Heiz- und Kühlsystem)
14. Ermittlung der Verluste der Übergabe, Verteilung und Speicherung sowie der erforderlichen Hilfsenergien für die Heizung (Nutzwärmeabgabe des Erzeugers)
15. Ermittlung der Verluste für Übergabe und Verteilung für die luftführenden Systeme
16. Ermittlung der Verluste der Übergabe, Verteilung und Speicherung sowie der erforderlichen Hilfsenergien für die Wärmeversorgung der RLT-Anlagen (Nutzwärmeabgabe des Erzeugers)
17. Ermittlung der Verluste der Übergabe, Verteilung und Speicherung sowie der erforderlichen Hilfsenergien für die Kälteversorgung (Nutzkälteabgabe des Erzeugers)
18. Ermittlung der Verluste der Übergabe, Verteilung und Speicherung sowie der erforderlichen Hilfsenergien für die Trinkwarmwasserbereitung (Nutzwärmeabgabe des Erzeugers)
19. Aufteilung der notwendigen Nutzwärmeabgabe aller Erzeuger auf die unterschiedlichen Erzeugungssysteme
20. Aufteilung der notwendigen Nutzkälteabgabe aller Erzeuger auf die unterschiedlichen Erzeugungssysteme
21. Ermittlung der Verluste bei der Erzeugung von Kälte inklusive der energetischen Aufwendungen für die Rückkühlsysteme sowie der erforderlichen Hilfsenergien
22. Ermittlung der Verluste bei der Erzeugung und Bereitstellung von Dampf für die Luftaufbereitung sowie der erforderlichen Hilfsenergien
23. Ermittlung der Verluste bei der Erzeugung von Wärme in Heiz- und Trinkwasserwärmeerzeugern, Wohnungslüftungsanlagen, BHKWs u. ä. und gegebenfalls aus der Abwärme der Kältemaschinen sowie der erforderlichen Hilfsenergien
24. Zusammenstellung aller ermittelten Hilfsenergien (z. B. Aufwand für Lufttransport, Pumpen, Regelung, etc.)
25. Zusammenstellung der erforderlichen Endenergien für die Heizung, Kühlung, Lüftung, Warmwasserbereitung und Beleuchtung inklusive der er-

forderlichen Hilfsenergien und Zuordnung zu den unterschiedlich verwendeten Energieträgern
26. Primärenergetische Bewertung der energieträgerbezogenen Endenergieaufwendungen.

1.3.4 Bilanz der Nutzenergie

Zur Beschreibung des nutzungsspezifischen Gebäudeenergiebedarfs sind also für alle Technischen Gewerke die Nutzenergien zu bestimmen, die unmittelbar aus den Nutzungsprofilen resultieren. Unter den Nutzenergien sind zu verstehen:

- Nutzenergie für die Beleuchtung, d. h. die Energiemenge (Strom), die zur ausreichenden Beleuchtung des Gebäudes bzw. der Gebäudezone aufgewendet werden muss
- Nutzenergie für die Trinkwarmwasserbereitung, d. h. die Energiemenge, die im gezapften Trinkwarmwasser des Gebäudes bzw. der Gebäudezone enthalten ist (ausgehend von der Kaltwassertemperatur als Bezugsgröße)
- Nutzwärmebedarf (Heizwärmebedarf), d. h. die Wärmemenge, die dem Gebäude bzw. der Gebäudezone (bedarfs-)geregelt zugeführt wird, um die vorgegebene Sollinnentemperatur einzuhalten
- Nutzkältebedarf (Kühlbedarf), d. h. die Kälteeinträge, die dem Gebäude bzw. der Gebäudezone (bedarfs-)geregelt zugeführt werden, um die vorgegebene Sollinnentemperatur einzuhalten
- Nutzenergie für die Luftaufbereitung, d. h. die Energiemenge, die zum Erwärmen, Kühlen, Befeuchten und Entfeuchten der Luft in einer raumlufttechnischen Anlage zu- bzw. abgeführt werden muss, um den erforderlichen Zuluftzustand zu erreichen. Grundsätzlich umfasst die Luftaufbereitung dabei die Aufbereitung der Außenluft bis zu einem vorgegebenen Zuluftzustand, der nicht abhängig vom momentanen Bedarf in der Gebäudezone geregelt ist (Klimazentrale).

Der bilanzierte Nutzwärme- und Nutzkältebedarf in der Gebäudezone ist der über Nacherwärmung/Nachkühlung der Luft, über Erhöhung der Luftmenge oder über andere Heiz- oder Kühlsysteme zu deckende Bedarf, welcher der Einhaltung der Sollinnentemperatur dient. Bei Gebäuden mit raumlufttechnischen Anlagen werden der berechnete Nutzwärme- und Nutzkältebedarf in der Gebäudezone je nach Art des Anlagensystems verschiedenen Komponenten des Heiz- und Kühlsystems zugeordnet. Der Nutzwärme- und Nutzkältebedarf wird somit auf mehrere Versorgungssysteme aufgeteilt (Beispiel: Kühlung über raumlufttechnische Anlage und Kühldecke). Eine Aufteilung des Nutzwärme-

und Nutzkältebedarfs kann auch bei Gebäuden oder Gebäudezonen erfolgen, die keine Raumlufttechnische Anlage aufweisen, wenn parallel verschiedene Heiz- und Kühlsysteme vorhanden sind (Beispiel: Heizung über Fußbodenheizung und Heizkörperheizung).
Die energetische Effizienz der eingesetzten Anlagentechniken zur Deckung des erforderlichen Nutzenergiebedarfs ergibt sich durch die Verhältnisbildung von Nutzenergiebedarf zu Endenergiebedarf der jeweiligen Konditionierungsaufgabe. Die umweltbezogene Effizienz der eingesetzten Anlagentechniken ergibt sich durch die Verhältnisbildung von Nutzenergiebedarf zu Primärenergiebedarf.

Nutzenergie für Beleuchtung

Die Nutzenergie für die Beleuchtung $Q_{l,b}$ ist die Energiemenge, die zur ausreichenden Beleuchtung des Gebäudes bzw. der Gebäudezone aufgewendet werden muss. Bilanzraum ist die Zone, in der Anforderungen an die Beleuchtung gestellt werden. Zusätzliche Aufwendungen, die nicht unmittelbar mit der Aufgabe der Beleuchtung zusammenhängen, wie z. B. Energieaufwendungen für die Regelung, zählen nicht zur Nutzenergie. Die Nutzenergie der Beleuchtung wird in voller Höhe als innere Wärmequelle wirksam, es sei denn es werden Abluftleuchten verwendet. Die hiermit anfallende innere Wärmequelle muss daher gesondert berechnet werden, für alle anderen Beleuchtungssysteme entspricht die Nutzenergie der anfallenden internen Wärmequelle.

Nutzenergie für Trinkwarmwasser

Die Nutzenergie für die Trinkwarmwasserbereitung $Q_{w,b}$ ist die Energiemenge, die im genutzten (d. h. gezapften) Trinkwarmwasser innerhalb des Gebäudes bzw. der Gebäudezone enthalten ist. Ausgehend von der Kaltwassertemperatur als Bezugsgröße, der Zapftemperatur sowie der gezapften Wassermenge, wird die Nutzenergie bestimmt.

Nutzenergie für Heizwärme und Kühlbedarf einer Zone

Zur Bilanzierung des Nutzwärmebedarfs (Heizwärmebedarf) und des Nutzkältebedarfs (Kühlbedarf) in der Gebäudezone sind alle Wärmequellen und Wärmesenken zu bestimmen, welche die Energiebilanz des Gebäudes bzw. der betroffenen Gebäudezone beeinflussen. Wärmequellen und Wärmesenken beschreiben Energiezu- und Abflüsse, die nicht direkt über das Heiz- und Kühlsystem zum

Zwecke der Temperaturregelung dem Raum zugeführt werden. Sie lassen sich in die folgenden vier Kategorien zusammenfassen:

1. Es werden Transmissionswärmeströme über opake und transparente Bauteilflächen bilanziert.
2. Es werden Lüftungswärmeströme bilanziert, die sich durch geöffnete Fenster (Nutzereingriff) und Fugenlüftung (Infiltration) ergeben. Weiterhin zählen auch die Energieströme zu den Wärmequellen/-senken, die nicht (bedarfs-) geregelt über die mechanische Zuluftzufuhr im Raum wirksam werden. Hierunter sind Wärmeströme zu verstehen, die unabhängig vom Heiz- oder Kühlbedarf in den Raum eingetragen werden (z. B. der Zuluftstrom aus einer Wärmerückgewinnungsanlage oder aus einer Luftaufbereitungsanlage mit vorgegebener fester Zulufttemperatur).
3. Unter den solaren Fremdwärmemengen/-kältemengen sind Energiemengen zu verstehen, die über opake oder transparente Bauteile im Gebäude bzw. in der beheizten Gebäudezone eintreffen.
4. Zu den inneren Wärmequellen/-senken zählen alle Wärme-/Kälteeinträge, die innerhalb des Gebäudes bzw. der Gebäudezone entstehen. Dies sind die Abwärmemengen aus der Beleuchtung, von Personen und elektrischen Geräten. Im Nichtwohnbau können auch Wärme-/Kälteeinträge aus Güter- oder Stoffströmen sowie Maschinen und Geräten auftreten. Darüber hinaus trägt auch die Anlagentechnik selbst zu den inneren Fremdwärme-/Kälteeinträgen bei. Dies sind Energiemengen, die aus dem Heizsystem, dem Kühlsystem, dem raumlufttechnischen System und dem Trinkwarmwassersystem über Verteilleitungen, Speicher usw. abgegeben werden.

Ein Teil der inneren Fremdwärme aus der Anlagentechnik kann erst berechnet werden, wenn die Anlagenauslastung bekannt ist. Diese ergibt sich aber in der Abfolge der Bilanz erst, wenn die notwendige, dem Gebäude bzw. der Gebäudezone zuzuführende Nutzwärme für Heizung und Kühlung bekannt ist. Die Nutzwärme ist wiederum ein Ergebnis der Gegenüberstellung von Wärmequellen und -senken für das Gebäude bzw. die Gebäudezone. Daher ist die Berechnung iterativ durchzuführen. Hierbei erfolgt im ersten Schritt die Zusammenstellung der folgenden Wärmequellen und -senken:

- Transmission: Q_T
- Lüftung: $Q_{V,inf}$, $Q_{V,win}$, $Q_{V,mech}$
- passive solare Wärmequellen: $Q_{S,trans}$, $Q_{S,op}$
- innere Wärmequellen/-senken (ohne Anlagentechnik): $Q_{I,fac}$, $Q_{I,goods}$, $Q_{I,p}$, $Q_{I,el}$
- innere Wärmequellen aus Beleuchtung: $Q_{I,l}$.

Anhand der genannten Bilanzposten wird dann ohne die Berücksichtigung der Wärmequellen/-senken aus Heizung/Kühlung/Lüftung eine überschlägige

Nutzenergie (überschlägige Anlagenauslastung) unter Berücksichtigung eines Ausnutzungsgrades für die anfallenden Wärmegewinne bestimmt. In allen weiteren Iterationsschritten werden die restlichen inneren Wärmequellen/-senken ebenfalls ermittelt:

- innere Wärmequellen (Trinkwarmwassersystem): $Q_{I,w}$
- innere Wärmequellen/-senken (RLT luftseitig): $Q_{I,vh}$, $Q_{I,vc}$
- innere Wärmequellen/-senken (Wohnungslüftung): $Q_{I,rv}$
- innere Wärmequellen aus der Wärme-/Kälteversorgung der Raumlufttechnik: $Q_{I,h*}$, $Q_{I,c*}$, $Q_{I,m*}$
- innere Wärmequellen aus dem Heizungssystem: $Q_{I,h}$
- innere Wärmequellen aus dem Kühlsystem: $Q_{I,c}$.

Die Iteration wird abgebrochen, wenn eine vorgegebene Genauigkeitsgrenze unterschritten ist.

Die Nutzenergien einer Zone ergeben sich so zu:

$$Q_{h,b} = Q_{sink} - \eta \cdot Q_{source}$$

mit

$Q_{h,b}$	der Nutzwärmebedarf (Heizwärmebedarf) in der Gebäudezone
Q_{sink}	die Summe aller Wärmesenken in der Gebäudezone
Q_{source}	die Summe aller Wärmequellen in der Gebäudezone
η	der Ausnutzungsgrad der Wärmequellen

sowie

$$Q_{c,b} = (1 - \eta) \cdot Q_{source}$$

mit

$Q_{c,b}$	der Nutzkältebedarf (Kühlbedarf) in der Gebäudezone
Q_{source}	die Summe aller Wärmequellen in der Gebäudezone
η	der Ausnutzungsgrad der Wärmequellen.

Die berechneten Nutzenergiemengen müssen dem Gebäude bzw. der beheizten/gekühlten Gebäudezone geregelt (als reiner Energiestrom oder über einen Luftstrom als Energieträger) zugeführt werden. Die Bilanz der Nutzwärme/-kälte wird im folgenden Kapitel detailliert behandelt.

Aufteilung des Nutzwärme/-kältebedarfs auf mehrere Versorgungssysteme

Wird der Gebäudezone oder dem Gebäude die Nutzenergie über mehr als ein Versorgungssystem zugeführt, ist sie entsprechend auf die Systeme zu verteilen. Die Summe aller Versorgungssysteme muss den gesamten Nutzenergiebedarf decken. Die Aufteilung kann auf mehrere raumlufttechnische Anlagen, auf

mehrere Heizungs- und Kühlsysteme sowie auf kombinierte Versorgung mit Heizung oder Kälte und Raumlufttechnik erfolgen.
Ein Heizfallbeispiel für ein solches System ist die Beheizung eines Bürogebäudes über einen temperierten Luftstrom (Nacherwärmung der Zuluft) sowie statischer Heizflächen. Die Aufteilung erfolgt hier auf eine raumlufttechnische Anlage und eine Heizungsanlage.
Ein Kühlfallbeispiel für ein solches System ist die Kühlung eines Bürogebäudes über eine Kühldecke und zusätzliche Konverter in der Gebäudezone. Die Aufteilung erfolgt hier auf eine raumlufttechnische Anlage und eine Kühlanlage.

Nutzenergie der Luftaufbereitung und Wohnungslüftung

Die Aufbereitung der Außenluft bis zu einem durch Temperatur und Feuchtebereich gegebenen Zustand der Zuluft wird durch eine Reihe von Anlagenkomponenten (Erhitzer, Kühler, Befeuchter) sichergestellt. Für jede Komponente einer RLT-Anlage muss aufgrund

- der vorhandenen Konfiguration der RLT-Anlage und deren Betriebsweise
- der Nutzungsparameter (Anforderungen an die Zulufttemperatur sowie Be- und Entfeuchtung)
- der weiteren Verluste der Luftverteilung zwischen der beheizten Gebäudezone und dem Ort der Luftaufbereitung

eine an die Luft abzugebende Energiemenge bestimmt werden. Für Anlagen mit variablem Volumenstrom wird der zur Deckung von Nutzwärme- bzw. Nutzkältebedarf zusätzlich notwendige Volumenstrom aus dem Nutzwärme- bzw. Nutzkältebedarf in der Gebäudezone berechnet. Die notwendige Wärmebereitstellung (Nutzenergie) am Heizregister ergibt sich aus der zuvor beschriebenen Nutzwärme der Luftaufbereitung, die sich wiederum aus den Nutzungsparametern des Raumes ergibt, und den Verlusten der Übergabe und Verteilung für das RLT-Luftsystem.

$$Q_{h*,b} = Q_{vh,b} + Q_{vh,ce} + Q_{vh,d}$$

mit

$Q_{h*,b}$ die Nutzenergie für das Heizregister
$Q_{vh,b}$ die Nutzwärme der Luftaufbereitung
$Q_{vh,ce}$ die Verluste der Übergabe für das RLT-Luftsystem
$Q_{vh,d}$ die Verluste der Verteilung für das RLT-Luftsystem.

Die notwendige Kältebereitstellung (Nutzenergie) am Kühlregister wird analog bestimmt. Neben der Nutzkälte der Luftaufbereitung, die sich aus den Nutzungsparametern des Raumes ergibt, werden die Verluste der Übergabe und Verteilung für das Luftsystem berücksichtigt.

$$Q_{c*,b} = Q_{vc,b} + Q_{vc,ce} + Q_{vc,d}$$

Dabei ist

$Q_{c*,b}$ die Nutzenergie für das Kühlregister
$Q_{vc,b}$ die Nutzkälte der Luftaufbereitung
$Q_{vc,ce}$ die Verluste der Übergabe für das RLT-Luftsystem
$Q_{vc,d}$ die Verluste der Verteilung für das RLT-Luftsystem.

Für den Fall, dass mit dem RLT-System auch eine Befeuchtung der Zuluft erfolgt, ergibt sich auch noch eine Nutzenergie Dampf $Q_{m*,b}$, die im Zentralgerät bereitzustellen ist. Aus den Verlusten der Verteilung der Luft $Q_{vh,d}$ und $Q_{vc,d}$ werden die Energiemengen $Q_{I,vh}$ und $Q_{I,vc}$ bestimmt, die als innere Wärmequelle/-senke wirksam sind.
Die Nutzenergie der Wohnungslüftung $Q_{rv,b}$ beschreibt die Energiemenge, die der Zone geregelt über die Zuluft zugeführt wird. Die technischen Verluste eines Wohnungslüftungssystems werden analog der eines RLT-Systems bestimmt.

Nutzenergiebedarf für die Konditionierung eines Gebäudes

Der Nutzenergiebedarf für die Konditionierung eines Gebäudes ergibt sich aus der Summe der Nutzenergien für die einzelnen zuvor beschriebenen Konditionierungszwecke.

Lothar Rouvel | Ruth David | Martin Wenning

2 Nutzenergiebedarf für Heizen und Kühlen einer Gebäudezone

Die Bilanzierung der Gebäudezone nimmt eine zentrale Stellung in der Ermittlung des Gesamtenergiebedarfs von Gebäuden ein. Alle wesentlichen Einflüsse auf den Wärmehaushalt werden in der Bilanz der Gebäudezone zusammengeführt und gemeinsam bewertet. Der Nutzenergiebedarf der Gebäudezone für Heizen und Kühlen bildet zusammen mit dem Nutzenergiebedarf für die Luftaufbereitung die Basis für die nachfolgende endenergetische Bewertung der Anlagentechnik. Durch die Einbeziehung der Kühlung und der Raumlufttechnik in das Bilanzierungsverfahren ist es notwendig geworden, vorhandene Bewertungsansätze zu erweitern und neue Methoden zu entwickeln. Grundsätzliche Überlegungen und neue Lösungsansätze für die vereinfachte Ermittlung des Nutzenergiebedarfs für Heizen und Kühlen sollen im folgenden vorgestellt werden. Diese Überlegungen bilden die Grundlage für das erweiterte Monatsbilanzierungsverfahren, wie es in DIN V 18599-2 realisiert ist [2-1].

2.1 Neue Aufgaben – Erweiterte Verfahren

Die Bewertung der Gesamtenergieeffizienz von Gebäuden, wie sie in der EU-Richtline [2-2] gefordert ist, benötigt klare Regeln und Regelwerke nach denen die Bewertung zu erfolgen hat. Die bestehenden Regelwerke und Normen waren hierfür nicht ausreichend, da verschiedene Beiträge zum Gesamtenergiebedarf, wie beispielsweise der Energiebedarf für die Raumkühlung, bisher nicht mitbehandelt wurden. Allerdings wird in der EU-Richtlinie deutlich formuliert, dass die existierenden Verfahren, die sich bei der Effizienzbewertung bewährt haben, bestehen bleiben sollen, diese aber erweitert und ausgebaut werden sollen. Die Aufgabe für die Umsetzung der EU-Richtlinie war es also, aufbauend auf dem Vorhandenen neue Methoden zu entwickeln, um insgesamt ein konsistentes Bewertungsverfahren für alle Gebäudetypen bereitszustellen.

2.1.1 Ausweitung der bisherigen Normen auf Gebäude mit Kühlung und mit raumlufttechnischen Anlagen

bisher:	jetzt:
▪ vornehmlich Wohngebäude	▪ Wohn- und Nichtwohngebäude
▪ einheitliche/durchschnittliche Nutzung	▪ sehr unterschiedliche Nutzungen
▪ pauschale Innenlasten (einschl. Beleuchtung und Wärmeeintrag durch Anlagenverluste)	▪ differenziertere Innenlasten ▪ Beleuchtung
▪ nur Beheizung	▪ Beheizung, Kühlung, Belüftung, Be- und Entfeuchtung
▪ winterliches Klima	▪ winterliches und sommerliches Klima
neue Anforderungen:	
▪ Vorgabe von unterschiedlichen Standardnutzungen	▪ Ganzjahresbetrachtung, keine Einschränkung auf Heizperiode
▪ differenziertere Zonierung des Gebäudes	▪ beweglicher Sonnenschutz
▪ Unterscheidung von Nutzungs-/Nichtnutzungszeiten	▪ Bewertung der Beleuchtung
▪ Einbezug von Luftaufbereitung mittels RLT-Anlagen	▪ Auswirkung der Verteilverluste auf die Raumbilanz und Rückwirkungen der Raumbilanz auf die Verteilverluste
▪ Ermittlung des Kühlbedarf	▪ Überschlägige Auslegungsberechnung

Tab. 2-1: Überblick über die Anforderungen an das neue Bilanzierungsverfahren

Die Bewertung von Wohngebäuden bezüglich des Heizwärmebedarfs erfolgte bisher nach DIN V 4108-6 und den entsprechenden internationalen Normen DIN EN 832 und DIN EN ISO 13790 [2-3], [2-4], [2-5] mittels eines Monatsbilanzverfahrens für die Wärmeverluste und Wärmegewinne. Durch die Ausweitung des Bewertungsverfahrens auf den Nichtwohnbereich und den Einbezug der Raumlufttechnik gewinnen neue Aspekte an Gewicht, die in der reinen Heizbedarfsbetrachtung unwichtig waren und vernachlässigt werden konnten.

Bei Nichtwohngebäuden spielt beispielsweise die Belüftung eine bedeutende Rolle. In großen Gebäudekomplexen kann eine natürliche Belüftung den notwendigen Luftaustausch oft nicht gewährleisten oder ist aus anderen Gründen nicht realisierbar. Beispielsweise kann in Bürogebäuden an Hauptverkehrsstraßen aus Schallschutzgründen oder aus lufthygienischen Gründen häufig nicht auf eine RLT-Anlage verzichtet werden. Der Energiebedarf für die dort notwendige Luftaufbereitung und Luftförderung muss daher in die Bewertung des Gebäudes einbezogen werden.

Auch auf eine Raumkühlung kann nicht immer verzichtet werden. Mit DIN V 4108-2 [2-6] sind bereits Mindestanforderungen an den sommerlichen Wärmeschutz realisiert worden. Gebäude sind demnach so zu errichten, dass bei normal zu erwartenden Innenlasten eine Kühlung nicht notwendig ist. Bei Nutzungen mit hohen internen Wärmeeinträgen (z. B. Rechenzentren, Labore) kann jedoch unter Umständen nicht darauf verzichtet werden. Speziellen Nutzungen, wie beispielsweise Museen oder Bibliotheken, erfordern oft auch erhöhte Anforderungen an die Luftfeuchte. Ein umfassendes Gesamtbewertungsverfahren muss daher die Bewertung der Luftaufbereitung inklusive der Be- und Entfeuchtung enthalten. Kältetechnik in zentralen Klimageräten aber auch dezentrale Kühltechnik muss in das Verfahren integriert sein (siehe DIN V 18599 Teil 3 und 7 [2-7], [2-8]).

Ähnliches gilt auch für die Beleuchtung. Während bei einer Wohnnutzung die Beleuchtung von den Vorlieben und Gewohnheiten der Nutzer abhängt und daher nur eine durchschnittliche Größe angenommen werden kann, gibt es für gewerbliche Nutzungen gesetzliche Anforderungen an die Mindestbeleuchtungsstärken. Die Beleuchtungsstärken am Arbeitsplatz sind z. T. um ein vielfaches höher als bei einer Wohnnutzung. Die künstliche Beleuchtung kann daher in Nichtwohngebäuden einen großen Anteil an den inneren Wärmeeinträgen in das Gebäude ausmachen und hat damit deutliche Rückwirkungen auf den Heiz- und Kühlbedarf. Durch eine durchdachte Fassadenplanung gilt es daher, sowohl den Strombedarf an künstlicher Beleuchtung als auch den Heiz- und Kühlbedarf möglichst gering zu halten. Mit dem in der DIN V 18599 realisierten Bilanzierungsverfahren sind die Grundlagen für eine gemeinsame energetische Bewertung geschaffen worden. Ein Verfahren für die energetische Bewertung der Beleuchtung ist für Teil 4 der Norm neu entwickelt worden [2-9]. Wärmeeinträge aus der künstlichen Beleuchtung werden somit nicht mehr pauschal bewertet, sondern vom Gebäude und der Nutzung abhängig berechnet und in die Ermittlung von Heiz- und Kühlbedarf mit einbezogen.

Nichtwohngebäude zeichnen sich oft auch durch verschiedene Nutzungsbereiche aus. In einem Gebäudekomplex können beispielsweise Büros, Labore, Kantine und Küche vorhanden sein. Die Räume werden hierbei nicht nur unterschiedlich genutzt, aus den unterschiedlichen Nutzungsanforderungen heraus können auch verschiedene Systeme für die Beleuchtung, Beheizung, Belüftung und/oder Kühlung erforderlich sein. Vor einer Bilanzierung muss das Gebäude daher in verschiedene Nutzungszonen unterteilt werden.

Die Nutzungsanforderungen sind aber in vielen Fällen nicht über die gesamte Woche gleich. Viele Gebäude werden nur werktags genutzt, über das Wochenende wird dann nur eingeschränkt geheizt, Kühlung und Belüftung können ganz abgeschaltet sein. Die Unterscheidung in zwei unterschiedliche Betriebsweisen, Werktag und Wochenende – oder allgemeiner ausgedrückt Nutzungs- und Nichtnutzungstage – ist der Regelfall. Dem Wochenendbetrieb wird daher im neuen Bilanzierungsverfahren mehr Bedeutung eingeräumt als im bisherigen Verfahren.

Neben diesen »großen« neuen Bausteinen des Bewertungsverfahrens müssen auch die Details des Bilanzierungsverfahrens überprüft werden und auf die neuen Anforderungen hin ergänzt oder geändert werden.
Das bisherige Monatsbilanzierungsverfahren aus DIN EN 832 bzw. DIN EN ISO 13790 kann grundsätzlich als Ausgangsbasis übernommen werden. Eine einfache Erweiterung erlaubt es, über das gleiche Bilanzverfahren zusätzlich zum Heizwärmebedarf auch den Kühlbedarf des Gebäudes auszuweisen. Verschiedene Vereinfachungen und Pauschalierungen, die in der bisherigen Bilanzierung zur Ermittlung des Heizwärmebedarfs im Sinne einer »worst-case«-Abschätzung zulässig sind, können aber für die Berechnung des Kühlbedarfs nicht übernommen werden. Die Auswirkungen von Sonnenschutz durch Jalousien und Vorhänge beispielsweise gewinnen durch den Einbezug der Sommerperiode erheblich an Bedeutung. Zusätzlich spielen sie im Nichtwohnbereich eine größere Rolle. Für die Kühlbedarfsermittlung ist es daher unerlässlich, dass Sonnenschutzvorrichtungen (insbesondere automatisch gesteuerte) mit in die Bewertung eingehen. Auch im Bewertungsverfahren für »Wintergärten« (thermische Pufferzonen) werden mit Einbezug des Sommerklimas Änderungen notwendig.
Ein weiterer neuer Bestandteil des Verfahrens ist eine überschlägige Auslegungsberechnung. Sowohl für den Winterfall als auch für den Sommerfall ist dies in vereinfachter Form in das Bilanzierungsverfahren integriert worden. Die Berechnung der maximal erforderlichen Heizleistung sowie der maximal erforderlichen Kühlleistung ist notwendig, um die Auslastung der Heiz- und Kühlsysteme abschätzen zu können und so die Systemverluste ausweisen zu können. Über die Systemauslastung werden auch die notwendigen Betriebszeiten des Heiz- und des Kühlsystems, sowie über einen weiteren Schritt die Laufzeiten von Pumpen usw. ermittelt. Die maximale Kühlleistung erlaubt es zusätzlich, den für die Kühlung erforderlichen Luftvolumenstrom zu ermitteln, falls die Kühllast vollständig über die Lüftung abgeführt werden soll.
Im ganzheitlichen Bewertungsansatz der neuen Normung sind nicht nur die Systemverluste abhängig vom Bedarf der Gebäudezone auszuweisen, sondern auch die daraus resultierenden ungeregelten Wärme- oder Kälteeinträge in die Gebäudezone. In der Bilanz der Gebäudezone werden diese als Wärmequellen oder Wärmesenken berücksichtigt. Um die Rückkopplung im Bilanzverfahren zu realisieren, ist eine Iterationsschleife in der Berechnung notwendig. In der Regel sind aber nur wenige Schritte notwendig, um eine ausreichende Genauigkeit zu erhalten. In früheren Bewertungsverfahren sind die Wärmeeinträge aus den Systemverlusten pauschal angesetzt worden. Eine Differenzierung dieser internen Lasten ist nicht nur aufgrund der allgemein differenzierteren Betrachtung der Innenlasten bei Nichtwohngebäuden erforderlich geworden, sondern vor allem weil der Anteil der ungeregelten Einträge an der Deckung der Wärme-

verluste aufgrund des verbesserten Wärmeschutzes nach außen immer größer wird. Speziell bei Niedrigenergiehäusern oder Passivhäusern kann der bisherige pauschale Ansatz zu einer erheblichen Verfälschung der Bewertung führen.

Das neue Bewertungsverfahren für die Ermittlung des Nutzenergiebedarfs in der Gebäudezone zeichnet sich somit durch eine erweiterte und allgemeingültigere Formulierung sowie durch eine stärkere Verknüpfung mit anderen Bilanzanteilen aus. Einige Teile können aus den bisherigen Bewertungsverfahren übernommen werden, andere mussten neu konzipiert werden.

Im nachfolgenden Abschnitt wird auf die Schnittstellen zu den anderen Bilanzanteilen eingegangen. In den darauf folgenden Kapiteln sollen Grundlagen und Überlegungen zu den wesentlichen Neuerungen im Bilanzierungsverfahren für eine Gebäudezone (DIN V 18599-2) erläutert werden.

Folgende Schwerpunkte werden dabei gesetzt:

- Bilanzierung des Kühlbedarfs
- Einbeziehung der Luftaufbereitung
- Berücksichtigung von Wochenendbetrieb
- Überschlägige Ermittlung der maximalen Heiz- und Kühlleistungen
- Ermittlung der Bereitschaftszeiten für Heiz- und Kühlsysteme (Länge der Heiz- und Kühlperiode)
- Bewertung von »Wintergärten« (thermische Pufferzonen)
- Bewertung von beweglichem Sonnenschutz.

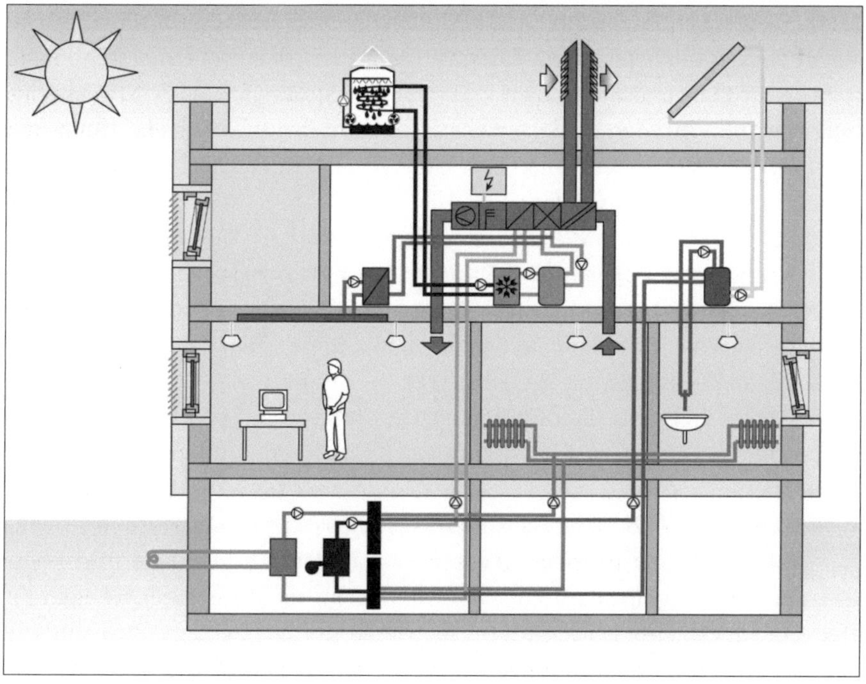

Abb. 2-1: Einflussgrößen auf den Heizwärme- und Kühlbedarf

2.1.2 Schnittstellen

Schnittstelle Gebäudezone - Luftaufbereitung

Bei Gebäuden mit raumlufttechnischen Anlagen entsteht im Allgemeinen ein Heiz- und Kühlbedarf sowohl im Raum als auch innerhalb der RLT-Anlage zum Erwärmen, Kühlen, Be- und Entfeuchten der zugeführten Luft. Grundprinzip der Ermittlung des Nutzenergiebedarfs von Gebäuden mit raumlufttechnischen Anlagen ist daher die Aufspaltung des Bedarfs in den innerhalb der Gebäudezone anfallenden, lastabhängigen Heiz- und Kühlbedarf und den davon unabhängigen, in der vorgelagerten Luftaufbereitung entstehenden Heiz- und Kühlbedarf.

Volumenstrom und Temperatur der aufbereiteten Zuluft sind dabei die Schnittstellen zwischen beiden Bedarfsanteilen und müssen für die Bilanzierung bestimmt werden. Diese Aufteilung entspricht der gewöhnlichen Aufstellung und Regelung von RLT-Anlagen. Im Klimazentralgerät wird in der Regel unabhängig von der momentanen Heiz- oder Kühllast der angeschlossenen Räume die Außenluft auf einen vorgegebenen Zuluftzustand hin erwärmt oder gekühlt, gegebenenfalls auch be- oder entfeuchtet. Im Raum wird die zugeführte Luft entsprechend der vorliegenden Raumlast nacherwärmt oder nachgekühlt. Die Regelung der Raumtemperatur übernimmt also i. A. ein nachgeschaltetes oder zusätzliches Heiz- oder Kühlsystem.

Alle gängigen Klimatisierungssysteme lassen sich über die Aufteilung in den lastunabhängigen Anteil der Außenluftaufbereitung und den lastabhängigen Anteil zur Raumtemperierung darstellen. Auch Systeme, bei denen die Raumtemperatur über einen variablen Zuluftvolumenstrom geregelt wird (Variabel-Volumenstrom-Anlagen, VVS), können über die Aufteilung in einen Grundanteil der Luftaufbereitung und einen lastabhängigen Zusatzanteil für die Temperaturregelung abgebildet werden.

Gleichzeitig stellt die zugeführte vorkonditionierte Luft für die Gebäudezone einen Kälteeintrag oder, je nach Zulufttemperatur, Wärmeeintrag dar. Wie andere Wärmequellen und -senken, beispielsweise Außenluftwechsel, Sonneneinstrahlung und interne Wärmequellen, muss dieser in der Bilanz der Gebäudezone berücksichtigt werden.

In der DIN V 18599 ist die Bestimmung des Nutzenergiebedarfs für die Aufbereitung der Außenluft auf den vorgegebenen Zuluftzustand in Teil 3 »Nutzenergiebedarf für die energetische Luftaufbereitung« beschrieben. Das Berechnungsverfahren für den Bedarf der Gebäudezone, der über die Zuluftzuführung hinaus in Abhängigkeit aller auf die Zone einwirkenden Wärmequellen und Wärmesenken, zur Raumtemperierung notwendig ist wird in Teil 2 »Nutzenergiebedarf für Heizen und Kühlen von Gebäudezonen« vorgegebenen. Teil 3 der DIN V 18599 beschreibt zusätzlich auch die Ermittlung des Energiebedarfs zur Luftförderung.

Zulufttemperatur und Zuluftmenge sind für beide Bilanzanteile Eingangsdaten. Sie sind sowohl von der Nutzung der Gebäudezone als auch vom gewählten Anlagentyp abhängig. Die **Zulufttemperatur** - genauer die Differenz der Zulufttemperatur zur Raumtemperatur – ist beispielsweise durch Behaglichkeitskriterien eingeschränkt. Aber auch die Art der Luftauslässe (z. B. Dralluftdurchlass, Quelllüftung) grenzt den möglichen Temperaturbereich der Zuluft ein. (Hinweise hierzu sind in DIN V 18599-7 aufgenommen).
Für die Bestimmung der **Zuluftmenge** sind drei Kriterien ausschlaggebend. Zum einen muss aus hygienischen Gründen ein Mindestluftwechsel eingehalten werden. Dieser ist durch die Art der Nutzung und vor allem durch die Personenbelegung in der Gebäudezone vorgegeben. Die Fensterlüftung kann zum nutzungsbedingten Mindestluftwechsel beitragen. Zum anderen ist rein anlagentechnisch ein minimaler Luftumsatz notwendig, um die Funktion der Lüftungsanlage sicherzustellen. Die Luftmenge ist hierbei je nach Anlagentypus verschieden. Die erforderliche Zuluftmenge kann auch durch den Kühlbedarf bestimmt sein. Bei Konstantvolumenstromanlagen, die ganzjährig die Raumkühlung gewährleisten sollen, muss zuerst der Luftbedarf ermittelt werden. Hierzu wird zunächst überschlägig eine Auslegungsbilanzierung durchgeführt. Aus der berechneten Kühlleistung wird dann bei gegebener Zulufttemperatur der erforderliche Volumenstrom bestimmt.

Schnittstelle Gebäudezone - Beleuchtung

Über die Fassadenausführung sind die thermische Gebäudebilanzierung und die Ermittlung des Beleuchtungsbedarfs in vielen Details gekoppelt. Eine große Rolle spielen hier **Transmissionsgrade** von Verglasungen und Sonnenschutzvorrichtungen. Die Grundlage der Bewertung muss hier identisch sein. Trotzdem sind in thermischer und lichttechnischer Bewertung unterschiedliche Werte anzusetzen. Im lichttechnischen Teil wird nur der sichtbare Anteil des Lichts bewertet, Anforderungen an die Belichtung sind auch nur während der Nutzungszeiten einzuhalten. Dagegen ist für die Ermittlung der Wärmeeinträge der gesamte Spektralbereich und die gesamte Hellzeit einzubeziehen. Die Kopplung der beiden Bilanzteile ist in diesem Punkt durch die Abstimmung der vorgegebenen Tabellenwerte, z. B. für die Transmissionsgrade, im wärmetechnischen und im lichttechnischen Teil gegeben.
Der Energiebedarf für die künstliche Beleuchtung der Gebäudezone lässt sich direkt als **Wärmeeintrag** in die Gebäudezone übernehmen. Da eine vollständige Umsetzung in Verlustwärme und Licht innerhalb der Gebäudezone angenommen werden kann. Eine Ausnahme bilden hier Abluftleuchten, in denen die Abwärme der Leuchten direkt durch die Abluft aus der Gebäudezone abtransportiert wird. Durch den **Raumbelastungsgrad** wird hier der Anteil des

Beleuchtungsstrombedarfs bestimmt, der im Raum als Wärme wirksam wird. Der in der Abluft wirksame Anteil muss in Lüftungssystemen mit Wärmerückgewinnung mit berücksichtigt werden.

Schnittstelle Gebäudezone - Verteilsysteme

Der Heizwärmebedarf der Gebäudezonen ist Grundlage für die Berechnung der Verluste des Heizsystems bei Übergabe, Verteilung, Speicherung und Erzeugung und auch des jeweiligen Anteils, der innerhalb der Gebäudezone als Wärmeeintrag anrechenbar ist. Diese **ungeregelten Wärmeeinträge** des Heizsystems werden andererseits als Wärmequellen in der Bilanz der Gebäudezone berücksichtigt. Beides ist also voneinander abhängig. Die Ermittlung des Heizwärmebedarfs und der Systemverluste erfolgt daher in zwei (oder mehreren) Stufen. Der Heizwärmebedarf wird zunächst überschlägig ohne die Wärmeeinträge der haustechnischen Systeme berechnet. Über den überschlägigen Heizwärmebedarf werden abhängig von der Systemauslastung die ungeregelten Wärmeeinträge des Systems bestimmt und hiermit eine zweite, endgültige Bilanzierung durchgeführt. Durch weitere Iterationen können die Ergebnisse noch verbessert werden. Dasselbe gilt natürlich in gleicher weise für den Kühlbedarf, sowie für die ungeregelten Wärme- und **Kälteeinträge** durch das Lüftungs- oder das Kühlsystem.

Die Ermittlung der Verluste des Heizsystems erfolgt in der DIN V 18599 in Teil 5 [2-10]. Die Methodik baut auf den Berechnungen nach DIN V 4701-10 auf [2-11], neu ist jedoch die Rückkopplung zum Wärmebedarf der Gebäudezone. Die Ermittlung der Verluste des Kühlsystems und der Kälteerzeugung werden in Teil 7 der DIN V 18599 beschrieben.

Die Systemverluste – bei Übergabe, Verteilung, Speicherung und Erzeugung – sind jeweils u. a. von der Belastung der jeweiligen Systemkomponenten abhängig. Das heißt, auch die maximale Belastung des Systems muss bekannt sein. Zusätzlich zum monatlichen Heiz- und Kühlbedarf wird daher auch die **maximal erforderliche Heiz- und Kühlleistung** ausgewiesen. Damit ist es möglich die Systemauslastung bzw. -belastung zu bestimmen. Über die Systemauslastung lassen sich einerseits die Verluste der Anlagenkomponenten bestimmen, andererseits werden auch die monatlichen **Bedarfszeiten** ermittelt. Die Heiz- und Kühlbedarfszeiten sind Grundlage für die Ermittlung der Laufzeiten der Anlagenkomponenten, die beispielsweise über den Pumpenbetrieb ausschlaggebend für den Hilfsenergiebedarf sind.

2.2 Monatliches Bilanzierungsverfahren für den Nutzenergiebedarf für Heizen und Kühlen einer Gebäudezone

Die Bilanzierungsmethodik für die Ermittlung des Heiz- und Kühlbedarfs einer Gebäudezone stellt eine Erweiterung der Methodik aus DIN EN 832 und DIN EN ISO 13790 [2-4], [2-5] dar. Die Berechnung des Kühlbedarfs der Gebäudezone geht auf die von Rouvel und Elsberger vorgeschlagene Methodik zur Ermittlung des Kühlbedarfs über die Ausweisung der »für Heizzwecke nicht nutzbaren Wärmegewinne« zurück [2-12], [2-13]. Gleichwertig zu dieser Methodik ist auch die Ausweisung des Kühlbedarfs über die »für Kühlzwecke nicht nutzbaren Wärmeverluste«, die in der niederländischen Norm NEN »Energy Performance of non-residential Buildings – Determination Method« [2-14] verwendet wird. Beide Verfahren sind ineinander überführbar [2-15], [2-16].

Das erweiterte Bilanzverfahren bezieht auch die Lüftung mit raumlufttechnischen Anlagen mit ein. Die bisher verwendeten Definitionen von Wärmegewinnen und Wärmeverlusten sind erweitert und die Begriffe durch die allgemeineren und nicht wertenden Begriffe Wärmequellen und Wärmesenken ersetzt worden.

2.2.1 Methodische Vorgehensweise

Zur Bilanzierung des Heizwärmebedarfs nach DIN EN 832 und DIN EN ISO 13790 werden die Wärmeverluste und die Wärmegewinne des Gebäudes jeweils summiert. Nur ein Teil der Gewinne ist für Heizzwecke nutzbar. Dieser Anteil wird über den Ausnutzungsgrad η bestimmt. Die prinzipielle Bilanzgleichung in DIN EN 832 und DIN EN ISO 13790 lautet:

$$Q_H = Q_L - \eta \cdot Q_G \qquad (2\text{-}1)$$

mit:

- Q_H monatlicher Heizwärmebedarf in der Gebäudezone
- Q_L monatliche Wärmeverluste in der Gebäudezone (heat losses)
- Q_G monatliche Wärmegewinne in der Gebäudezone (heat gains)
- η monatlicher Ausnutzungsgrad der Wärmegewinne in der Gebäudezone (für Heizzwecke)

Der Ausnutzungsgrad η ist abhängig vom Verhältnis der Wärmegewinne zu den Wärmeverlusten ($Q_G / Q_L = \gamma$) und von der Zeitkonstante τ der Gebäudezone (siehe Gl. (2-7) bis (2-9)).

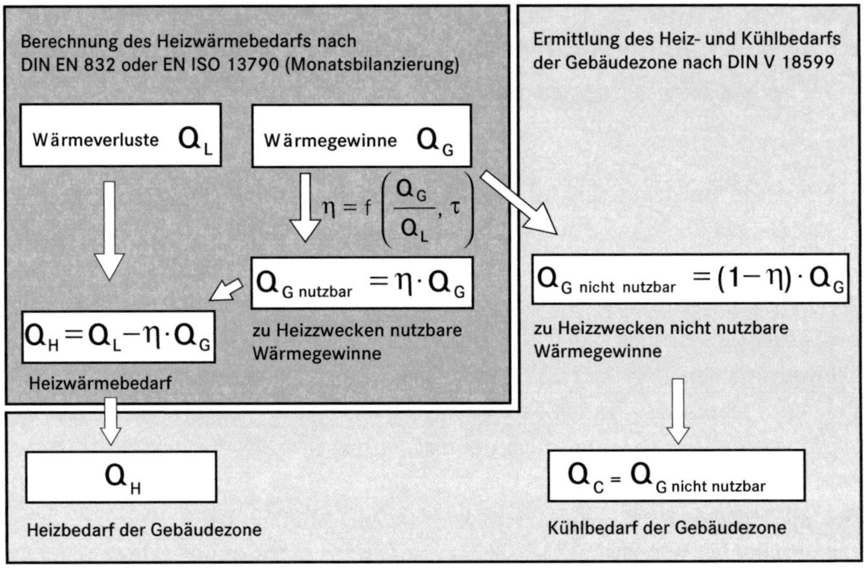

Abb. 2-2: Erweiterung des Heizwärmebilanzverfahrens nach DIN EN 832 bzw. DIN EN ISO 13790 um den Kühlbedarf

Der Anteil der monatlichen Wärmegewinne, die nicht für Heizzwecke nutzbar sind, ist im Verfahren des Heizwärmebedarfs nicht weiter von Interesse. Er führt zu einer Erwärmung im Raum über die erforderliche Solltemperatur hinaus. Wird der Raum gekühlt, so muss dieser Anteil über die Kühlung abgeführt werden, um die Solltemperatur einzuhalten. Für die Bilanzierung des monatlichen Kühlbedarfs in der Gebäudezone wird obige Gleichung ergänzt mit:

$$Q_C = (1-\eta) \cdot Q_G \tag{2-2}$$

mit: Q_C monatlicher Kühlbedarf in der Gebäudezone

Über den Ausnutzungsgrad η, der aus dem Gewinn-Verlustverhältnis γ bestimmt wird, ist der Kühlbedarf auch von den Wärmeverlusten abhängig.
In anderen Normen, beispielsweise auch im erweiterten neuen Entwurf der ISO 13790 (DIN EN ISO 13790:2006), wird eine andere Notation verwendet. Von der Summe der Gewinne werden dort die nutzbaren Wärmeverluste abgezogen [2-14], [2-17].

$$Q_C = Q_G - \eta_C \cdot Q_L \tag{2-3}$$

mit: η_C monatlicher Ausnutzungsgrad der Wärmeverluste in der Gebäudezone (für Kühlzwecke).

Der Ausnutzungsgrad der Wärmeverluste für Kühlzwecke ist analog dem Ausnutzungsgrad der Wärmegewinne über das Wärmeverlust-Wärmegewinn-Verhältnis definiert. Beide Schreibweisen, nämlich Gl. (2-2) und Gl. (2-3), lassen sich durch einfache algebraische Umformungen in einander überleiten. Ausgehend von Gl. (2-2) gilt

$$Q_C = (1-\eta)\, Q_G = Q_G - \eta\, Q_G = Q_G - \eta\, Q_G \cdot Q_L / Q_L = Q_G - \eta\, (Q_G/Q_L) \cdot Q_L$$
$$= Q_G - (\eta\gamma) \cdot Q_L = Q_G - \eta_C\, Q_L \qquad (2\text{-}4)$$

wobei: $\eta_C = \eta\, Q_G/Q_L = \eta\gamma$ (2-5)

Gl. (2-5) lässt sich ebenfalls unschwer auf Basis der Definition Gl. (2-7) nachweisen [2-15]. Soweit die gleichen Parameter für den Ausnutzungsgrad Verwendung finden, sind beide Verfahrensweisen identisch.
In DIN EN 832 und DIN EN ISO 13790 wird definiert, was unter den beiden Bilanzgrößen

Q_L monatliche Wärmeverluste in der Gebäudezone
Q_G monatliche Wärmegewinne in der Gebäudezone

zu verstehen und einzubeziehen ist. Da nur die Heizperiode betrachtet wird, ist die Zuordnung der einzelnen Einflussgrößen eindeutig:

Q_L Transmissionswärmeverluste
Lüftungswärmeverluste
Q_G Gewinne durch Sonneneinstrahlung
Innere Wärmequellen (Personen, Beleuchtung, Maschinen usw.).

Da bei der Betrachtung von Gebäuden mit Kühlung jetzt auch die Sommerperiode einbezogen werden muss, ist es z. B. bei der Transmission und der Lüftung möglich, dass sich die Vorzeichen der Wärmeflüsse umkehren. So gibt es zumindest in Südeuropa Monate, in denen die mittlere Außentemperatur höher ist als die mittlere Solltemperatur in der Gebäudezone. Nach der Definition der DIN EN 832 sind somit negative Verluste auszuweisen.
Für negative Werte des Verhältnisses Q_G/Q_L ist der Ausnutzungsgrad nicht definiert. Es stellt sich die Frage, wie negative Größen in den beiden Bilanzgleichungen berücksichtigt werden können bzw. berücksichtigt werden müssen. Eine Klarstellung und eindeutige Definition von »Wärmegewinnen« und »Wärmeverlusten« ist daher notwendig geworden. Auch die Begriffe »Wärmegewinne« und »Wärmeverluste« sind nicht unbedacht auf die Kühlbedarfsbilanzierung übertragbar. In der ursprünglichen Bedeutung sind unter »Wärmegewinnen« diejenigen Einflüsse zusammengefasst, die sich positiv, also reduzierend, auf den Heizwärmebedarf auswirken, »Wärmeverluste« wirken sich negativ, also steigernd, auf den Heizwärmebedarf aus. Für den Kühlbedarf ist dies jedoch genau umgekehrt. »Gewinne« beeinflussen den Bedarf negativ. Aus diesem Grund werden in der neuen Definition »Wärmegewinne« bzw. »Wärmeverluste« durch die nicht wertenden Begriffe »Wärmequellen« und »Wärmesenken« ersetzt.

Gleichzeitig werden Quellen (Wärme entsteht oder wird zugeführt) und Senken (Wärme wird entzogen) nicht mehr auf bestimmte Wärmeströme festgelegt, sondern gelten allgemein. Erst die physikalische Richtung des Wärmestroms legt fest, ob er für den Raum eine Wärmequelle oder eine -senke darstellt. Die im ursprünglichen Wortsinn enthaltene Trennung von »erwärmenden« und »abkühlenden« Wärmeströmen wird somit beibehalten. Negative Werte treten in dieser Definition nicht auf.

Die eindeutigere und verständlichere neue Definition der Bilanzgrößen lautet daher

Wärmesenken Q_{sink}: Summe aller abkühlenden Wärmeströme

Wärmequellen Q_{source}: Summe aller erwärmenden Wärmeströme.

Die beiden Bilanzgleichungen heißen damit:

$$Q_H = Q_{sink} - \eta \cdot Q_{source} \qquad Q_C = (1-\eta) \cdot Q_{source} \tag{2-6}$$

mit:

- Q_H monatlicher Heizwärmebedarf in der Gebäudezone
- Q_C monatlicher Kühlbedarf in der Gebäudezone
- Q_{sink} monatlicher Wert der Wärmesenken in der Gebäudezone (heat sink)
- Q_{source} monatlicher Wert der Wärmequellen in der Gebäudezone (heat source)
- η monatlicher Ausnutzungsgrad der Wärmequellen in der Gebäudezone (für Heizzwecke)

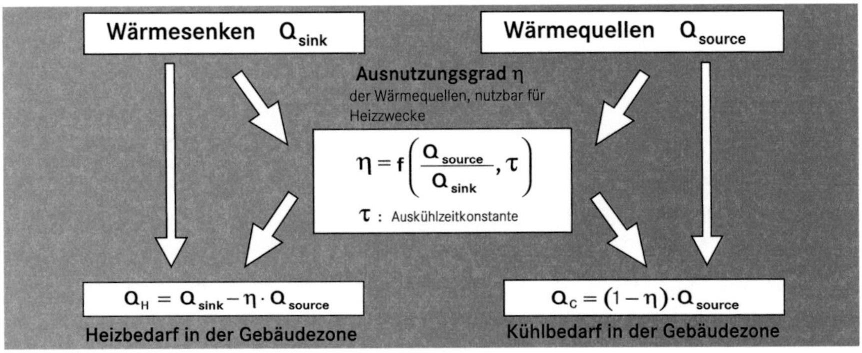

Abb. 2-3: Bilanzierungsschema für die erweiterte Bilanzierung nach DIN V 18599

Da die feste Zuordnung der einzelnen Wärmeströme zu den Wärmeverlusten und Wärmegewinnen durch die neue Definition von Wärmesenken und -quellen aufgehoben ist, können neben den bisher betrachteten vier Haupteinflussgrößen (Transmission, Lüftung, Solare und Interne Wärmeeinträge) ohne Schwierigkeiten weitere Einflüsse in die Bilanzierung mit aufgenommen werden. Beispielsweise müssen nun nicht mehr nur interne Wärmeeinträge betrachtet werden, durch Verteilleitungen des Kühlsystems sind auch Kälteeinträge innerhalb der Gebäudezone zu berücksichtigen. Tab. 2-2 gibt einen Überblick über die im Allgemeinen in Nichtwohnbauten zu berücksichtigen Wärmeströme.

Immer als Bilanzgröße Q_{sink} gelten:	Immer als Bilanzgröße Q_{source} gelten:
	Wärmeeintrag durch Sonneneinstrahlung durch transparente Flächen
	Wärmeeintrag durch Geräte, Personen und Beleuchtung
Kälteeinträge (Wärmesenken) durch Verteilleitungen und -kanäle des Trinkkaltwassersystems und des Kühlwassersystems	Wärmeeintrag durch die Verteilleitungen und -kanäle des Heizungssystems und des Warmwassersystems
Bedingt als Bilanzgröße Q_{sink} gelten:	**Bedingt als Bilanzgröße Q_{source} gelten:**
Transmission, wenn $\vartheta_e < \vartheta_i$ (Transmissionswärmeverluste)	**Transmission, wenn $\vartheta_e > \vartheta_i$** (Transmissionswärmeeintrag)
Lüftung durch Infiltration und Fensteröffnungen, wenn $\vartheta_e < \vartheta_i$ (Lüftungswärmeverluste)	**Lüftung durch Infiltration und Fensteröffnungen, wenn $\vartheta_e > \vartheta_i$ (Lüftungswärmeeintrag)**
Lüftung durch die Zuluft der RLT-Anlage, wenn $\vartheta_{ZU} < \vartheta_i$	**Lüftung durch die Zuluft der RLT-Anlage,** wenn $\vartheta_{ZU} > \vartheta_i$
Waren, Stoffdurchsatz und Gütertransporte, wenn $\vartheta_{in} < \vartheta_{out}$	**Waren, Stoffdurchsatz und Gütertransporte, wenn $\vartheta_{in} < \vartheta_{out}$**
Strahlungsverluste opaker Flächen, wenn solare Einstrahlung < Abstrahlung	**Strahlungsverluste opaker Flächen,** wenn solare Einstrahlung > Abstrahlung

Tab. 2-2: Zuordnung der einzelnen Wärmeströme (fühlbare Wärme) für die Gebäudezone auf die beiden Bilanzgrößen Q_{sink} und Q_{source}

Anmerkung: In DIN EN 832 und DIN EN ISO 13790 ist nicht ganz glücklich festgelegt, dass sowohl Q_L als auch Q_G sowie alle Bilanzgrößen (Wärmeströme) unabhängig von ihrer Richtung ein *positives* Vorzeichen haben. Durch Änderung dieser Definition und Festlegung der Vorzeichen der Wärmeströme entsprechend ihrem Einfluss auf den Wärmehaushalt der Gebäudezone kann die Beschreibung der Bilanzgrößen stark vereinfacht werden. Als Wärmequellen und Wärmesenken würden dann alle positiven bzw. alle negativen Wärmeströme zusammengefasst. In DIN V 18599 wird aber grundsätzlich das positive Vorzeichen für alle Bilanzgrößen beibehalten, um möglichst wenig gegenüber den bereits bestehenden Definitionen in DIN EN 832 und DIN EN ISO 13790 zu ändern.

2.2.3 Ausnutzungsgrad η der Wärmequellen (Wärmegewinne) einer Gebäudezone

Der Ausnutzungsgrad η berücksichtigt das zeitlich unterschiedliche Auftreten von Wärmesenken und Wärmequellen in der Gebäudezone. Er ist abhängig vom Verhältnis Q_G/Q_L bzw. gleichbedeutend vom Verhältnis Q_{source}/Q_{sink} und der Zeitkonstante τ der Gebäudezone. Der formelmäßige Zusammenhang ist aus vielen Simulationsrechnungen hergeleitet worden und ist im Grundsatz abhängig von den Zeitgängen der einzelnen Wärmequellen und Wärmesenken und dem zugelassenen Temperaturschwankungsbereich.

Die Formeln für den Ausnutzungsgrad sind ein Kompromiss für die typischen Zeitgänge der einzelnen Wärmeströme und beschreiben die Zusammenhänge recht gut. Die Erweiterung der Anwendung dieser Formeln von der Heizzeit auf das gesamte Jahr (auch Sommerperiode) hat sich in den unterschiedlichsten Untersuchungen und Vergleichen als sinnvoll und zweckmäßig erwiesen [2-12], [2-18].
Die Berechnung des Ausnutzungsgrades η erfolgt nach DIN EN 832 bzw. DIN EN ISO 13790 mit den Gleichungen:

$$\eta = \frac{1-\gamma^{a}}{1-\gamma^{a+1}} \quad \text{wenn} \quad \gamma \neq 1 \tag{2-7}$$

$$\eta = \frac{a}{a+1} \quad \text{wenn} \quad \gamma \neq 1 \tag{2-8}$$

wobei: $a = a_0 + \frac{\tau}{\tau_0} = 1 + \frac{\tau}{16\,\text{h}}$ (2-9)

τ Zeitkonstante der Gebäudezone
$a_{0,}\ \tau_0$ Parameter

Die Bezugsgrößen im Parameter $\boldsymbol{a}$ (1; 16 h) sind für die Normung für eine zulässige Temperaturerhöhung von 2 K bestimmt [2-19]. D. h. Wärmequellen werden bis zu einer Temperaturerhöhung von 2 K über den Sollwert als »nutzbar« betrachtet. Der Temperaturanstieg wird genutzt um Wärmeeinträge durch Speicherung in der Gebäudemasse abzumindern und zwischenzuspeichern. Es wird davon ausgegangen, dass Wärmeeinträge, die über diesen Temperaturanstieg hinaus gehen, nicht für Heizzwecke genutzt werden und entweder über ein Kühlsystem oder über zusätzliche Lüftung abgeführt werden. Kühlbedarf besteht also ab einer Raumtemperatur, die 2 K über der Bilanzierungstemperatur liegt. Im Umkehrschluss bedeutet dies für die Bilanzierung des Kühlbedarfs, dass die im Bilanzierungsverfahren anzusetzende Raumtemperatur gegenüber der für den Kühlfall vorgegebenen Obergrenze der Raum-Solltemperatur um 2 K zu reduzieren ist.
Abb. 2-4 zeigt beispielhaft für einen Typraum S nach VDI 2078 [2-20] während der Übergangszeit den Einfluss der zugelassenen Temperaturschwankung auf die Heiz- und Kühllasten im Raum. Je größer der zugelassene Schwankungsbereich ist, umso besser können Wärmequellen- bzw. -senken ausgenutzt werden. Im Monatsbilanzierungsverfahren wird standardmäßig von dem hier dargestellten Fall B mit 2 K zugelassener Raumtemperaturschwankung ausgegangen. Der in Abb. 2-4 (B) ausgewiesene Kühlbedarf kann entweder durch eine Kühlanlage abgeführt werden oder soweit dies möglich ist durch zusätzliche Lüftung ausgeglichen werden.

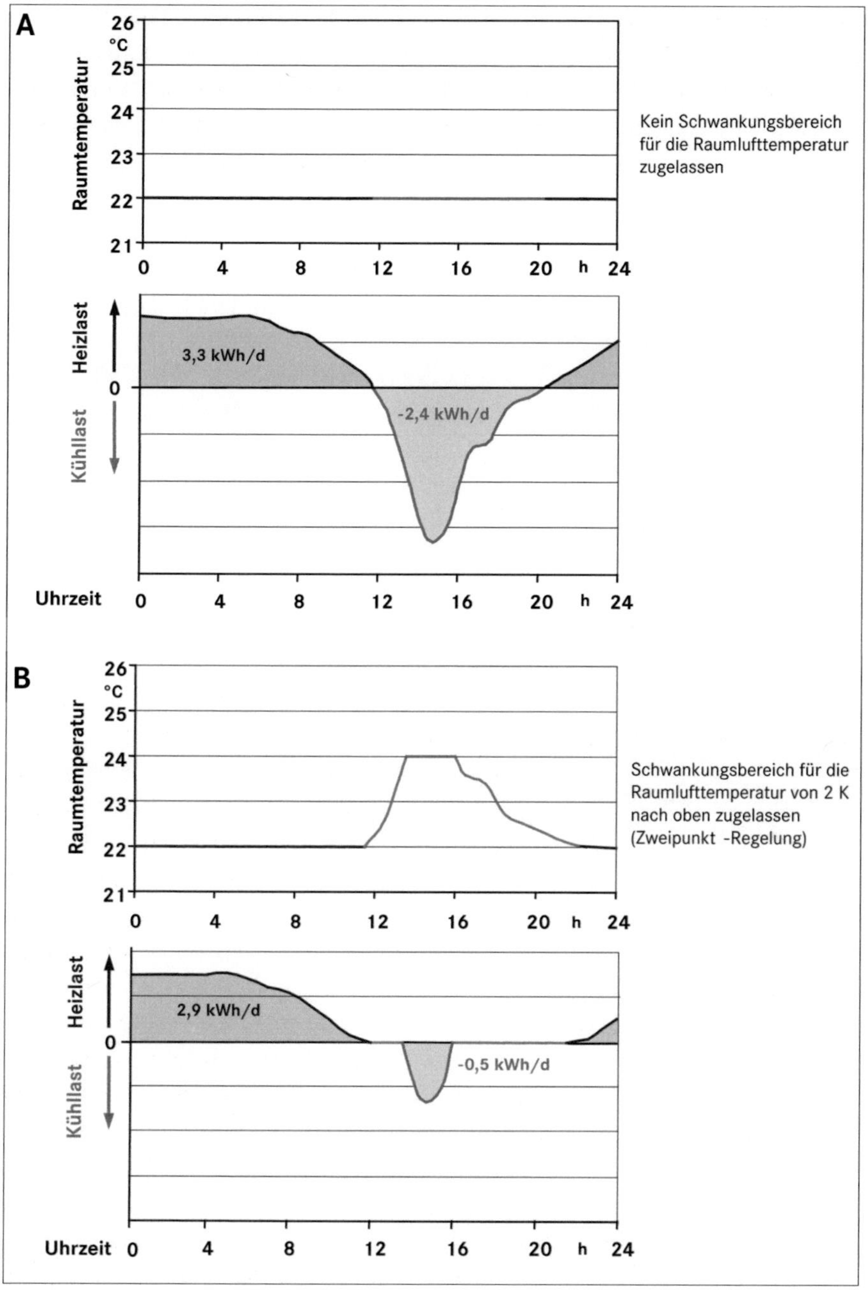

Abb. 2-4: Auswirkungen der zugelassenen Schwankung. der Raumtemperatur auf Heiz, und Kühllasten an einem ausgewählten Beispieltag (14.Mai; Simulation mit GEB-SIMU [2-21])
A: ohne Schwankungsbereich für die Raumtemperatur
B: mit 2 K-Schwankungsbereich für die Raumtemperatur (2-Punkt-Regelung)

Die hier als Schwankungsbereich angesetzten 2 K können selbstverständlich im Einzelfall differieren. Sie sind als Basisfall für die Definition des Ausnutzungsgrades gewählt, da sie auch den bisherigen Normen DIN EN 832, DIN V 4108-6 und DIN EN ISO 13790 zugrunde liegen. Der Einfluss des Schwankungsbereichs auf den Ausnutzungsgrad ist in [2-19] dokumentiert. Er lässt sich auch über die Bezugszeitkonstante τ_0 in Gl. (2-9) verifizieren. Damit gibt es grundsätzlich die Möglichkeit auch andere Toleranzbereiche für die Raumtemperaturen mit dem vorgestellten monatlichen Bilanzverfahren für den Heiz- und Kühlfall zu wählen.

Begrenzung des Ausnutzungsgrades

Da mit der mechanischen Lüftung i. d. R. höhere Luftwechsel verbunden sind, ergeben sich mitunter sehr kurze Auskühlzeiten. Für kurze Auskühlzeiten nähert sich die Funktion des Ausnutzungsgrades nur sehr langsam den Grenzwerten $\eta = 1$ bzw. $\eta = 1/\gamma$ an und es ergibt sich hierdurch oft ein »Restkühlbedarf« im Winter bzw. in den Sommermonaten ein »Restheizbedarf«, der real nicht auftritt oder als Komforteinbuße hingenommen wird. Als Kriterium, wann diese Restbeträge vernachlässigt werden dürfen, bietet sich an, eine relative Abweichung zum jeweiligen Grenzwert anzugeben, ab der der Grenzwert gesetzt werden sollte. D. h. für den Kühlbedarf eine Abweichung des Ausnutzungsgrades gegenüber dem Grenzwert 1, für den Heizbedarf eine Abweichung gegenüber dem Wert $1/\gamma$ (Kehrwert des Wärmequellen/Wärmesenken-Verhältnisses). In DIN V 18599-2 ist für den Heizfall eine Abweichung von 1 % von $1/\gamma$ angesetzt (Gl. 2-10). In Abb. 2-5 ist an einem Beispiel der Bereich dargestellt in dem die Grenzbedingung wirksam ist (Bereich I).

$$\text{Falls } 1/\gamma - \eta < 0{,}01 \cdot 1/\gamma \quad \text{gilt } \eta = 1/\gamma \tag{2-10}$$

Hiermit ergibt sich der monatliche Heizwärmebedarf zu Null.
Für den Kühlbedarf wird die Grenzbedingung durch den zusätzlichen Faktor γ niedriger angesetzt (Gl. 2-11).

$$\text{Falls } (1 - \eta)\,\gamma < 0{,}01 \quad \text{gilt } \eta = 1 \tag{2-11}$$

Damit wird für kurze Zeitkonstanten die Grenzbedingung bereits bei etwas größeren γ-Werten erreicht. Ohne den zusätzlichen Faktor γ würde sich nur ein sehr enger Gültigkeitsbereich für die Grenzbedingung ergeben. Abb. 2-5 zeigt für ein Beispiel den Bereich, in dem nach Gl. (2-11) die »Restbeträge« der Kühlbedarfs zu Null gesetzt werden können (Bereich II). Die Bereiche, in denen die Grenzbedingungen gelten, sind über den Ausnutzungsgrad von der Zeitkonstante der Gebäudezone abhängig.

Zusätzlich gilt eine weitere Einschränkung: Bei mechanischer Lüftung mit sehr hohen Luftwechseln – z. B. wenn bei hohen Innenlasten die gesamte Kühllast durch die Zuluft (Konstantvolumen-Anlage) gedeckt werden soll oder bei Laborräumen oder Reinräumen – ist der Ausnutzungsgrad η nach genannter Formel nicht gültig. In diesen Fällen überwiegen konstante Wärmequellen und -senken

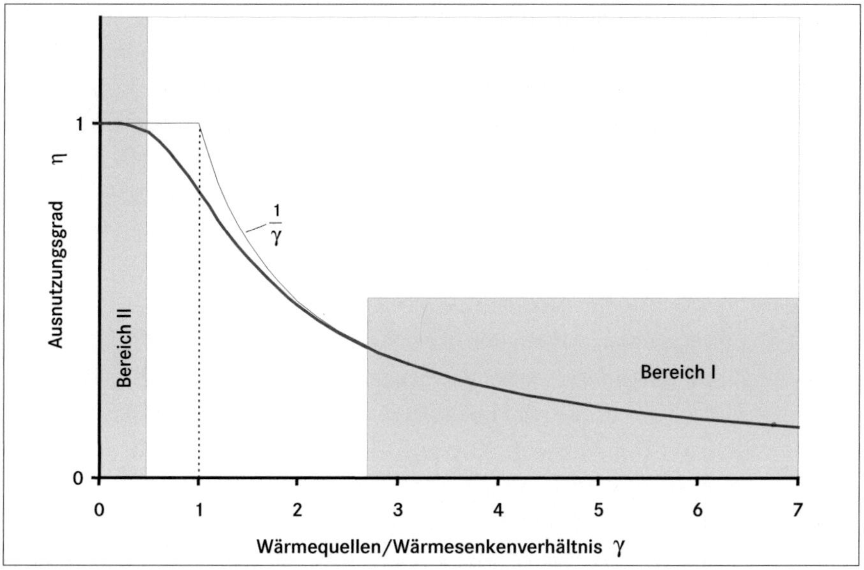

Abb. 2-5: Begrenzung des Ausnutzungsgrades für den Heizfall (Bereich I) und den Kühlfall (Bereich II) (τ = 48 h)

und die Zeitgänge anderer Wärmequellen und Wärmesenken fallen nicht ins Gewicht.

Daher wird folgende Zusatzbedingung für die Bestimmung des Ausnutzungsgrades gestellt:

$$\eta = 1 \quad \text{falls} \quad \dot{V}_{mech} \geq \frac{P_{c,max}}{c_L \cdot \rho_L \cdot (\vartheta_i - \vartheta_{ZU})} \tag{2-12}$$

wobei:

$\dot{V}_{mech}$	Grundluftmenge
$P_{c,max}$	maximale Kühllast in der Gebäudezone (nach Kap. 2-6)
ϑ_i	mittlere Raumtemperatur im Kühlfall
ϑ_{ZU}	Zulufttemperatur der RLT-Anlage
c_L	spezifische Wärmekapazität der Luft
ρ_L	Dichte der Luft.

2.2.4 Zeitkonstante τ einer Gebäudezone

Die Zeitkonstante der Gebäudezone τ ist in DIN EN 832 und DIN EN ISO 13790 definiert als:

$$\tau = C_{wirk} / (H_T + H_V) \tag{2-13}$$

hierbei ist:

C_{wirk}	die Wärmekapazität der Gebäudezone

H_T der Gesamttransmissionswärmekoeffizient über die wärmeübertragenden Umschließungsflächen der Gebäudezone (Anm.: im Gegensatz zur Definition in DIN V 4108-6 wird der F_x-Wert hier nicht berücksichtigt, d. h. es wird keine Temperaturkorrektur vorgenommen)

H_V der Gesamtlüftungswärmekoeffizient für Infiltration, Fensterlüftung und mechanische Lüftung (unter Beachtung von Gl. 2-14)

Im Wärmeübertragungskoeffizienten der Lüftung $\mathbf{H_V}$ ist sowohl der Luftvolumenstrom durch Infiltration und Fenster als auch der Luftvolumenstrom durch die RLT-Anlage enthalten (identisch in der niederländischen Norm NEN 2916:1998) [2-14]. Für die Zuluft von RLT-Anlagen mit vorgegebener Zulufttemperatur muss eine Temperaturkorrektur vorgenommen werden. Der Wärmeverlustkoeffizient ist umso größer, je größer die Temperaturdifferenz zwischen der Zulufttemperatur und der Raumsolltemperatur ist. Als Bezugsgröße wird hier ein Standardwert von 6 K Temperaturdifferenz vorgegeben. Dies entspricht üblichen Werten für die Zulufttemperatur, nämlich 16 °C bei einer Raumtemperatur von 22 °C. Für den temperaturkorrigierten Wärmeübertragungskoeffizienten der mechanischen Lüftung gilt damit:

$$\mathbf{H_{V,mech,\vartheta} = H_{V,mech} \cdot \frac{\vartheta_i - \vartheta_{ZU}}{6\,K}} \tag{2-14}$$

mit dem Wärmeübertragungskoeffizienten für die mechanische Lüftung $\mathbf{H_{Vmech}}$

$$\mathbf{H_{V,mech}} = c_L \cdot \rho_L \cdot \dot{\mathbf{V}}_{\mathbf{mech}} \tag{2-15}$$

hierbei ist:

ϑ_i die Raumsolltemperatur

ϑ_{ZU} die Zulufttemperatur

$\dot{V}_{mech}$ der Volumenstrom der mechanischen Lüftung (Grundluftvolumen)

c_L die spezifische Wärmekapazität von Luft

ρ_L die Dichte von Luft

Im verwendeten Zusammenhang ist die angegebene Korrektur hinreichend genau und gibt alle Tendenzen richtig wieder.
Tatsächlich verändert der von der Außentemperatur unabhängige Kälteeintrag der Lüftungsanlage nicht nur die Zeitkonstante, sondern vor allem auch die Gleichgewichtstemperatur. Die angegebene Zeitkonstante ist daher nur eine Näherung, die für die Randbedingungen des Bilanzierungsverfahrens eine ausreichende

Genauigkeit bringt. Die Gleichgewichtstemperatur ist sowohl von der Zuluft- als auch der Außenlufttemperatur und den jeweiligen Wärmeübertragungskoeffizienten abhängig. Für einen genaueren Ansatz der Gebäudezeitkonstante müsste diese monatlich neu berechnet werden. Dies würde das Rechenverfahren verkomplizieren ohne dabei die Genauigkeit deutlich zu erhöhen. Für das Bilanzierungsverfahren ist eine zehnfach höhere Unsicherheit der Zeitkonstante gegenüber der der Wärmeverluste noch tragbar [2-22]. Die hier eingegangene Vereinfachung stellt sicher, dass gleiche Kälteeinträge der Lüftungsanlage auch gleiche Auswirkungen auf die Zeitkonstante haben.
Die wirksame Wärmespeicherfähigkeit $\mathbf{C}_{\mathbf{wirk}}$ der Gebäudezone wird in DIN EN 832 und DIN EN ISO 13790 vereinfacht über die »10 cm-Regel« ermittelt. Alternativ kann sie auch detailliert mittels DIN EN 13786 [2-13] errechnet werden. Untersuchungen zur Beurteilung des sommerlichen Raumklimas mittels des Monatsbilanzverfahrens haben gezeigt, dass mit der vereinfachten »10 cm-Regel« bei typischen Bauweisen im Bürobereich (aufgeständeter Fußboden und abgehängte Decken) zu große Bewertungsfehler auftreten [2-12], [2-24]. In diesen Fällen ist eine genauere Bewertung mittels DIN EN 13786 erforderlich.

2.2.5 Einbezug des Energieeintrags durch die Zuluft der RLT-Anlage in die Bilanzierung der Gebäudezone

Die RLT-Anlage übernimmt im Allgemeinen zwei Funktionen. Sie sorgt für ausreichende Belüftung und sie trägt zur Kühlung der Gebäudezone bei, sie übernimmt also einen Teil des Kühlbedarfs. Grundsätzlich sind daher zwei Vorgehensweisen zum Einbezug der Raumlufttechnik in die Gebäudebilanzierung denkbar. Im Sinne einer üblichen Trennung von Raum und Anlagentechnik (VDI-Kühllastregeln) kann die Gebäudezone ohne Einfluss der RLT-Anlage bilanziert werden und anschließend der Kälteeintrag der RLT-Anlage vom Kühlbedarf der Gebäudezone abgezogen werden. Hierbei müssen jedoch zusätzlich Wechselwirkungen mit anderen Anlagensystemen berücksichtigt werden [2-25]. Bei üblichen Anlagensystemen wird zudem die Zuluft der RLT-Anlage unabhängig vom Zustand des Raumes und von den dort vorherrschenden Lasten vorerwärmt oder vorgekühlt (gegebenenfalls be- und entfeuchtet). Die Temperatur der Zuluft ist dabei eingeschränkt durch das gewählte Anlagensystem, die Art der Luftauslässe im Raum und durch Behaglichkeitskriterien. Ebenso ist der Volumenstrom bei den meisten Anlagen fest vorgegeben. Auch bei Anlagen mit variablem Volumenstrom ist eine Mindestluftmenge (Grundluftmenge) unabhängig vom Raumklima vorausgesetzt. Für die Gebäudezone stellt somit die Zuluft der RLT-Anlage einen mehr oder weniger konstant bleibenden Wärmestrom (i. d. R. Kälteeintrag) dar. Den Ausgleich von momentanen Kälte- und Wärmelasten

innerhalb der Gebäudezone wird in der Regel über zusätzliche Heiz- und Kühlsysteme geregelt.
Im hier gewählten Bilanzierungsweg wird daher die Zuluft der RLT-Anlage (Grundluftmenge) in der Bilanz der Gebäudezone als Wärmesenke Q_{sink} mitbilanziert. Der Einfluss des Kälteeintrags der Zuluft auf die Ausnutzbarkeit anderer Wärme- und Kälteeinträge in der Gebäudezone wird somit berücksichtigt.

2.3 Gesamtnutzenergiebedarf von Gebäudezone und Luftaufbereitung

Wird ein Gebäude oder eine Gebäudezone ohne raumlufttechnische Anlage (RLT) betrachtet, wird in der Bilanz der Gebäudezone der **gesamte** Nutzenergiebedarf für das Heizen und gegebenenfalls für das Kühlen der Gebäudezone ausgewiesen. Anders ist es bei Gebäudezonen, die mit einer RLT-Anlage versorgt werden. Hier muss zwischen der Bilanz der Gebäudezone und der Bilanz für die Luftaufbereitung differenziert werden. Schnittstellen (Bilanzgrenze) zwischen diesen beiden Bilanzen ist

- die Zuluftmenge in die Gebäudezone (Grundlüftung)
- kombiniert mit der Zulufttemperatur.

Die Gesamtbilanz für Gebäudezone und Luftaufbereitung ergibt sich dabei nicht immer direkt aus der Summation der Heiz- und Kühlbedarfswerte für beide Bilanzbereiche, sondern muss abhängig von dem Anlagensystem der RLT-Anlage unterschiedlich verrechnet und zusammengefasst werden. Für diesen Abgleich der Bilanzgrößen ist vor allem entscheidend, wie der Kühlbedarf in der Gebäudezone über die RLT-Anlage und gegebenenfalls durch ein dezentrales Kühlsystem in der Gebäudezone abgedeckt wird. Hier lassen sich grundsätzlich vier Anlagenkonfigurationen unterscheiden.

2.3.1 Gesamtkühlbedarf – Abhängigkeit vom gewählten Anlagentyp

Für die Gesamtbilanzierung des Kühlbedarfs können 4 Grundtypen der Anlagenkonfiguration für RLT-Anlagen unterschieden werden:

1) Grundlüftung (KVS[1]) mit dezentraler Kühlung in der Gebäudezone
2) Nur-Luft-Anlagen (KVS) mit vollständiger Deckung des Kühlbedarfs der Gebäudezone

[1] *KVS – Konstant-Volumen-Systeme*

3) Nur-Luft-Anlagen (KVS) mit abgebrochener Kühlung
4) Nur-Luft-Anlagen mit variablen Volumenstrom (VVS[2])

1) Grundlüftung (KVS) mit dezentraler Kühlung in der Gebäudezone

Die Lüftungsanlage dient im diesem Fall im Wesentlichen der Gewährleistung der hygienisch erforderlichen Belüftung der Gebäudezone. Die Deckung des Kühlbedarfs wird von einem zusätzlichen Kühlsystem innerhalb der Gebäudezone übernommen. Die Luftmenge bemisst sich nach dem durch die Nutzung erforderlichen Luftwechsel oder durch den anlagentechnisch bedingten Mindestvolumenstrom. Wenn der Kälteeintrag durch die Grundluftmenge nicht ausreicht, um in der Gebäudezone die Raumsolltemperatur einzuhalten, wird die benötigte zusätzliche Kälte über ein Wasser- oder Kältemittelsystem zugeführt, beispielsweise über eine Kühldecke oder bei Induktionsanlagen mit der Sekundärluftkühlung.

- Der Kühlbedarf für der Aufbereitung des Zuluftvolumenstroms wird nach Kap. 3 ermittelt.
- Der innerhalb der Gebäudezone erforderliche Kühlbedarf (Kap. 2) ist identisch mit dem für die Gebäudezone bilanzierten Kühlbedarf. Er ist über ein zusätzliches sekundäres Kühlsystem in der Gebäudezone zu decken
- Der Gesamtkühlbedarf ergibt sich durch die Addition der beiden Bilanzanteile

2) Nur-Luft-Anlagen (KVS) mit vollständiger Deckung des Kühlbedarfs der Gebäudezone

Soll eine Nur-Luft-Anlage mit konstantem Volumenstrom den gesamten Kühlbedarf der Gebäudezone decken, so muss die Luftmenge der Anlage so ausgelegt sein, dass hiermit die maximal auftretende Kühllast in der Gebäudezone abgeführt werden kann. In Kap. 2.6 wird ein Verfahren zur überschlägigen Ermittlung der maximal erforderlichen Kühllast der Gebäudezone vorgestellt. Anhand der überschlägig ermittelten Kühlleistung $\mathbf{P}_{c,max}$ kann der notwendige Luftvolumenstrom $\dot{\mathbf{V}}_{max}$ nach Gl. (2-16) berechnet werden. Die Zulufttemperatur ist dabei vorzugeben.

$$\dot{V}_{max} = \frac{P_{c,max}}{(\vartheta_i - \vartheta_{ZU}) \cdot \rho_L \cdot c_L} \quad (2\text{-}16)$$

wobei:

$P_{c,max}$	maximale Kühllast in der Gebäudezone (nach Kap. 2-6)
ϑ_i	mittlere Raumtemperatur im Kühlfall
ϑ_{ZU}	Zulufttemperatur der RLT-Anlage
ρ_L	Dichte von Luft
c_L	spezifische Wärmekapazität von Luft

[2] *VVS – Variabel-Volumen-Systeme*

Die Ermittlung des Volumenstroms $\dot{V}_{max}$ muss bereits vor der Bilanzierung der Gebäudezone durchgeführt werden. Er ist sowohl für die Bestimmung des Wärme- und Kältebedarfs in der Luftaufbereitung als auch für die Ermittlung der Lüftungswärmesenke durch die mechanische Lüftung maßgeblich. Der Volumenstrom $\dot{V}_{max}$ ist somit die Voraussetzung für die monatliche Heiz- und Kühlbedarfsbilanzierung.

- Der Kühlbedarf für die Aufbereitung des ermittelten Luftvolumenstroms $\dot{V}_{max}$ wird nach Kap. 3 ermittelt.
- In der Gebäudezone tritt durch die bereits mitbilanzierte Wärmesenke des Zuluftvolumenstroms kein weiterer Kühlbedarf auf.
- Der Gesamtkühlbedarf ist über den Kältebedarf für die Luftaufbereitung gegeben.

3) Nur-Luft-Anlage (KVS) mit abgebrochener Kühlung

Teilweise werden Nur-Luft-KVS-Anlagen bewusst nicht auf die maximale Kühllast ausgelegt und decken nur einen Teil des Kühlbedarfs. Die Anlagenleistung kann so reduziert werden. Ein zeitweises Überschreiten der Raumsolltemperatur wird dabei in Kauf genommen (abgebrochene Kühlung). Ein zusätzliches Kühlsystem im Raum ist in diesem Fall nicht vorgesehen.

- Der Kühlbedarf für die Aufbereitung des Zuluftvolumenstroms wird nach Kap. 3 ermittelt.
- Der in der Gebäudezone bilanzierte Restkühlbedarf (Kap. 2) wird zu null gesetzt. (Das Überschreiten der Raumsolltemperatur wird zugelassen.)
- Der Gesamtkühlbedarf ist über den Kältebedarf für die Luftaufbereitung gegeben.

4) Nur-Luft-Anlagen mit variablen Volumenstrom (VVS)

Bei VVS-Anlagen ist der Zuluftvolumenstrom veränderbar. Er wird so geregelt, dass der momentane Kühlbedarf der Gebäudezone gedeckt wird. Ein Mindestvolumenstrom ist auch bei VVS-Anlagen vorgegeben, der anlagentechnisch bedingt oder nutzungsbedingt sein kann. Diese Grundluftmenge ist in jedem Fall von der Luftaufbereitungsanlage vorzubehandeln. Nur dieser Anteil – die Grundluftmenge – wird in der Bilanz der Gebäudezone als Wärmesenke bilanziert. Der darüber hinaus zur Einhaltung der Raumlufttemperatur zusätzlich eingebrachte Luftvolumenstrom ist vom Kühlbedarf der Gebäudezone abhängig. Er kann aus dem monatlich bilanzierten Kühlbedarf der Gebäudezone berechnet werden. In einer Nachkalkulation wird dann monatlich der zusätzliche Heiz- und Kühlbedarf für die Aufbereitung (Heizen, Kühlen, Befeuchten, Entfeuchten) dieser zusätzlichen Luftmenge $\dot{V}_{zus.}$ entsprechend Kap. 3 ermittelt.

$$\dot{V}_{zus.} = \frac{Q_c}{(\vartheta_i - \vartheta_{ZU}) \cdot \rho_L \cdot c_L \cdot t_B} \qquad (2\text{-}17)$$

wobei: Q_c monatlicher Kühlbedarf in der Gebäudezone
ϑ_i mittlere Raumtemperatur im Kühlfall
ϑ_{ZU} Mindest-Zulufttemperatur der RLT-Anlage
ρ_L Dichte von Luft
c_L spezifische Wärmekapazität von Luft
t_B monatliche Betriebsdauer der Lüftungsanlage

- Der Kühlbedarf und der Heizbedarf für die Aufbereitung des Zuluftvolumenstroms wird nach Kap. 3 für den Grundluftvolumenstrom + dem zusätzlichen Zuluftvolumenstrom berechnet.
- Da die Kühlung der Gebäudezone vollständig von der Zuluft übernommen wird, ist der Kühlbedarf der Gebäudezone anschließend zu Null zu setzen.
- Der Gesamtkühlbedarf ist über den Kühlbedarf der Luftaufbereitung (Grundluft + zusätzliche Luft) gegeben.

2.3.2 Gesamtheizbedarf

Für die Gesamtbilanzierung des Heizbedarfs gelten grundsätzlich die gleichen Regeln wie für den Kühlbedarf. Da Lüftungsanlagen nur selten die Funktion der Raumheizung übernehmen, wird in der Regel der **Heizwärmebedarf** der Gebäudezone unabhängig von der Zuluft in den Raum über ein zusätzliches Heizsystem (Warmwasserheizung, Einzelöfen, Abluft-Zuluft-Wärmepumpe, dezentrale elektrische Heizung, raumweise Nacherwärmung der Zuluft, o. Ä.) innerhalb der Gebäudezone abgedeckt. Die Bilanzanteile des Heizbedarfs von Gebäudezone und Zuluftaufbereitung können i. d. R. ohne zusätzliche Berechnungsschritte zum Gesamtnutzwärmebedarf addiert werden. Bei Anlagen mit variablem Volumenstrom ist jedoch für den Heizbedarf der Luftaufbereitung, ebenso wie für den Kühlbedarf, nicht nur der Bedarf für die Grundluftmenge sondern auch der Bedarf für den zusätzlichen Volumenstrom zu berücksichtigen.
Bei RLT-Anlagen ohne Kühlfunktion, z. B. auch Luftheizungsanlagen, wird in der Gebäudezone die Zuluft mit der zentral aufbereiteten Zulufttemperatur (z. B. der Temperatur nach der Wärmerückgewinnung (siehe hierzu auch Kap. 3.2.3) bilanziert. Übernimmt die Zuluft den gesamten Wärmebedarf der Gebäudezone, so ist dem Wärmebedarf für die Luftaufbereitung der Heizbedarf der Gebäudezone hinzuzurechnen.

2.3.3 Beispiele für Anlagenkonfigurationen

Zu den vier Grundtypen der Anlagenkonfiguration ist in Tab. 2-3 beispielhaft zusammengestellt durch welche Systemkomponenten die einzelnen Bilanzanteile des Heiz- und Kühlbedarf abgedeckt werden können. In Kap. 5 wird anhand einer Zone des Beispielgebäudes die Bilanzierung für verschiedene Varianten von RLT-Anlagen ausführlich vorgestellt.

	Anlagentyp	Heizbedarf in der Gebäudezone	Kühlbedarf in der Gebäudezone	Heizbedarf für die Luftaufbereitung	Kühlbedarf für die Luftaufbereitung
1)	Grundlüftung, dezentrale Kühlung	Radiatorheizung Fußbodenheizung Umluftgeräte Induktionsgeräte Nachheizregister	Kühldecke Umluftgeräte Induktionsgeräte Nachkühlregister	Heizregister, Befeuchtung im Zentralgerät	Kühlregister, Entfeuchtung im Zentralgerät
2)	Nur-Luft-KVS-Anlage mit Deckung des Kühlbedarfs	zusätzl. Nachheizregister Radiatorheizung Fußbodenheizung Umluftgeräte Induktionsgeräte	tritt nicht auf (Auslegung des Volumenstroms über max. Kühllast der Gebäudezone)	Heizregister, Befeuchtung im Zentralgerät	Kühlregister, Entfeuchtung im Zentralgerät
3)	Nur-Luft-KVS-Anlage mit »abgebrochener Kühlung«	zusätzl. Nachheizregister Radiatorheizung Fußbodenheizung Umluftgeräte Induktionsgeräte	wird zu null gesetzt	Vorerwärmung durch Heizregister im Zentralgerät	Kühlregister im Zentralgerät
4)	VVS-Anlage	zusätzl. Nachheizregister Radiatorheizung Fußbodenheizung Umluftgeräte Induktionsgeräte	bilanzierter Kühlbedarf bestimmt den zusätzlichen Volumenstrom, kein Kühlbedarf in der Gebäudezone	Vorerwärmung, Befeuchtung von Grundluft- und zusätzlichen Volumenstrom	Kühlung, Entfeuchtung von Grundluft- und zusätzlichen Volumenstrom

Tab. 2-3: Beispiele für die Zuordnung der Bilanzanteile aus Gebäudezone und Luftaufbereitung zu verschiedenen Anlagenkomponenten

2.4 Nutzungsanforderungen im Bilanzverfahren

2.4.1 Bilanzierung mit Tageswerten

Anders als Wohngebäude werden viele Nichtwohngebäude bestimmungsgemäß nur tagsüber genutzt. Eine eingeschränkte Betriebsweise von Heizung, Kühlung und Lüftung über Nacht oder über das Wochenende ist daher die Regel. Die Anlagenbetriebszeiten sind dabei meist um einige Stunden länger als die Nutzungsdauer. Da sich Nutzungsparameter und die Betriebsbedingungen während des Tages ändern und sich zusätzlich auch Nutzungs- und Nichtnutzungstage deutlich unterscheiden können, ist eine Klarstellung des Bezugszeitraums für die einzelnen Eingangsparameter notwendig geworden. In der DIN V 18599-2 wurde daher klar festgelegt, dass die Bilanzierung immer auf Tagesmittelwerten (24 h-Werte) basiert. Die Tageswerte beziehen sich dabei immer auf einen durchschnittlichen Tag eines Monats. Bei Tagen mit deutlich abweichender oder eingeschränkter Nutzung (Wochenende oder Ferienzeiten) innerhalb eines Monats ist ein getrenntes Nutzungsprofil mit den entsprechenden Betriebsbedingungen zu erstellen. Für diese Tage (»Nichtnutzungstage«) ist eine getrennte Bilanzierung durchzuführen (siehe auch Kap. 2-5).

Die meisten Nutzungsparameter, wie Luftwechselraten oder interne Wärmeeinträge, werden bereits als Tagesmittelwerte vorgegeben oder sind über eine einfache zeitliche Mittelung zu bestimmen. Bei der Innentemperatur ist es anders: Durch die eingeschränkte Betriebsweise über Nacht oder über das Wochenende ist die Temperatur über den Tag nicht festgelegt. Die Temperatur stellt sich während des eingeschränkten Heizbetriebs abhängig von der Außentemperatur, von den baulichen Eigenschaften des Gebäudes und von den Betriebsparametern der Heizung ein. Zudem ist die Innentemperatur als Grundlage für die Bestimmung von Transmissions- und Lüftungswärmesenken eine zentrale Größe der Bilanzierung. Die Frage, welche Temperatur für die Bilanzierung anzusetzen ist, bedarf daher besonderer Beachtung. Für den Kühlbedarf spielt die nächtliche Temperaturabsenkung keine wesentliche Rolle. Auch das Abschalten der Kühlanlage über das Wochenende kann über eine zeitliche Gewichtung ausreichend genau dargestellt werden [2-26]. Für die Bilanzierung des Heizwärmebedarfs müssen aber die Vorgaben sowohl für die Solltemperatur als auch für die Temperaturabsenkung als wesentliche Randbedingungen der Nutzung und des Heizbetriebs miteinbezogen werden.

2.4.2 Mittlere Innentemperatur bei abgesenktem Heizbetrieb

Eine zeitweise Reduzierung der Raumsolltemperatur, z. B. über Nacht, ist Standard bei der Regelung moderner Heizanlagen. Der Wärmeverlust der Gebäudezone und damit der Bedarf an Heizwärme kann durch die Temperaturabsenkung merklich gesenkt werden und muss daher im Bilanzierungsverfahren entsprechend abgebildet sein. Ansätze dazu, die Nachtabsenkung über die Raumtemperatur abzubilden, sind auch in älteren Normen schon realisiert. Das in prEN 832:1998 aufgenommene Verfahren hat sich jedoch nicht etablieren können, da es kompliziert und undurchschaubar ist und dadurch häufig Anwendungsfehler vorkommen. Für das neue Bilanzierungsverfahren (DIN V 18599) ist daher die Ermittlung der mittleren Temperatur bei Nacht- oder Wochenendabsenkung neu konzipiert worden. Wesentlicher Parameter ist hierbei die Zeitkonstante der Gebäudezone.

Die Grundlage für die Festlegung der Formel zur Ermittlung der mittleren Innentemperatur bei abgesenktem Heizbetrieb bildet eine Untersuchung des IWU [2-27]. Ausgehend von den dort bestimmten Reduktionsfaktoren für die Wärmeverluste wurden Näherungsformeln für die Berechnung der reduzierten Temperatur ermittelt. Der Tagesmittelwert der Innentemperatur $\overline{\vartheta}_i$ wird hierbei nach Gl. (2-18) ermittelt.

$$\overline{\vartheta}_i = \vartheta_{i,soll} - f \cdot \left(\vartheta_{i,soll} - \vartheta_e\right) \tag{2-18}$$

mit $\vartheta_{i,soll}$ die Soll-Innentemperatur im normalen Heizbetrieb;
f Reduktionsfaktor für den eingeschränkten Heizbetrieb
ϑ_e der Monatsmittelwert der Außentemperatur.

Diese Gleichung gilt in gleicher Weise für die nächtliche Heizungsreduzierung, für den reduzierten Heizbetrieb am Wochenende und für räumlich eingeschränkte Beheizung. Die genauen Abhängigkeiten sind über den jeweiligen Reduktionsfaktor f gegeben. Da die Innentemperatur nun in Abhängigkeit der Außentemperatur berechnet wird, geht sie nicht mehr als konstante Größe in die Bilanzierung ein. Sie muss für jeden Monat berechnet werden.

Für den abgesenkten Heizbetrieb werden zwei Betriebsweisen unterschieden:
- abgesenkter Heizbetrieb mit reduzierter Vorlauftemperatur im Heizkreis (abh. von der Außentemperatur)
- Heizungsabschaltung (mit Begrenzung auf Mindestraumtemperatur).

Die Absenkung mittels reduzierter Vorlauftemperatur ist der Regelfall bei modernen Heizungsanlagen. In beiden Fällen ist eine Mindestraumtemperatur während der Absenkungsphase einzuhalten, um das Erreichen der Solltemperatur zu Beginn der Nutzungszeit gewährleisten zu können.

Nachtabsenkung

Die Absenkung der Raumtemperatur während der nächtlichen Heizungsreduzierung ist wesentlich von der Dauer der Absenkung und der Zeitkonstante der Gebäudezone abhängig. Auf Basis der vom IWU [2-27] ermittelten Faktoren für die Nachtabsenkung sind die folgenden parametrisierten Gleichungen für den Reduktionsfaktor f_{NA} ermittelt worden:

- bei abgesenkter Betriebsweise:

$$f_{NA} = 0{,}13 \cdot \frac{t_{NA}}{24\,h} \cdot \left(1 - \frac{\tau}{250\,h}\right) \tag{2-19}$$

- bei Heizungsabschaltung:

$$f_{NA} = 0{,}26 \cdot \frac{t_{NA}}{24\,h} \cdot \left(1 - \frac{\tau}{250\,h}\right) \tag{2-20}$$

hierbei ist

t_{NA} die Dauer der Nachtabsenkung
τ die Zeitkonstante der Gebäudezone (siehe. Kap. 2-2.4).

Die Formeln berücksichtigen auch die Aufheizphase nach der Temperaturabsenkung. Als Nebenbedingung ist die Innentemperatur zusätzlich durch die vorgegebene Minimaltemperatur, die während der Absenkdauer einzuhalten ist, zu begrenzen. Abb. 2-6 zeigt beispielhaft für verschiedene Monate und verschiedene Auskühlzeitkonstanten die Tagesmittelwerte der Innentemperatur, die sich bei einer 8-stündigen Nachtabsenkung ergeben.

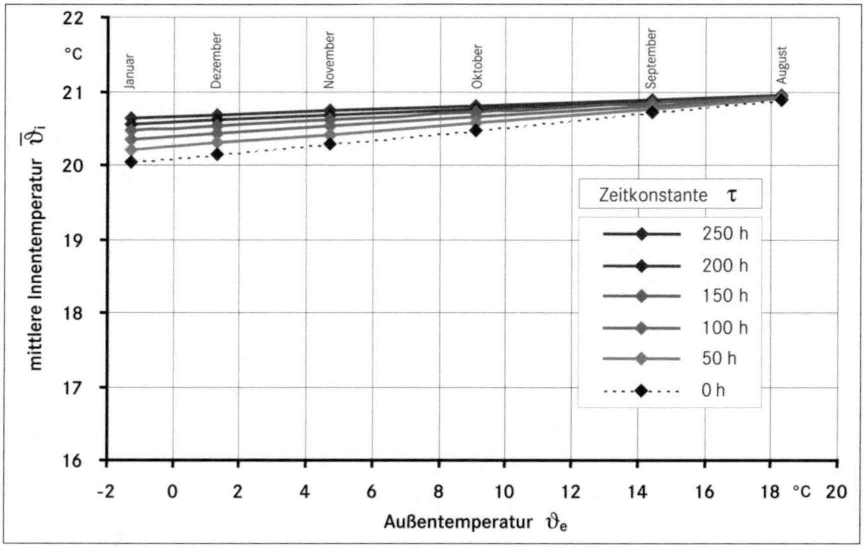

Abb. 2-6: Tagesmittelwert der Innentemperatur bei 8h-Nachabsenkung. Solltemperatur im Normalbetrieb 21 °C; maximale Absenkung 4 K.

Wochenendabsenkung

Bei einer mehrtägigen Absenkung des Heizbetriebs fällt die Temperaturabsenkung sehr viel deutlicher aus, da die Solltemperatur während der gesamten Zeitdauer, über die der Mittelwert bestimmt wird, nicht eingehalten werden muss. Während der ersten Stunden der Heizungsabschaltung oder -absenkung sinkt die Raumtemperatur relativ schnell ab, das Absinken der Temperatur verlangsamt sich jedoch immer mehr. Die Dauer der Absenkung spielt daher hier eine wesentlich geringere Rolle als bei der Nachtabsenkung. Für die vereinfachte Betrachtung im Bilanzierungsverfahren wird für die Wochenendabsenkung von einem Absenkzeitraum von 60 Stunden ausgegangen. Unterschiede durch längere oder kürzere Absenkdauern werden vernachlässigt. Dieses Vorgehen ist im Rahmen der Norm sinnvoll, da Feiertage oder Ferienzeiten im Allgemeinen unregelmäßig auftreten und die Länge der Absenkung daher variiert. Ausschlaggebend für die Gesamtbilanz sind die regelmäßigen Absenkungen an Wochenenden. Lange Ferienzeiten, beispielsweise Sommerferien in Schulen, können gesondert in der Monatsbilanz berücksichtigt werden.
Für die mittlere Temperatur bei Wochenendbetrieb sind die folgenden Gleichungen für die Reduktionsfaktoren f_{WE} ermittelt worden:

- bei Absenkbetrieb:

$$f_{\mathrm{WE}} = 0,2 \cdot \left(1 - 0,4 \frac{\tau}{250\,\mathrm{h}}\right) \tag{2-21}$$

- bei Heizungsabschaltung:

$$f_{\mathrm{WE}} = 0,3 \cdot \left(1 - 0,2 \frac{\tau}{250\,\mathrm{h}}\right) \tag{2-22}$$

Hierbei ist

τ die Auskühlzeitkonstante der Gebäudezone.

Auch für den Wochenendbetrieb ist in der Regel eine Mindest-Raumtemperatur vorgegeben, die eingehalten werden soll, um ein ausreichend schnelles Aufheizen am Wochenanfang zu gewährleisten. In der Regel sind 4 K als maximale Temperaturabsenkung anzusetzen. Tatsächlich wird die Grenztemperatur als Mittelwert nur in Ausnahmefällen erreicht. Abb. 2-7 zeigt die mittleren Innentemperaturen bei abgesenktem Heizbetrieb am Wochenende für verschiedene Auskühlzeitkonstanten.

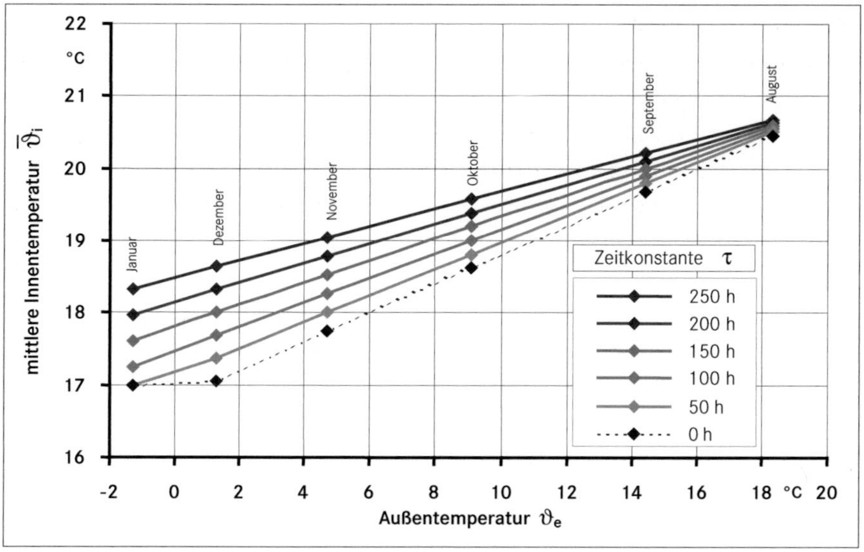

Abb. 2-7: Tagesmittelwert Innentemperatur bei Wochenendabsenkung. Solltemperatur im Normalbetrieb 21 °C; maximale Absenkung 4 K.

2.5 Berücksichtigung von Wochenendbetrieb

2.5.1 Grundsätzliche Vorgehensweise

Zur Anpassung des Monatsbilanzverfahrens an die Erfordernisse von Nichtwohngebäuden gehört auch eine differenziertere Betrachtung der Nutzung und hierin inbegriffen auch die Betrachtung von unterschiedlichen Nutzungs- oder Betriebszeiten. In vielen Nichtwohngebäuden, beispielsweise Bürogebäuden, ist ein 5-Tage-Betrieb üblich. Über das Wochenende wird das Gebäude nur eingeschränkt beheizt, Lüftungsanlagen sind in der Regel am Wochenende abgeschaltet. Dies hat nicht unerheblichen Einfluss auf die Energiebilanz des Gebäudes und muss daher durch das Bilanzierungsverfahren abgebildet sein.

In der Regel sind jedoch nicht nur die Betriebsweise des Heiz- bzw. Kühlsystems reduziert, sondern grundlegende Nutzungsanforderungen, wie beispielsweise der notwendige Luftwechsel oder die erforderliche Beleuchtung, weichen an Wochenenden oder in Ferienzeiten stark von den Anforderungen während der Hauptnutzungszeit ab.

Zur Berücksichtigung des Wochenend- oder Ferienbetriebs sind daher im Bilanzierungsverfahren zunächst einmal unterschiedliche Nutzungsprofile vorzugeben. Die Raumtemperatur, die während des reduzierten Heizbetriebs anzusetzen ist, wird in Abhängigkeit der Außentemperatur und der Zeitkonstante des Gebäudes berechnet (siehe 2-4). Mit den unterschiedlichen Nutzungsanforderungen werden dann für jeden Monat zwei getrennte Bilanzierungen jeweils für einen

typischen Nutzungstag und einen typischen Wochenendtag durchgeführt. Die zwei Bilanzwerte werden schließlich zeitgewichtet zum monatlichen Heiz- bzw. Kühlbedarf summiert.
Die Berücksichtigung von Wochenendbetrieb ist grundsätzlich auch bisher (DIN EN ISO 13790:2003) möglich, jedoch sind die darin verwendeten Algorithmen problematisch. Im neuen Bilanzierungsverfahren nach DIN V 18599 sind die Regeln durch die Trennung der Nutzungsprofile für normale Nutzungstage und Wochenendtage und die Bilanzierung auf Basis von Tagesmittelwerten klarer und eindeutiger gefasst worden. Der reduzierte Heizbetrieb über das Wochenende wird damit im neuen Verfahren grundsätzlich nach anderen Regeln behandelt als der über Nacht reduzierte Betrieb. Während eine Nachtabsenkung in den einzusetzenden, gemittelten Tageswerten abgebildet ist, muss für ganz- oder mehrtägige Betriebsunterbrechungen eine getrennte Bilanzierung vorgenommen werden. In der Regel ist eine Aufteilung mit zwei verschiedenen Nutzungsprofilen – Hauptnutuzung und Wochenendbetrieb – ausreichend (Die Bezeichnung »Wochenendbetrieb« muss hier nicht auf das tatsächliche Wochenende beschränkt sein. Eingeschlossen sind in der Standardbetrachtung auch Feier- und Ferientage oder sonstige Ruhetage).
Um ein genaueres Abbild der Aufteilung des Heizbedarfs zwischen Nutzungstagen und Tagen mit reduziertem Heizbetrieb zu erhalten, ist es notwendig eine zeitliche Verschiebung der aufzuwendenden Wärmemenge durch die in den Bauteilen gespeicherte Wärme zu berücksichtigen. Diese Wärmemenge, die bei Temperaturabsenkung aus den Bauteilen der Raumumschließungsflächen entspeichert wird, ersetzt an den Wochenendtagen teilweise oder vollständig die erforderliche Heizwärme. An den Tagen mit Normalbetrieb muss sie jedoch zusätzlich aufgebracht werden, um in der Aufwärmphase die entspeicherte Wärme wieder in den Bauteilen zu speichern. Sie ist dann als zusätzliche Wärmesenke zu berücksichtigen.
Die korrekte Aufteilung des Wärmebedarfs auf die Nutzungs- und Nichtnutzungstage wird dann wichtig, wenn die nachgelagerte Anlagentechnik mitbewertet wird. Laufzeit der Pumpen und Wärmeerzeuger und deren Auslastung können nur so richtig eingeschätzt werden.
Hinweis für die Bewertung des Wochenendbetriebs bei der Kühlung: Der Kühlenergiebedarf bei einer 5-Tage Woche entspricht in sehr guter Näherung $^5/_7$ des Kühlenergiebedarfs einer 7-Tage-Woche [2-26].

2.5.2 Berücksichtigung der gespeicherten Wärme

Durch die Absenkung der Raumtemperatur am Wochenende werden die Wärmeverluste nach außen reduziert, gleichzeitig wird während der Temperaturabsenkung die in den Bauteilen gespeicherte Wärme genutzt. Die Entspeicherung der Wärme verlangsamt das Absinken der Innentemperatur und deckt damit einen Teil der Wärme, die notwendig ist, um die Mindesttemperatur während des Wochenendes einzuhalten. Das Heizsystem wird damit während des reduzierten Betriebs entlastet. Die gleiche Wärmemenge, die während der Nichtnutzungsphase entspeichert wurde, muss dann allerdings während der Nutzungsphase zusätzlich aufgebracht werden, um die Bauteile wieder aufzuheizen. Auf den Heizwärmebedarf hat die Nutzung der gespeicherten Wärme daher nur wenig Einfluss. In einer vereinfachten Berechnung des Wärmebedarfs der Gebäudezone kann daher der Effekt der Ent- und Wiederaufspeicherung vernachlässigt werden.

Anders verhält es sich, wenn die Belastung des Heizsystems, d. h. die Laufzeit der Pumpen, die Auslastung der Wärmeerzeuger usw., von Interesse ist. Hier können sich durch die Verschiebung der Heizlasten vom Wochenende auf die Nutzungstage deutliche Unterschiede ergeben. Die Berücksichtigung der Wärmespeicherung bei der Wochenendabsenkung hat also im wesentlichen Auswirkung auf die Ermittlung der Heizzeiten, weniger auf die Höhe des Wärmebedarfs.

Der Betrag der während des Wochenendbetriebs nutzbaren Speicherwärme wird näherungsweise über die doppelte Temperaturdifferenz zwischen der Solltemperatur der Nutzungszeit und der berechneten mittleren Temperatur während der Absenkung bestimmt.

$$\Delta Q_{Sp} = C_{wirk} \cdot 2 \cdot (\vartheta_{i,H,soll} - \vartheta_{i,H,we}) \qquad (2\text{-}23)$$

mit

C_{wirk}	die wirksame Wärmespeicherfähigkeit;
$\vartheta_{i,H,soll}$	die Raumsolltemperatur im normalen Heizbetrieb;
$\vartheta_{i,H,we}$	die Bilanzinnentemperatur für den reduzierten Wochenendbetrieb.

Entspeicherung am Wochenende

Für die Bilanzierung wird der Gesamtbetrag der entspeicherten Wärme ΔQ_{Sp} auf einen Tag bezogen und kann vom bilanzierten Wärmebedarf am Wochenende direkt abgezogen werden.

$$\Delta Q_{Sp,we} = \frac{C_{wirk} \cdot 2 \cdot (\vartheta_{i,H,soll} - \vartheta_{i,H,we})}{d_{Abs,we}} \qquad (2\text{-}24)$$

$$Q_{H,we} = Q_{sink,we} - \eta \cdot Q_{source,we} - \Delta Q_{Sp,we} \qquad (2\text{-}25)$$

mit $\Delta Q_{Sp,we}$ die während des Wochenendbetriebs pro Tag genutzte aus den Bauteilen entspeicherte Wärme;
$d_{Abs,we}$ die Dauer des Absenkbetriebs in Tagen (durchschnittliche Anzahl der Wochenendtage pro Woche);
$Q_{H,we}$ der Heizwärmebedarf in der Gebäudezone für die Nicht-Nutzungstage (Wochenende);
$Q_{sink,we}$ die Summe der Wärmesenken in der Gebäudezone unter den Randbedingungen des Wochenendbetriebs
$Q_{source,we}$ die Summe der Wärmequellen in der Gebäudezone unter den Randbedingungen des Wochenendbetriebs
η der monatliche Ausnutzungsgrad der Wärmequellen.

Die entspeicherte Wärme zählt nicht zu den Wärmequellen, da sie nur im Falle einer Temperaturabsenkung tatsächlichen entspeichert wird. Zu einem Zeitpunkt also, zu dem andere Wärmequellen bereits voll ausgenutzt sind. Es besteht daher keine Konkurrenz in der Nutzbarkeit. Im Ausnutzungsgrad wird die Wärmespeicherung damit nicht mitbewertet.
Der Betrag der nutzbaren Speicherwärme wird begrenzt durch die Höhe des Wärmebedarfs, die sich ohne Berücksichtigung der Wärmespeicherung ergäbe. In Ausnahmefällen, mit Außentemperaturen oberhalb der Solltemperatur, ergeben sich negative Werte, die ebenfalls nicht mitbewertet werden dürfen. Es gelten somit die folgenden zwei Nebenbedingungen:

$$\Delta Q_{Sp,we} \geq Q_{sink} - \eta\, Q_{source} \qquad (2\text{-}26)$$

$$\Delta Q_{Sp,we} = 0 \quad \text{für} \quad \vartheta_{i,H,we} \geq \vartheta_{i,H,soll} \qquad (2\text{-}27)$$

Speicherung an Nutzungstagen

Für den Heizbetrieb an den Nutzungstagen ist die gleiche Wärmemenge ΔQ_{Sp} zu berücksichtigen, hier aber in der Bilanz auf die Anzahl der Nutzungstage zu beziehen. Die zu speichernde Wärme wird für die Nutzungsphase zu den Wärmesenken gerechnet. Hierdurch wird eine Erwärmung unter zusätzlicher Ausnutzung vorhandener Wärmequellen zugelassen (da die Summe der Wärmesenken in die Ermittlung des Ausnutzungsgrades mit eingeht).

$$\Delta Q_{Sp,sink,nutz} = \frac{\Delta Q_{Sp}}{d_{nutz,we}} = \frac{\Delta Q_{Sp,we} \cdot d_{we}}{d_{nutz}} \qquad (2\text{-}28)$$

$$Q_{sink,nutz} = \sum Q_{sink,j} + \Delta Q_{Sp,sink,nutz} \qquad (2\text{-}29)$$

$$Q_{H,nutz} = Q_{sink,nutz} - \eta\left(\frac{Q_{source,nutz}}{Q_{sink,nutz}}\right) Q_{source,nutz} \tag{2-30}$$

mit

$\Delta Q_{Sp,sink,nutz}$	die während des normalen Heizbetriebs pro Tag zu speichernde Wärmemenge;
$d_{nutz,we}$	die Anzahl der Nutzungstage pro Woche;
d_{nutz}	die Anzahl der Nutzungstage (pro Woche, pro Monat oder pro Jahr);
d_{we}	die Anzahl der Wochenend- oder Ferientage im Monat (entsprechend d_{nutz} pro Woche, pro Monat oder pro Jahr);
$Q_{sink,nutz}$	die Summe der Wärmesenken in der Gebäudezone unter den Randbedingungen der normalen Nutzung;
$\Sigma Q_{Sp,sink,nutz}$	die Summe der übrigen Wärmesenken in der Gebäudezone (Wärmesenken durch Transmission, Lüftung, Abstrahlung und interne Wärmesenken) unter den Bedingungen der normalen Nutzung;
$Q_{H,nutz}$	der Heizwärmebedarf in der Gebäudezone für die Nutzungstage;
$Q_{source,nutz}$	die Summe der Wärmequellen in der Gebäudezone unter den Randbedingungen des Wochenendbetriebs;
η	der monatliche Ausnutzungsgrad der Wärmequellen.

Der monatliche Heizwärmebedarf ergibt sich wieder aus der Summierung der Tageswerte. Durch die unterschiedliche Bewertung des Betrags der ge- bzw. entspeicherten Wärme in der Bilanz für die Nutzungstage und der Bilanz der Wochenendtage reduziert sich insgesamt der Heizwärmebedarf geringfügig im Vergleich zur Betrachtung ohne Berücksichtigung der gespeicherten Wärme. Für die Laufzeiten des Heizsystems ergibt sich in den nachfolgenden Berechnungen eine deutliche Verschiebung vom Wochenende auf die Nutzungstage. Ergebnisse einer Beispielrechnung sind in Kap. 5 aufgeführt.

2.6 Überschlägige Ermittlung der maximalen Heiz- und Kühlleistung einer Gebäudezone

Ein Ziel des neuen Bilanzierungsverfahrens ist, die gegenseitigen Abhängigkeiten von Nutzenergieanforderungen im Raum und den hierfür erforderlichen Energieaufwendungen des Anlagensystems besser aufeinander abzustimmen. Hierzu wird der zusätzliche Energieaufwand, d. h. die Anlagenverluste, abhängig von der Auslastung ermittelt. Für jede Komponente des Heiz- oder Kühlsystems, wie Übergabeeinheit, Verteilleitungen oder -kanäle sowie Wärme- und Kälteerzeuger, kann der Energieaufwand als Funktion der Auslastung der jeweiligen Komponente dargestellt werden. Die spezifische Abhängigkeit einer Komponente von der Auslastung kann durch wenige Kennwerte angeben werden; i. d. R. genügen beispielsweise Nennwirkungsgrad und Bereitschaftsverluste zur Beschreibung einer Komponente [2-28].

In das Bilanzierungsverfahren ist daher neu mit aufgenommen, die Verluste der einzelnen Systemkomponenten auf Basis der Auslastung zu bestimmen. Die Auslastung wird dabei nicht nur wie bisher für die Wärmeerzeugung sondern auch für Übergabe-, Verteilungs- und Speichersysteme ermittelt. Um die Auslastung zu ermitteln, muss jedoch auch die Volllastleistung der entsprechenden Anlagenebene bekannt sein. Hierfür wird überschlägig die maximal erforderliche Heiz- bzw. Kühlleistung der Gebäudezone ermittelt.

Die Ermittlung der maximal erforderlichen Heiz- und Kühlleistung der Gebäudezone hat jedoch noch weitere Gründe. Auf Basis der überschlägig ermittelten Leistung kann eine Auswahl der erforderlichen Heiz- und Kühlsysteme getroffen werden. Vor allem bei Kühlsystemen sind systembedingt Einschränkungen der Kühlleistung gegeben; der mögliche Leistungsbereich im Raum ist beispielsweise durch die Problematik von Taupunktunterschreitungen oder Zugerscheinungen begrenzt. Die Auswahl des Anlagentyps erlaubt es, den Bereich zulässiger Volumenströme und Zulufttemperaturen einzugrenzen und schließlich die erforderlichen Anlagenparameter für die Berechnung festzulegen. Die Festlegung der Zuluftmenge und der minimalen Zulufttemperatur von RLT-Anlagen ist für die Bestimmung des Kälte- oder Wärmeeintrags in die Gebäudezone bereits vor der Bilanzierung der Gebäudezone notwendig. Bei Nur-Luft-Kühlanlagen, die eine vollständige Kühlung der Gebäudezone gewährleisten sollen, wird darüber hinaus aus der überschlägigen Kühlleistung der notwendige Volumenstrom ermittelt.

Die Berechnung der maximal erforderlichen Heiz- bzw. Kühlleistung ermöglicht damit die

- Auswahl des Anlagentyps
- Dimensionierung der Anlagengrößen – Volumenstrom und Zulufttemperatur
- Abschätzung der Anlagenauslastung zur Bestimmung der Anlagenverluste.

Die im Bilanzierungsverfahren ermittelte überschlägige Heiz- oder Kühlleistung ersetzt allerdings keinesfalls eine planerische Auslegung der Anlage. Sie dient ausschließlich der Abschätzung der Größen innerhalb des Berechnungsverfahrens.

Die überschlägige Ermittlung der Heiz- und Kühlleistung folgt der Methodik der Heiz- und Kühlbedarfsbilanzierung, jedoch mit geänderten Randbedingungen.

Durch die Integration der Leistungsbilanz in das Berechnungsverfahren müssen keine externen Verfahren zur Abschätzung der erforderlichen Leistung hinzugezogen werden. Es sind keine zusätzlichen Eingabedaten erforderlich, die Kompatibilität der Ergebnisse ist somit gewährleistet.

2.6.1 Überschlägige Ermittlung der maximal erforderlichen Heizleistung

Die vereinfachte Berechnung der maximal erforderlichen Heizleistung der Gebäudezone $\mathbf{P}_{h,max}$ erfolgt entsprechend bereits bekannter Verfahren über die stationäre Berechnung der Wärmesenken (Wärmeverluste) bei extremen winterlichen Klimaverhältnissen (Hüllflächenverfahren entsprechend DIN 4701). Im Gebäude auftretende Wärmequellen, wie Solarstrahlung und interne Wärmeeinträge werden hierbei vernachlässigt. Zu berücksichtigen sind demnach in der Regel nur die Transmissionswärme- und Lüftungswärmeströme, beides ermittelt für die Außentemperatur der Heizungsauslegung. Für die Lüftung sind nur Infiltration und Fensterlüftung anzusetzen, jeweils bewertet mit der Außentemperatur. Der Luftwechsel durch RLT-Anlagen wird nicht mitbewertet, da zunächst die erforderliche Heizleistung für die Gebäudezone ermittelt wird. Die erforderliche Heizleistung für die eventuell vorhande RLT-Anlage wird getrennt ermittelt. Soll die Auslastung einzelner Systemkomponenten bestimmt werden, müssen die Leistungsanteile entsprechend dem System miteinander verrechnet werden. Zum Beispiel ist für das Sekundärsystems einer Induktionsanlage zur erforderlichen Heizleistung der Gebäudezone die Nacherwärmung der Zuluft von der RLT-Anlage hinzuzurechnen.

2.6.2 Überschlägige Ermittlung der maximal erforderlichen Kühlleistung

Bei der Berechnung der maximal erforderlichen Kühlleistung einer Gebäudezone $\mathbf{P}_{c,max}$ müssen wesentlich mehr Einflussgrößen berücksichtigt werden als bei Ermittlung der Heizleistung. Im Heizfall (Auslegungsfall) kann angenommen werden, dass die Mindestraumtemperatur (z. B. 20 °C) während des gesamten Tages gerade noch eingehalten werden kann. Für den Kühlfall muss davon ausgegangen werden, dass die Raumtemperatur über den Tag von der Mindestraumtemperatur auf die maximal zulässige Temperatur ansteigt. Durch die Ausnutzung dieses Temperaturbereichs gewinnen dynamische Komponenten erheblich an Bedeutung. Die Wärmespeicherfähigkeit der Gebäudezone muss daher in die Ermittlung der Kühlleistung einbezogen werden. Zudem ist

durch den zulässigen Temperaturbereich ein wesentlich größerer Spielraum für die Regelung der Kühlung gegeben. Die Temperatur bzw. Kühlleistungsregelung hat mitunter einen erheblichen Einfluss auf die Höhe der maximal erforderlichen Leistung. Je nach Regelstrategie (2-Punkt-Regelung, Proportionalregelung, usw.) kann die erforderliche Leistung fast um den Faktor 2 variieren (siehe Kap. 2.6.3).
Die Ermittlung der maximal erforderlichen Kühlleistung erfolgt in zwei Schritten. Im ersten Schritt wird die maximale Kühllast $\mathbf{P}_{c,stat}$ über die stationäre Gebäudebilanz ermittelt. Die Berechnung erfolgt analog dem Monatsbilanzverfahren jedoch für »extremes« sommerliches Außenklima. Die Wärmesenken können, anders als die Wärmequellen bei der Ermittlung der Heizleistung, hierbei nicht grundsätzlich vernachlässigt werden. Transmission und Lüftung können zudem bei den Auslegungstemperaturen auch als Wärmequellen auftreten.
In einem zweiten Schritt wird aus der stationär bilanzierten Kühllast $\mathbf{P}_{c,stat}$ unter Hinzuziehung der dynamischen Kenngrößen die maximal erforderliche Kühlleistung der Gebäudezone $\mathbf{P}_{c,max}$ ermittelt. Die Berechnung der erforderlichen Kühlleistung erfolgt hierbei über eine empirisch ermittelte Formel. Die Formel ist mit Hilfe von Vergleichswerten aus der dynamischen Gebäudesimulation hergeleitet worden.

Bilanzierung der maximalen stationären Kühllast einer Gebäudezone $P_{c,stat}$

Die Bilanzierung der Zwischengröße »maximale stationäre Kühllast der Gebäudezone $\mathbf{P}_{c,stat}$ erfolgt nach dem gleichen Schema wie die Bilanzierung des monatlichen Kühlbedarfs der Gebäudezone, die Randbedingungen sind jedoch anders gesetzt. Eine weitere Änderung ergibt sich dadurch, dass nun **Leistungswerte** bilanziert werden. Analog der Gleichung für den monatlichen Kühlbedarf $\mathbf{Q}_c$ ergibt sich für die Bilanzierung der maximalen Kühlleistung $\mathbf{P}_{c,stat}$

$$\mathbf{P}_{c,stat} = (1-\eta) \cdot \mathbf{P}_{source} \tag{2-31}$$

mit: $\mathbf{P}_{source}$ Wärmequellen unter den Auslegungsbedingungen
η Ausnutzungsgrad der Wärmequellen (in Abhängigkeit des Wärmequellen/-senkenverhältnis).

Vereinfachend kann angenommen werden, dass kaum oder gar keine Wärmesenken ($\mathbf{P}_{sink}$) vorhanden sind. Das Verhältnis $\gamma = \mathbf{P}_{source} / \mathbf{P}_{sink}$ erreicht damit sehr große Werte. Der Ausnutzungsgrad η kann daher durch seinen Grenzwert $1/\gamma = \mathbf{P}_{sink}/\mathbf{P}_{source}$ ersetzt werden.
Gl. (2-31) kann damit wie folgt formuliert werden:

$$\mathbf{P}_{c,stat} = \mathbf{P}_{source} - \mathbf{P}_{sink} \tag{2-32}$$

mit: P_{source} Wärmequellen unter den Auslegungsbedingungen
P_{sink} Wärmesenken unter den Auslegungsbedingungen.

Die Wärmequellen und Wärmesenken werden für die Ermittlung der maximalen Kühlleistung mit den folgenden, gegenüber der Monatsbilanz geänderten Randbedingungen berechnet. Anders als in der Monatsbilanz wird nicht grundsätzlich vom Tagesmittelwert ausgegangen. I. d. R. sind die Eingabewerte auf die Nutzungszeit zu beziehen:

- **Innentemperatur** und **Außentemperatur** sind auf den Auslegungsfall abgestimmt. Die Innentemperatur geht als Mittelwert zwischen Mindest- und Maximaltemperatur in die Berechnung ein. Die zulässige Temperaturschwankung wird hiermit zum Teil schon berücksichtigt. Für die Außentemperatur ist der maximal zu erwartende Tagesmittelwert der Klimazone anzusetzen.
- Die **solare Einstrahlung** beeinflusst in besonderem Maße die Spitzenlasten. In der Berechnung wird daher von der maximalen stündlichen Einstrahlung ausgegangen. Der Abminderungsfaktor der Verglasung für nicht senkrechten Strahlungseinfall wird bei der Berechnung der Wärmeeinträge nicht berücksichtigt. Die Klimadaten – solare Einstrahlung und Außentemperaturen – sind entsprechend den Auslegungstagen nach VDI 2078 [2-10] (Gesamtstrahlung bei geringer Trübung) zu wählen.
  Je nach Bauweise des Gebäudes können entweder die Außentemperatur oder die Solarstrahlung mehr Einfluss auf die Kühllasten der Gebäudezone haben. Da die maximale Außentemperatur und die maximale Solarstrahlung (bezogen auf senkrechte Flächen) im Jahresverlauf zu unterschiedlichen Zeiten auftreten, ist die Bilanzierung zweimal mit unterschiedlichen Vorgaben durchzuführen. Einmal für das Maximum der Außentemperatur (Monat Juli) und einmal für das Maximum der solaren Einstrahlung bei gleichzeitig hohen Außentemperaturen (Monat September). Aus beiden Bilanzierungen ist der höhere Wert für die maximale Kühllast zu wählen.
- Da für die solare Einstrahlung von dem maximalen Stundenwert ausgegangen wird, wird angenommen, dass variable **Sonnenschutzvorrichtungen** währenddessen geschlossen bzw. aktiviert sind. Es ist also der Gesamtenergiedurchlassgrad für geschlossenen Sonnenschutz anzusetzen (siehe hierzu auch Kap. 2.9).
- Für die **internen Wärmequellen** ist die mittlere Wärmeleistung bezogen auf die Betriebszeit der Anlage anzusetzen.
- Wie bei der Ermittlung der überschlägigen maximalen Heizleistung wird auch bei der Berechnung der Kühlleistung bei der **Lüftung** nur Infiltration und Fensterluftwechsel einbezogen. Der Luftvolumenstrom der RLT-Anlage wird im Allgemeinen erst als Ergebnis der überschlägigen Leistungsermittlung festgelegt.

Die über die stationäre Bilanzierung ermittelte Kühllast $\mathbf{P_{c,stat}}$ ergibt i. d. R. zu hohe Werte für die erforderliche Kühlleistung, da Effekte durch die Wärmespeicherung noch nicht berücksichtigt sind. Das zeigt auch der in Abb. 2-8 dargestellte Vergleich mit den Simulationsergebnissen einer umfangreichen Parameterstudie [2-26].

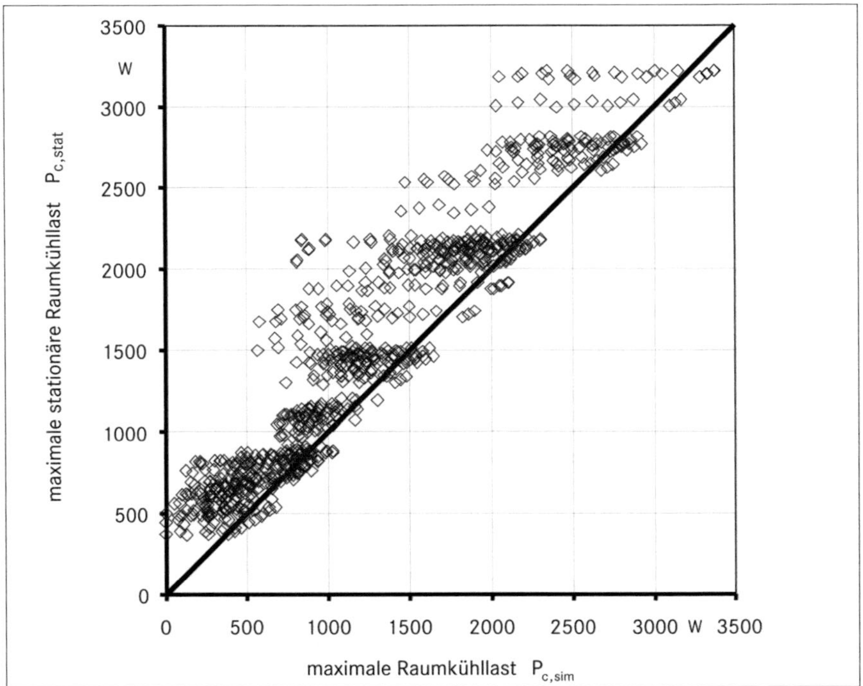

Abb. 2-8: Vergleich der stationär ermittelten maximalen Kühllast $P_{c,stat}$ mit Ergebnissen der dynamischen Gebäudesimulation [2-21] (aus [2-26])

Einbeziehung dynamischer Komponenten in die Berechnung der überschlägigen maximalen Kühlleistung $P_{c,max}$

Auf Basis der zuvor genannten Parameterstudie ist eine Gleichung zur Umrechnung der stationär ermittelten Kühllast $\mathbf{P_{c,stat}}$ hergeleitet worden, um die erforderliche Kühlleistung präziser abschätzen zu können. Die Simulationserg isse der Parametervariation wurden unter Verwendung des dynamischen Gebäudesimulationsprogramms GEBSIMU [2-21] ermittelt. Auf Grundlage des Beispielraums nach VDI 2078 sind Bauschwere, Wärmdurchgangskoeffizient, Fensterflächenanteil, Sonnenschutz und Himmelsrichtung sowie die inneren Wärmelasten variiert worden. Um auch die Auswirkung unterschiedlicher Betriebsbedingungen der Kühlanlage mitzuerfassen sind zusätzlich die Betriebsdauer der Anlage und die zugelassene Schwankung der Raumtemperatur verändert worden. Alle Berechnungen sind für die Klimazone 3 nach VDI 2078 ausgeführt. Die dynamische Gebäudesimulation verwendet die Stundenwerte der Außenklimadaten, wobei der Einschwingvorgang einer extremen Schönwetterperiode berücksichtigt ist. Die Auswertung dieser umfangreichen Varianten ergab notwendige Anpassungen der stationär ermittelten Kühllast vor allem in Abhängigkeit der Zeitkonstante der Gebäudezone, aber auch in Bezug auf den zugelassenen Temperaturschwankungsbereich und die tägliche Betriebsdauer der Kühlanlage. Für die überschlägige Ermittlung der maximal erforderlichen Kühlleistung ist Gl. (2-33) abgeleitet worden. Ausgehend von dem aus der Gebäudezonenbilanz gewonnenen Wert $\mathbf{P}_{c,stat}$ werden Korrekturterme zur Berücksichtigung der von der Wärmekapazität abhängigen Parameter integriert.

$$P_{c,max} = 0{,}8 \cdot P_{c,stat} \cdot (1 + 0{,}3 \cdot e^{-\frac{\tau}{120\,h}}) - \frac{C_{wirk}}{60\,h} \cdot (\Delta\vartheta_{zul} - 2\,K) + \frac{C_{wirk}}{40\,h/K} \cdot (\frac{12\,h}{t_B} - 1) \qquad (2\text{-}33)$$

mit
- $\mathbf{P}_{c,stat}$ stationär ermittelte, maximale Kühllast
- τ Auskühlzeitkonstante der Gebäudezone (τ = $\mathbf{C}_{wirk}$/H)
- $\mathbf{C}_{wirk}$ Wirksame Speicherfähigkeit der Gebäudezone
- **H** Wärmeübertragungskoeffizient der Gebäudezone
- $\Delta\vartheta_{zul}$ maximal zulässige Raumsolltemperaturabweichung im Hochsommer (in der Regel 4K bis 6K)
- $\mathbf{t}_B$ tägliche Betriebsdauer am Auslegungstag.

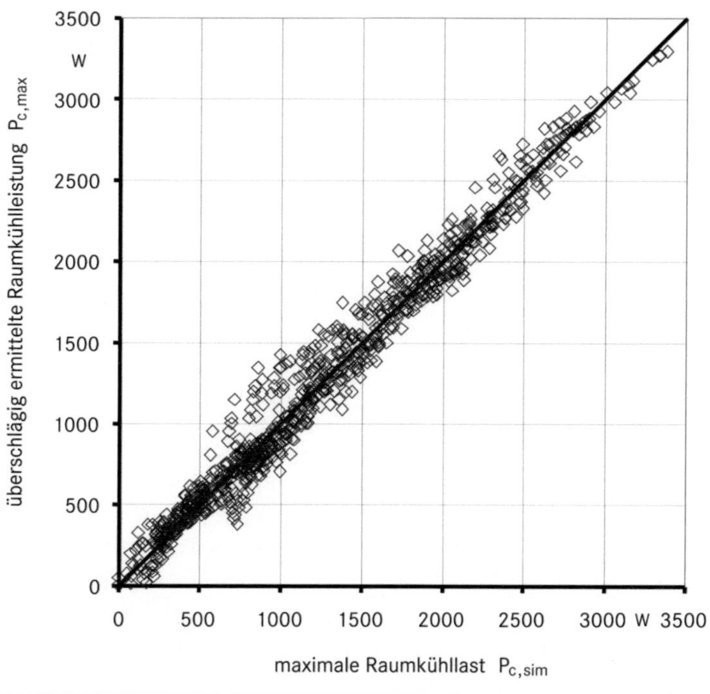

Abb. 2-9: Vergleich der überschlägig ermittelten Kühlleistung der Gebäudezone $P_{c,max}$ mit Ergebnissen der Gebäudesimulation $P_{c,sim}$ [2-21] (aus [2-26])

Abb. 2-9 zeigt die nach Gl. (2-33) umgerechnete Kühlleistung $\mathbf{P}_{c,max}$ im Vergleich zu den Ergebnissen der dynamischen Simulation. Wichtigste Zielsetzung bei der Ermittlung ist es, die Größenordnung der notwendigen Kühlleistung der Gebäudezone zu bestimmen und die wesentlichen Einflussparameter in ihrer Auswirkung richtig zu bewerten. Vor allem bei geringen Kühlleistungen kann es zu großen prozentualen Abweichungen im Betrag der erforderlichen max. Kühlleistung kommen, die aber vor allem vor dem Hintergrund des großen Einflusses der Regelungsstrategie akzeptabel sind.

Einfluss der wirksamen Wärmespeicherkapazität C_{wirk} und der Auskühlzeitkonstante τ

Je größer die thermische Trägheit der Gebäudezone ist, um so mehr können Belastungsspitzen ausgeglichen werden. Die erforderliche Leistung reduziert sich also. Die stationär bilanzierte Kühllast $\mathbf{P}_{c,stat}$ wird nach Gl. (2-33) mit einem Faktor zwischen 1,1 (sehr leichte Räume) und 0,8 (sehr schwere Räume) bewertet. Dieser Faktor hat eine exponentiell von der Auskühlzeitkonstante τ abhängige Komponente (Abb. 2-10). Als Bezugsgröße für die Zeitkonstante hat sich ein Wert von 120 h (5 Tage) als zweckmäßig erwiesen.
Der wesentliche Teil der Umrechnung von der maximalen, stationären Kühllast $\mathbf{P}_{c,stat}$ auf die maximal erforderliche Kühlleistung der Gebäudezone $\mathbf{P}_{c,max}$ liegt bereits in der Berücksichtigung der exponentiellen Abhängigkeit von der Zeitkonstante. Durch Veränderung der Anlagenbetriebsparameter kann die erfor-

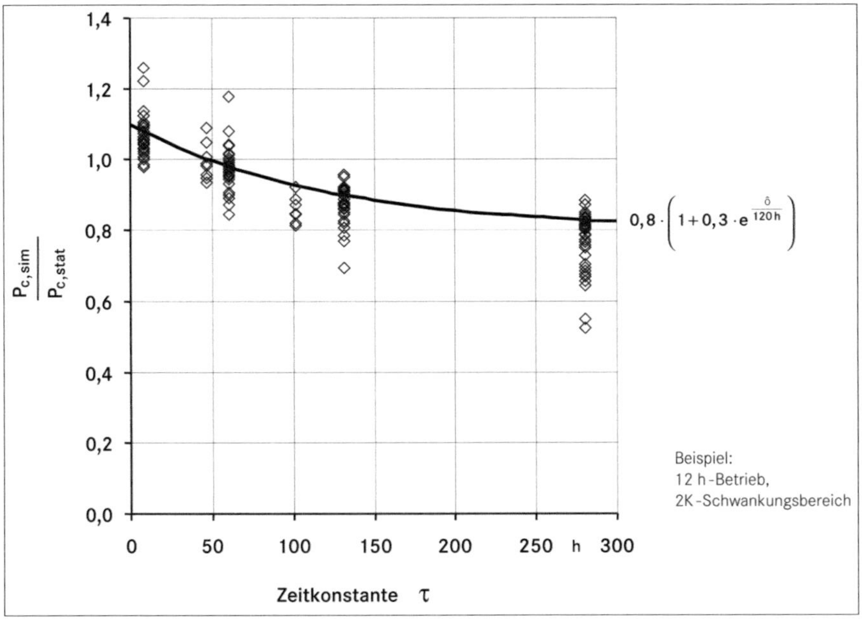

Abb. 2-10: Abhängigkeit der Kühlleistung $P_{c,sim}$ von der Auskühlzeitkonstante τ der Gebäudezone [2-26]

derliche Kühlleistung der Gebäudezone zusätzlich beeinflusst werden. Sowohl eine Aufweitung des Temperaturschwankungsbereichs als auch eine Verlängerung der täglichen Betriebsdauer der Anlage reduzieren die maximale Kühlleistung. Beide Effekte sind ebenfalls von der Wärmespeicherfähigkeit der Gebäudezone abhängig.

Einfluss der zulässigen Temperaturschwankung $\Delta\vartheta_{zul}$

Die Einhaltung einer »starren« (konstanten) Raumtemperatur erfordert einen hohen Energieaufwand und die Bereitstellung von sehr hohen Leistungen. Dabei ist eine maßvolle Erhöhung der Raumtemperatur bei hohen Außentemperaturen zulässig (DIN 1946-2 [2-29]) und wirkt sich nicht nachteilig auf das Behaglichkeitsempfinden aus. Moderne Regelkonzepte sehen daher immer einen Schwankungsbereich von etwa 4 K bis 6 K für die Raumtemperatur vor. Die zulässige Schwankungsbreite der Raumtemperatur $\Delta\vartheta$ ergibt sich aus der maximal zulässigen Raumtemperatur ϑ_{max} und der Raumsolltemperatur ϑ_{soll}:

$$\Delta\vartheta = \vartheta_{max} - \vartheta_{soll} \qquad (2\text{–}34)$$

Die Raumsolltemperatur kann mit 22 °C angesetzt werden, maximal zulässig sind in der Regel 26 bis 28 °C.
Nicht nur die Maximaltemperatur sondern auch die Regelung der Anlage innerhalb des zulässigen Temperaturbereichs hat einen großen Einfluss auf die erforderliche Kühlleistung. Im Extremfall beginnt die Kühlung durch die RLT-Anlage erst zum Zeitpunkt des Erreichens der Maximaltemperatur. Im Normalfall, wie auch bei den hier berechneten Vergleichswerten, wird schon deutlich unterhalb der Maximaltemperatur gekühlt und ein langsamer Temperaturanstieg zugelassen (siehe Kap. 2.6.3).
Die maximale erforderliche Kühlleistung der Gebäudezone $\mathbf{P}_{c,max}$ nimmt mit der zulässigen Temperaturschwankung bei sonst gleichen Randbedingungen nahezu linear ab (Abb. 2-11). Die Stärke der Abnahme ist dabei vor allem von der Wärmespeicherfähigkeit abhängig. Für die Berechnung von $\mathbf{P}_{c,max}$ ist demnach ein linearer Korrekturterm angesetzt worden. Da von einer Schwankungsbreite von mindestens 2K ausgegangen werden kann, ist der Term auf diesen Mindestwert bezogen, d. h. bei einer zugelassenen Temperaturschwankung von 2K entfällt die Korrektur.

Einfluss der verfügbaren Betriebsdauer der RLT-Anlage t_B

Die verfügbare Betriebsdauer $\mathbf{t}_B$ der RLT-Anlage sollte nicht »willkürlich« angesetzt werden. Zu hohe Betriebsdauern erhöhen den Energieverbrauch, zu niedrige

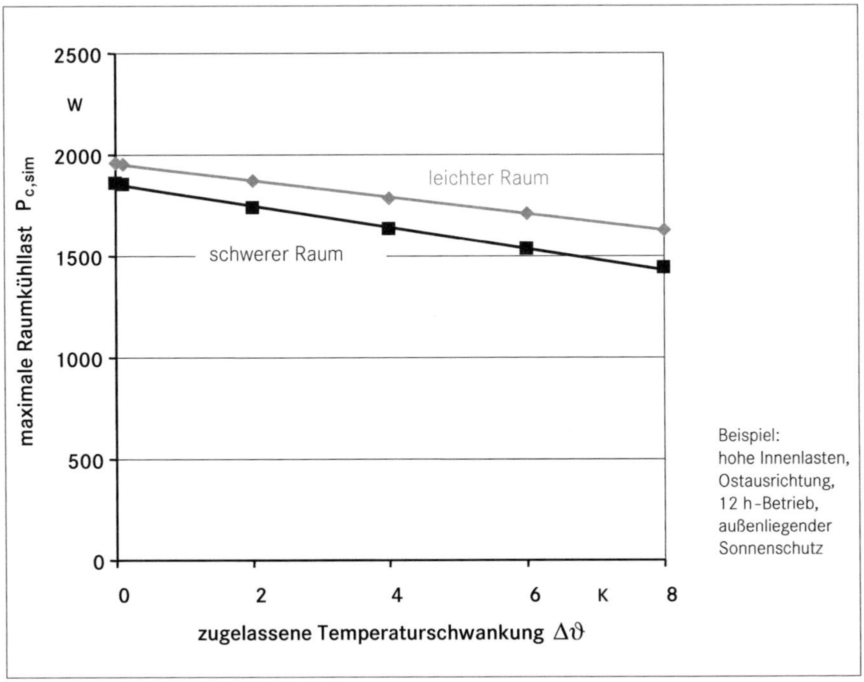

Abb. 2-11: Zusammenhang zwischen der maximalen Kühlleistung der Gebäudezone $P_{c,sim}$ und der zulässigen Temperaturschwankung $\Delta\vartheta_{zul.}$ Simulationsergebnisse (GEBSIMU [2-21], [2-26])

Betriebsdauern haben Rückwirkung auf die thermische Behaglichkeit und vergrößern die erforderliche Kühlleistung. Zweckmäßig ist i. d. R. eine Betriebsdauer $\mathbf{t_B}$, die etwa drei Stunden länger ist als die Nutzungszeit der Gebäudezone. Im Beispiel sind 2 Stunden Vorlaufzeit und eine Stunde Nachlaufzeit angesetzt. Eine Verlängerung der Betriebsdauer der RLT-Anlage hat vor allem bei Gebäuden mit geringer Wärmespeicherkapazität kaum Auswirkungen auf die Temperaturverhältnisse während der Nutzungsdauer und führt daher zu unnötigem Energieverbrauch. Bei höheren Wärmekapazitäten kann eine verlängerte Betriebsdauer durch die verstärkte Wärmeabfuhr zu kühleren Tageszeiten zu einer Reduzierung der erforderlichen Maximalleistung am Tag führen [2-26].

Eine verlängerte Betriebsdauer wirkt sich in der Regel weniger stark auf die maximale Kühlleistung aus als eine Erhöhung der maximal zulässigen Raumtemperatur. Eine Verlängerung der Betriebsdauer von 12 auf 24 Stunden bewirkt in etwa die gleiche Reduktion der erforderlichen Kühlleistung wie die Anhebung der maximal zugelassenen Raumtemperatur um 1 K. Als Standardfall ist in den Berechnungen hier von einer Nutzungsdauer von 9h täglich und einer Anlagenbetriebsdauer von 12 h pro Tag ausgegangen worden.

Für die Berechnung der erforderlichen maximalen Kühlleistung $\mathbf{P_{c,max}}$ wird eine Korrektur indirekt proportional zur Betriebsdauer angesetzt. Der Korrekturterm in Gl. (2-33) entfällt für eine Betriebsdauer von täglich 12 h.

2.6.3 Einfluss des Regelkonzeptes auf die maximale Kühlleistung

Die maximal erforderliche Kühlleistung der Gebäudezone hängt sehr stark von der gewählten Regelstrategie für die Raumtemperatur ab. Je nach Regelung kann die maximale Kühlleistung (über dynamische Simulation ermittelt) fast um den Faktor 2 differieren. Wesentlich ist dabei nicht nur die zugelassene maximale Raumtemperatur, sondern auch das Temperaturniveau, bei dem die Raumkühlung einsetzt. Üblich ist heute meist eine Regelung der Kühlleistung proportional zur Raumtemperatur. Die Gebäudezone wird dabei bereits vor Erreichen der maximal zugelassenen Temperatur gekühlt, ein langsames Ansteigen der Raumtemperatur über den Tag wird zugelassen. Die erforderliche Kühlleistung wird dadurch minimiert. Im Falle einer Zwei-Punkt-Regelung setzt die Kühlung dagegen erst bei Erreichen der zulässigen Maximaltemperatur ein. In der Regel ist dann eine deutlich höhere maximale Kühlleistung erforderlich, um die zu diesem Zeitpunkt hohen Lasten auszugleichen und die Raumtemperatur zu halten. Der Energiebedarf für das Kühlen ist hierbei jedoch geringer.

Regelkonzepte

Grundsätzlich kann zwischen 2-Punkt-Regelungen und einer Proportionalregelung unterschieden werden. Bei der 2-Punkt-Regelung sind die minimale und die maximale zulässige Raumtemperatur definiert: unterhalb der Minimaltemperatur wird geheizt, oberhalb der Maximaltemperatur wird gekühlt. Bei der Proportionalregelung sind ebenso Minimal- und Maximalwert der Raumtemperatur vorgegeben, die Kühlung setzt aber bereits bei Überschreiten des Temperaturminimums ein und wird proportional zum Anstieg der Raumtemperatur verstärkt, so dass im Auslegungsfall mit maximaler Kühlleistung der vorgegebene Grenzwert der Raumtemperatur noch eingehalten wird. Daneben ist auch die punktgenaue Regelung der Raumtemperatur möglich. Diese Regelung war früher üblich, führt aber sowohl zu einer hohen vorzuhaltenden Kühlleistung als auch zu hohem Energieverbrauch und sollte daher nur in Sonderfällen eingesetzt werden. Der vorgegebene Temperaturbereich der Raumtemperatur kann zudem abhängig von der Außentemperatur variiert werden. In der Regel wird ein Anstieg des Temperaturbereichs oberhalb einer Außenlufttemperatur von etwa 18 °C empfohlen.

An einem Beispiel sollen die Auswirkungen unterschiedlicher Regelstrategien verdeutlicht werden. Fünf verschiede Varianten der Temperaturregelung sind anhand eines Beispielraums untersucht worden. Die erforderliche Kühlleistung und der Kühlenergiebedarf (ohne Luftaufbereitung) sind mit Hilfe des Gebäudesimulationsprogramms GEBSIMU [2-21] ermittelt worden. In Abb. 2-12 sind die Ergebnisse der Simulation und des vereinfachten Bilanzverfahrens dargestellt.

Es werden dabei fünf unterschiedliche Regelstrategien beispielhaft betrachtet:

- **Regelung A:** 2-Punkt-Regelung zwischen ϑ_{min} = 22 °C und ϑ_{max} = 26 °C über den gesamten Außenlufttemperaturbereich
- **Regelung B:** Proportionalregelung zwischen ϑ_{min} = 22 °C und ϑ_{max} = 26 °C über den gesamten Außenlufttemperaturbereich
- **Regelung C:** 2-Punkt-Regelung zwischen ϑ_{min} = 22 °C und ϑ_{max} = 24 °C; oberhalb 18 °C bis zur Auslegungstemperatur: Anstieg des zulässigen Raumtemperaturbereichs um 2 K bis ϑ_{min}' = 24 °C und ϑ_{max}' = 26 °C
- **Regelung D:** Proportionalregelung zwischen ϑ_{min} = 22 °C und ϑ_{max} = 24 °C; oberhalb 18 °C bis zur Auslegungstemperatur: Anstieg des zulässigen Raumtemperaturbereichs um 2 K bis ϑ_{min}' = 24 °C und ϑ_{max}' = 26 °C
- **Regelung E:** Punkt-Regelung ϑ = 22 °C oberhalb 18°C bis zur Auslegungstemperatur: Anstieg des zulässigen Raumtemperaturbereichs um 4 K bis ϑ' = 26 °C.

Jede Variante sieht einen möglichen Raumtemperaturbereich zwischen 22 °C und maximal 26 °C vor, also einen Bereich von 4 K. Die Gegenüberstellung zeigt jedoch die große Spanne die trotz des gleichen Temperaturbereichs möglich ist. Dies gilt gleichermaßen für die erforderliche maximale Kühlleistung wie für den Kühlbedarf der Gebäudezone. Die Abweichung der untersuchten Regelungen beträgt bis zu 30% zum Durchschnitt. Leistung und Energiebedarf verhalten sich hierbei im Allgemeinen gegenläufig. Energiesparende Temperaturregelungen sind meist verbunden mit hohen Leistungsanforderungen. Bei der Wahl des Regelkonzepts müssen auch die Komfortansprüche beachtet werden. Bei der einfachen 2-Punkt-Regelung (Regelung **A**) liegen beispielsweise die Raumtemperaturen während des gesamten Sommerhalbjahres im Durchschnitt nur knapp unter 26 °C. Die Empfehlungen nach DIN1946-2 entsprechen in etwa der Regelung **D** [2-29]. Eine ausführliche Darstellung der Beispielrechnungen findet sich in [2-26].

Da die Abschätzung der erforderlichen maximalen Kühlleistung $\mathbf{P}_{c,max}$ für den Vorplanungszeitraum erforderlich ist, bei dem wesentliche Kenntnisse zu den Details der Anlagentechnik und -regelung noch unbekannt sind, muss hier eine sinnvolle, zweckmäßige Regelstrategie vorausgesetzt werden. Bei der Ermittlung von Gl. (2-33) für die überschlägige Kühlleistung ist von einer Proportionalregelung ausgegangen worden (Regelung **B**). Diese entspricht einem mittleren Bedarf und genügt im Allgemeinen den Behaglichkeitskriterien. Die überschlägige Kühlleistung stimmt daher gut mit der aus der Simulation ermittelten Leistung nach Regelung **B** überein. Die Abweichung ist klein gegenüber der Streuung, die sich

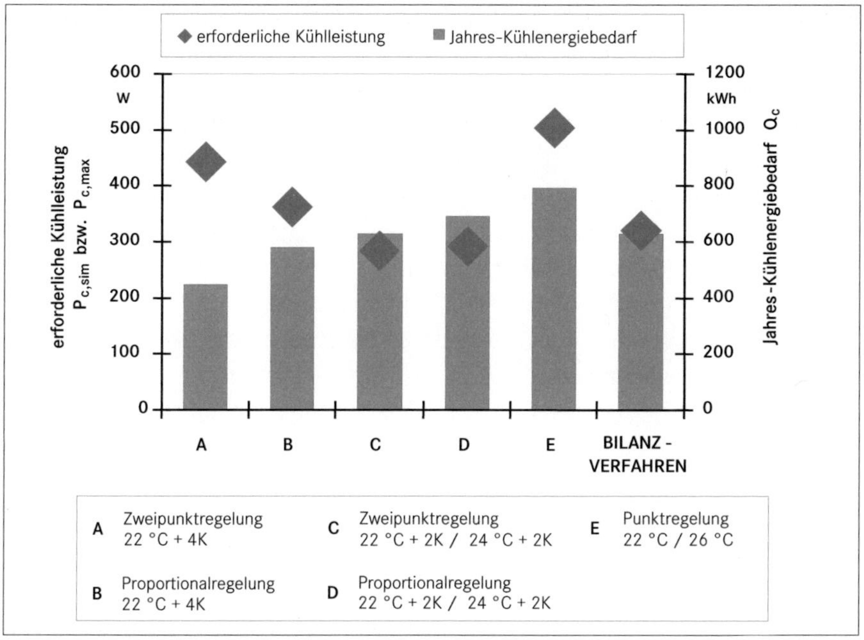

Abb. 2-12: Maximal erforderliche Kühlleistung und Jahreskühlbedarf bei verschiedenen Temperaturregelungen. Ergebnisse der dynamischen Gebäudesimulation (GEBSIMU [2-21]) und nach dem vereinfachten Berechnungsverfahren.

durch die unterschiedlichen Regelkonzepte ergibt. Auch der über das Monatsbilanzverfahren ermittelte Jahreskühlbedarf liegt im mittleren Bereich. (Abb. 2-12) Die Regelungskonzepte sind bei der Kühlung sehr viel variantenreicher als bei der Heizungsregelung, dementsprechend variieren auch die erforderliche Kühlleistung und der resultierende Kühlenergiebedarf viel stärker. Diese Streuung führt oft auch zu Missverständnissen beim Vergleich verschiedener Simulationsergebnisse, da die hinterlegte Regelung meist nicht mit angegeben ist.

2.7 Berechnung von monatlichen Bereitschaftszeiten für Heizen und Kühlen

Für nicht ganzjährig betriebene Heizsysteme oder Kühlsysteme müssen der Beginn und das Ende der Heiz- bzw. Kühlperiode aus den Bedarfswerten heraus ermittelt werden. Nach der Norm DIN V 4108-6 [2-3] wird die Heizperiode über die Heizgrenztemperatur berechnet. Die Heiztage in den Übergangsmonaten müssen hierbei aus der Heizgrenztemperatur durch Interpolation bestimmt werden. Die Heizgrenztemperatur wird über das Verhältnis Wärmegewinne zu Wärmeverluste berechnet, dabei wird in der DIN V 4108-6 von einer festen Zuschreibung von Transmissions- und Lüftungswärmeströmen zu den »Verlusten«

und solaren und internen Wärmeeinträgen zu den »Gewinnen« des Gebäudes ausgegangen. Da im neuen Bilanzierungsverfahren diese feste Zuordnung aufgehoben ist, kann die Berechnung in der bisherigen Form nicht weiterverwendet werden. Zudem ist in DIN V 4108-6 über die Interpolation bei der Berechnung der Heiztage ein vergleichsweise kompliziertes Berechnungsverfahren gewählt, dessen Aufwand nicht im Verhältnis zur Genauigkeit des Ergebnisses steht. Es ist daher für das neue Bilanzierungsverfahren ein neuer Ansatz zur Bestimmung der Heizzeit gewählt worden, der einfach und überschaubar bleibt und sich besser in die Formeln der Normenreihe DIN V 18599 einpasst. Der Ansatz ist gleichermaßen auf die Ermittlung der Heizzeit wie auf die Ermittlung der Kühlzeit anwendbar.

Die hier bestimmte Heiz- oder Kühlzeit gibt die monatlich zu erwartende Zeitdauer an in dem noch Heiz- bzw. Kühlbedarf besteht. Außerhalb der Heiz- und Kühlzeiten kann davon ausgegangen werden, dass das betreffende System abgeschaltet ist. Die Heiz- und Kühlzeiten stellen die Bereitschaftszeiten für das Heiz- und Kühlsystem dar und sind nicht zwingend gleichzusetzen mit z. B. den Laufzeiten der Heiz- bzw. Kühlumwälzpumpen, die abhängig von der Regelung innerhalb der Heiz- und Kühlzeiten anfallen. Die monatlichen Heiz- und Kühlzeiten werden zur Berechnung von Verteilungsverlusten und der Auslastung des Heiz- bzw. Kühlsystems in den Übergangsmonaten benötigt.

Die einfachste Näherung für die Bestimmung von Heiz- und Kühlbedarfszeiten im Monatsbilanzierungsverfahren ist, alle Monate, in denen sich ein Heizbedarf größer Null ergibt, voll anzurechnen und ebenso Monate mit Kühlbedarf für die Kühlzeit voll anzurechnen. In den Übergangsmonaten treten allerdings oft nur noch kleine Beträge an Heizbedarf bzw. Kühlbedarf auf, die nur dem Bedarf weniger Tage entsprechen. Die Verluste der Wärme- und Kälteverteilung und bei der Umwandlung werden in diesem Fall stark überschätzt. Die Einschränkung der Heiz- und Kühlzeiten in diesen Monaten dient daher der Reduktion der zu berechnenden Verteilungs- und Anlagenverluste auf ein realistisches Maß. Allerdings fallen die wenigen Heiz- oder Kühltage in den Übergangsmonaten nicht unbedingt an das Ende oder den Anfang des Monats, so dass die Anlagen tatsächlich in der Regel länger in Betrieb sind, als die entsprechende Anzahl der Heiz- oder Kühltage ergeben würde. Hier ist daher für die vereinfachte Berechnung ein Weg gewählt, der eine Reduktion der Heiz- bzw. der Kühlzeit zulässt, jedoch eher eine obere Grenze für die ermittelten Bedarfszeiten definiert.

Herleitung des vereinfachten Verfahrens zur Bestimmung von monatlichen Heiz- und Kühlzeiten

Ausgangspunkt für das neue Berechnungsverfahren ist eine »Mindestauslastung des Heizsystems«, die im Mittel in der Heizzeit nicht unterschritten wird.

Die Auslastung β_h ergibt sich als Quotient aus dem monatlichen Bedarf Q_H und dem maximalen Bedarf, in Form der überschlägig ermittelten maximalen Heizleistung $P_{h,max}$. Entsprechendes gilt auch für die Kühlung.

$$\beta_h = \frac{Q_H}{P_{h,max} \cdot t_{mth}} \tag{2-35}$$

mit Q_H monatlicher Heizwärmebedarf
$P_{h,max}$ maximal erforderliche Heizleistung (siehe Kap 2-6)
t_{mth} Dauer des Bezugszeitraums (hier: ein Monat).

Eine alternative Schreibweise für Gl. (2-35) verdeutlicht besser die eingehenden Größen:

$$\beta_h = (1 - \eta \cdot \frac{Q_{source}}{Q_{sink}}) \cdot \frac{\Delta\vartheta_{mth}}{\Delta\vartheta_{max}} \tag{2-36}$$

(Diese Schreibweise gilt allerdings nur für den Regelfall, in dem sich Wärmesenken nur aus Transmissions- und Lüftungsverlusten zusammensetzten ($Q_{sink} = Q_T + Q_V$).)

Die Heizzeit des Monats t_h wird proportional zur monatlichen Auslastung soweit reduziert, dass eine Mindestauslastung $\beta_{h,grenz}$ im Mittel während der Heizzeit eingehalten wird. Abb. 2-13 verdeutlicht den Zusammenhang.

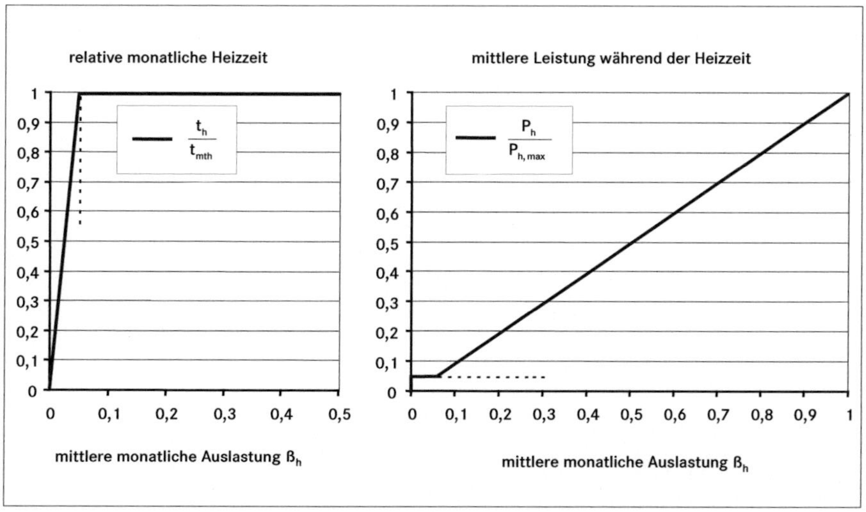

Abb. 2-13: relative monatliche Heizzeit und mittlere Leistung während der Heizzeit. Vereinfachter Ansatz in DIN V 18599-2

Die relative Heizzeit eines Monats ist der Zeitanteil des Monats, der für den Heizfall anzurechnen ist. Sie wird über die Auslastung nach der folgenden Formel bestimmt:

$$t_{h,rel} = \frac{t_h}{t_{mth}} = \begin{cases} \frac{\beta_h}{\beta_{h,grenz}} & \text{für} \quad \beta_h \le \beta_{h,grenz} \\ 1 & \text{für} \quad \beta_h > \beta_{h,grenz} \end{cases} \tag{2-37}$$

hierbei ist

t_h	Heizzeit innerhalb des Bezugszeitraums (hier: Monat)
t_{mth}	Dauer des Bezugszeitraums (hier: Monat)
β_h	berechnete mittlere Auslastung im Bezugszeitraum (hier: Monat)
$\beta_{h,grenz}$	vorgegebene minimale Auslastung des Heizsystems.

Die Mindestauslastung $\beta_{h,grenz}$ ergibt sich aus der anzunehmenden Mindestleistung des Heizsystems bezogen auf die maximale Heizleistung $P_{h,max}$. Für die DIN V 18599-2 ist $\beta_{h,grenz}$ zu 0,05 gesetzt worden. Das entspricht einer Mindestleistung des Systems von 5 % der maximalen Leistung. Während der Heizzeit des Monats wird die Mindestauslastung von 5 % nicht unterschritten.

Die Berechnung der monatlichen Kühlzeiten erfolgt entsprechend. Zusätzlich muss bei Berechnung der Kühlzeit noch die tägliche Betriebszeit der Kühlanlage eingerechnet werden. Während Heizanlagen in der Regel für den Nachtbetrieb mit abgesenkter Heizleistung (z. B. Absenkung der Vorlauftemperatur) durchgängig betrieben werden, sind Kühlanlagen in der Regel nur tagsüber in Betrieb und nachts abgeschaltet.

$$\beta_c = \frac{Q_c}{P_{c,max} \cdot t_{B,mth}} \tag{2-38}$$

mit

Q_c	monatlicher Kühlbedarf
$P_{c,max}$	maximal erforderliche Kühlleistung (nach Kap. 2.6)
$t_{B,mth}$	Betriebszeit der Kühllung innerhalb des Bezugszeitraums (hier: ein Monat).

Die Mindestauslastung $\beta_{c,grenz}$ ist für die Berechnung nach DIN V 18599-2 ebenfalls auf 0,05 gesetzt. Für bestimmte Heiz- oder Kühlsysteme kann es sinnvoll sein andere Grenzwerte für die Mindestauslastung vorzugeben.

Eine Verfeinerung des Verfahrens ist durch die getrennte Ermittlung der Heiz- und Kühlzeiten jeweils für Nutzungs- und Nichtnutzungstage gegeben. Der Bezugszeitraum für den Heiz- bzw. Kühlbedarf in den Gl. (2-35) bis (2-38) ist dann jeweils die Zeitdauer der Nutzungstage bzw. der Nichtnutzungstage im Monat. Hierbei ist auch die Verschiebung des Betrags der gespeicherten Wärme zwischen Nichtnutzungstagen und Nutzungstagen zu berücksichtigen (siehe Kap. 2.5). Die monatliche Heizzeit ergibt sich in diesem Fall als Summe der einzelnen Heizzeiten.

2.8 Ein neues Bewertungsverfahren für Wintergärten

2.8.1 Überblick über das Verfahren nach DIN EN 832 bzw. DIN V 4108-6 und das neue Verfahren der DIN V 18599-2

In den Normen DIN EN 832 und DIN V 4108-6 ist ein Rechenverfahren zur Bewertung von Wintergärten (unbeheizten Glasvorbauten) beschrieben. Das Verfahren ist ein vereinfachtes Verfahren, das auf die Berechnung des Wärmebedarfs während der Heizperiode ausgelegt ist. Zur Bewertung von unbeheizten Glasvorbauten während der Sommerperiode, in der es zum Teil zu extremen Aufheizungen durch solare Einstrahlung kommen kann, ist es notwendig, das Verfahren daraufhin anzupassen. Mit dem hier vorgestellten neuen Bewertungskonzept kann zum Einen eine bessere Ausrichtung auf den Kühlfall erreicht werden, zum Anderen wird aber auch eine Vereinfachung der Gleichungen vorgenommen. Somit konnte das neue Verfahren im Vergleich zum Vorgängerverfahren deutlich übersichtlicher gestaltet werden. Im Folgenden werden die Unterschiede der beiden Verfahren erläutert. Zudem werden zum Vergleich die Ergebnisse einer Beispielrechnung (Beispielgebäude aus DIN V 4108 Teil 6, Anhang F / Beispiel A1 [2-3]) dargestellt.

Bewertung nach DIN EN 832 und DIN V 4108-6

Im Bewertungsverfahren nach **DIN EN 832** wird ein unbeheizter Glasvorbau durch drei Terme berücksichtigt. Diese sind

- **direkte solare Wärmegewinne**

Hierzu zählt zum einen die solare Strahlung, die durch die Verglasung des Wintergartens sowie die verglaste Fläche der Trennwand zwischen Gebäude und Wintergarten direkt in den beheizten Bereich trifft. Zum anderen zählt die solare Strahlung dazu, die durch die Verglasung des Wintergartens auf opake Bauteile der Trennwand trifft und dort absorbiert wird. Bei letzterer wird nur der Anteil gewertet, der durch Transmission in das Rauminnere gelangt. Dies geschieht analog zur Bewertung solarer Gewinne opaker Bauteile ohne Glasvorbau.

▪ indirekte solare Wärmegewinne

Dies ist der Anteil der solaren Strahlung, der auf opaken Flächen innerhalb des Wintergartens z. B. dem Boden oder der Trennwand absorbiert wird und somit zur Erwärmung des Wintergartens beiträgt. Die Transmission des beheizten Bereichs durch die Trennwand wird dadurch verringert. Der bereits in den direkten Gewinnen berücksichtigte Anteil der auf der Trennwand absorbierten Strahlung wird nicht miteinbezogen.

▪ Transmission durch den unbeheizten Raum

In der Transmission der Gebäudezone nach außen ist der zusätzliche Wärmewiderstand durch die Außenflächen des Wintergartens mit einem Korrekturfaktor berücksichtigt. Nach DIN V 4108-6 kann vereinfacht mit einem vorgegebenen festen F_U-Wert, oder mit dem aus den Wärmeverlustkoeffizienten berechneten *b*-Wert nach DIN EN 13789 [2-30] gerechnet werden.

Grundsätze des neuen Bewertungsverfahren nach DIN V 18599-2

Im neuen Konzept für die Bewertung von Wintergärten nach DIN V 18599-2 wird der Wintergarten als eigenständige Zone betrachtet, in der Wärmequellen und Wärmesenken wirksam sind. Dieses Konzept hat den Vorteil, dass die Gleichungen der Wintergartenberechnung fast unverändert aus dem Berechnungsverfahren »normaler« Gebäudezonen übernommen werden können. In Abb. 2-14 sind die Zusammenhänge in einer Prinzipskizze dargestellt.

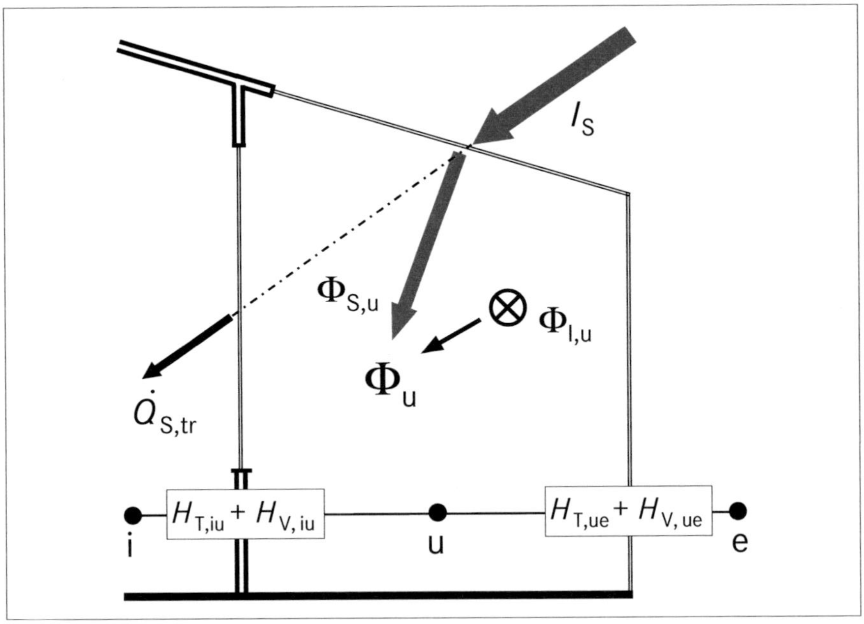

Abb. 2-14: Schematische Darstellung der bei Glasvorbauten zu berücksichtigenden Größen

Die Berechnung erfolgt nach den folgenden Grundsätzen:

1) Solare Wärmeeinträge über den Wintergarten in die Gebäudezone

Die solaren Wärmeeinträge über die transparenten Flächen direkt in die Gebäudezone werden im Prinzip genauso berechnet wie solare Einträge ohne Vorbau, jedoch unter zusätzlicher Berücksichtigung der Abminderung der Einstrahlung durch die äußere Verglasung. Im Gegensatz zum Verfahren nach DIN EN 832 wird allerdings die Wintergartenverglasung nicht mit dem Gesamtenergiedurchlassgrad sondern mit dem **Transmissionsgrad** der Verglasung bewertet, da die im Gesamtenergiedurchlassgrad mitenthaltene sekundäre Wärmeabgabe an der äußeren Verglasung für die Einstrahlung in die angrenzende Gebäudezone keine Rolle spielt.

2) Solare Wärmeeinträge in den Wintergarten

Die Berechnung der solaren Wärmeeinträge in den Wintergarten (oder eine andere unbeheizte Zone) erfolgt ebenfalls identisch mit der Berechnung der solaren Wärmeeinträge für beheizte oder gekühlte Gebäudezonen. Es wird also die über die (äußeren) Glasflächen des Wintergartens **eingestrahlte** Solarstrahlung - unter Berücksichtigung von Verschattung, Sonnenschutz, Rahmenanteil usw. - berechnet. Dies ist eine wesentliche Änderung zum bisherigen Verfahren, da dort nur die auf Boden- und Wandflächen des Wintergarten **absorbierte** Strahlung betrachtet wird, unabhängig von den geometrischen Abmessungen der Wintergartenverglasung nach außen. Die solaren Wärmeeinträge in den Wintergarten werden nicht direkt als Wärmequelle der Gebäudezone gewertet, sondern gehen über die berechnete Wintergartentemperatur in die Transmissionswärmeströme ein.

3) Berechung der Temperatur im Wintergarten

Im Gegensatz zu konditionierten Gebäudezonen ist für den Wintergarten keine Solltemperatur vorgesehen, die Temperatur im Wintergarten ergibt sich aus den Wärmeströmen, die auf den Wintergarten einwirken. Das bisherige Verfahren stand unter der Prämisse, ein expliziertes Ausrechnen der Wintergartentemperatur zu vermeiden, um die Berechnung möglichst in einer einzigen Gebäudezone durchführen zu können. Bei der energetischen Bewertung von Nichtwohngebäuden ist eine Mehrzonenbetrachtung allerdings die Regel, daher ist diese Prämisse nicht mehr gegeben. Es ist daher nun zweckmäßig auch den Wintergarten als eigene (unbeheizte) Zone aufzunehmen. Die Berechnung der Wintergartentemperatur stellt an sich keine wesentliche Änderung im Verfahren dar, da insgesamt die gleichen Wärmeströme betrachtet werden wie bisher, sie werden jedoch entsprechend der Systematik für das neue Verfahren anders zusammengefasst. In die Berechnung der Temperatur des Wintergartens gehen die solaren Einträge und gegebenenfalls interne Wärmeeinträge in den Wintergarten sowie die Transmission über die Begrenzungsflächen des Wintergartens und der Luftwechsel nach außen ein.

4) Transmission über den Wintergarten

Nach dem Verfahren der DIN V 18599-2 wird der Wärmefluss zwischen der beheizten bzw. gekühlten Zone und dem Wintergarten berechnet, nach DIN EN 832 ist dagegen die fiktive Transmission über den Wintergarten nach außen zu berechnen. Die Transmission zwischen Gebäudezone und Wintergarten ist abhängig von der Temperatur, die sich im Wintergarten einstellt und kann für die Gebäudezone eine Wärmesenke- oder eine Wärmequelle sein.

5) Lüftung im Wintergarten

Der Außenluftwechsel des Wintergartens wird in der Temperatur des Wintergartens berücksichtigt. Im Gegensatz zum bisherigen Verfahren kann der Luftwechsel hierbei monatsweise variiert werden. Zulässig ist nach DIN V 18599-2 eine Erhöhung des Luftwechsels von 0,6 h^{-1} auf 2 h^{-1} im monatlichen Mittel, falls die Temperatur im Wintergarten im Monatsmittel 20 °C übersteigt. Wie im Verfahren nach DIN EN 832 wird auch im neuen Verfahren der Luftwechsel zwischen der Gebäudezone und dem Wintergarten im Allgemeinen vernachlässigt. Prinzipiell ist aber ohne das neue Verfahren erweitern zu müssen auch eine Berücksichtigung dieses Luftwechsels möglich.

6) Bewertung von Sonnenschutzvorrichtungen

Im neuen Verfahren werden Sonnenschutzeinrichtungen, entsprechend ihrer Lage – innen- oder außenliegend – im Gesamtenergiedurchlassgrad für Sonnenschutz und Verglasung bewertet. Im Gegensatz zum bisherigen Verfahren, wird dabei der Sonnenschutz für die Wärmeeinträge in die Gebäudezone nur für die Verglasung der Trennfläche zwischen Gebäudezone und Wintergarten berechnet. Ein an der äußeren Wintergartenverglasung angebrachter Sonnenschutz wird so für die Gebäudezone immer als außenliegender Sonnenschutz gewertet.

Tabellarische Übersicht über die Unterschiede der beiden Verfahren

Tab. 2-4 enthält eine Übersicht über die einzelnen Änderungen im Berechnungsverfahren für Wintergärten. Die Umsetzung dieser Änderungen in den einzelnen Berechnungstermen und Auswirkungen auf die Ergebnisse sind in den folgenden Kapiteln näher erläutert.

	DIN EN 832 bzw. DIN V 4108-6	DIN V 18599-2
Solare Wärmeeinträge im Wintergarten	Berechnung der absorbierten Strahlung auf den inneren Flächen des Wintergartens, unabhängig von der Lage und Fläche der äußeren Verglasung Abhängig von Boden und Wandflächen	Berechnung der Einstrahlung wie bei beheizten Zonen Abhängig von den Verglasungsflächen, deren Himmelsrichtung, Neigung und Sonnenschutz
Bewertung der Wärmeeinträge aus dem Wintergarten für die Gebäudezone »indirekte Wärmegewinne«	Wärmegewinn für die Gebäudezone	Berücksichtigung in der Temperatur des Wintergartens Bewertung über die Transmission der Gebäudezone als Wärmequelle oder Wärmesenke
Transmission über den Wintergarten	Berechnung der Transmission nach außen (mit Außentemperatur) Berücksichtigung der Temperatur des Vorbau i. d. R. mit festem Korrekturfaktor F_u (Bewertung über Korrekturfaktor b möglich) Immer als Wärmeverlust bewertet	Berechnung der Transmission zum Vorbau (mit Temperatur des Wintergartens) Berücksichtigung der Wärmeeinträge in den Wintergarten (»indirekten Gewinne«) in der Temperatur des Vorbaus (entspricht Berechnung mit Korrekturfaktor b) Als Wärmequelle oder Wärmesenke bewertet, abhängig von der Wintergartentemperatur
Lüftung	Pauschal in F_u oder festgelegt im Korrekturfaktor b Kein erhöhter Luftwechsel im Sommer	Individueller Luftwechsel Erhöhter Luftwechsel im Sommer möglich
Wertung der äußeren Verglasung bei den Wärmeeinträgen in die Gebäudezone	Über den Gesamtenergiedurchlassgrad der äußeren Verglasung	Über den Transmissionsgrad der äußeren Verglasung
Bewertung von Sonnenschutzvorrichtungen	Abminderungsfaktor F_C Einfluss der Verglasung nicht mitbewertet	Über den Gesamtenergiedurchlassgrad g_{tot} Sonnenschutz und Verglasung werden gemeinsam betrachtet
Berücksichtigung des Sonnenschutzes bei den Wärmeeinträgen in den Wintergarten	Ein einziger Abminderungsfaktor für die gesamte äußeren Verglasung Zuordnung von Sonnenschutz auf Boden und Wandflächen Keine Bewertung der Absorption von Sonnenschutzvorrichtung innerhalb des Wintergartens	Sonnenschutz wird für jede Glasfläche einzeln je nach Lage und Art berücksichtigt Zuordnung des Sonnenschutzes zu den einzelnen Verglasungsflächen klar definiert
Berücksichtigung des Sonnenschutzes bei den Wärmeeinträgen in die Gebäudezone	Sonnenschutz der inneren und äußeren Verglasung gehen ein Innen an der äußeren Verglasung angebrachter Sonnenschutz wird wie innenliegender (in der Gebäudezone) Sonnenschutz bewertet	Sonnenschutz wird auf innere Verglasung bezogen Sonnenschutz der äußeren Verglasung wird als außenliegender Sonnenschutz bewertet
Abminderung durch nicht senkrechten Strahlungseinfall	Für äußere und innere Verglasung angesetzt	Nur einmal angesetzt
Verschmutzung der Verglasung	Nicht berücksichtigt	Pauschal mit dem Faktor 0,9 angesetzt (bei Nichtwohngebäuden)

2.8.2 Bewertung von Sonnenschutzvorrichtungen

Nach den neueren europäischen Normen werden Sonnenschutzvorrichtungen immer in Kombination mit der Verglasung bewertet, da der Wärmeeintrag sehr stark von der Lage des Sonnenschutzes und den Eigenschaften der Verglasung abhängt. Diese Betrachtungsweise wird auch in DIN V 18599-2 übernommen. Gerade durch die Zielstellung, in dieser neuen Norm auch eine Methodik für die Berechnung des Kühlbedarfs von Gebäuden fest zu legen, gewinnt die Bewertung von Sonnenschutzvorrichtungen erheblich an Bedeutung.
Die Bewertung des Sonnenschutzes gemeinsam mit dem Gesamtenergiedurchlassgrad der Verglasung ist allerdings nicht vereinbar mit der Methodik nach DIN EN 832, da die Wärmeeinträge im Wintergarten über die absorbierenden Flächen zu berechnen sind. Der Sonnenschutz der äußeren Verglasung kann dabei nur pauschal auf diese absorbierenden Flächen übertragen werden. Die Bewertung eines innerhalb des Wintergartens liegenden Sonnenschutzes ist ebenfalls unklar. Im Verfahren der DIN V 18599-2 berechnen sich die Wärmeeinträge in den Wintergarten über die äußeren Verglasungsflächen. Daher treten hier keine Probleme mehr bezüglich der Zuordnung oder der Lage des Sonnenschutzes auf.

*Tab. 2-5: Bewertung der Lage des Sonnenschutzes nach **DIN EN 832** bzw. **DIN V 4108-6***

Lage des Sonnenschutzes	Wärmeeinträge in die Gebäudezone	Wärmeeinträge in den Wintergarten
außen, an der äußeren Verglasung	außenliegend	außenliegend
innen, an der äußeren Verglasung	innenliegend	innenliegend
außen, an der inneren Verglasung	außenliegend	nicht bewertet
innen, an der inneren Verglasung	innenliegend	–

*Tab. 2-6: Bewertung der Lage des Sonnenschutzes nach **DIN V 18599-2***

Lage des Sonnenschutzes	Wärmeeinträge in die Gebäudezone	Wärmeeinträge in den Wintergarten
außen, an der äußeren Verglasung	außenliegend	außenliegend
innen, an der äußeren Verglasung	außenliegend	innenliegend
außen, an der inneren Verglasung	außenliegend	indirekt, als im Wintergarten liegend
innen, an der inneren Verglasung	innenliegend	–

Bei den solaren Wärmeeinträgen in die Gebäudezone werden im Verfahren nach DIN EN 832 zwei Abminderungsfaktoren für den Sonnenschutz angesetzt, einer für die äußere und einer für die innere Verglasung. Innenliegender Sonnenschutz der äußeren Verglasung wird so auch für die Gebäudezone (»direkte solare Gewinne«) als innenliegender Sonnenschutz gewertet. Im neuen Verfahren wird die Wirkung des Sonnenschutzes in Hinblick auf die Glasfläche der Trennwand zwischen Gebäudezone und Vorbau bewertet. Dies bedeutet, dass Sonnenschutz an der äußeren Verglasung bei der Berechnung der solaren Wärmeeinträge in die Gebäudezone immer als außenliegender Sonnenschutz gewertet wird, unabhängig davon, ob er außen oder innen an der äußeren Verglasung angebracht ist. Tab. 2-5 und 2-6 geben einen Überblick über die Bewertung des Sonnenschutzes in Abhängigkeit von dessen Lage.

2.8.3 Detaillierte Darstellung der Änderungen in den Berechnungsvorschriften

Im folgenden Kapitel werden die Änderungen im Bewertungsverfahren detailliert erläutert und die Auswirkungen diskutiert. Für die Darstellung der Gleichungen werden die folgenden Symbole und Indizierungen verwendet.

- $Q_{Sd,tr}$ direkte solare Wärmeeinträge über transparente Bauteile der Trennfläche zwischen Wintergarten und beheizter Gebäudezone (DIN EN 832)
- $Q_{S,tr}$ direkte solare Wärmeeinträge über transparente Bauteile in die Gebäudezone (DIN V 18599-2)
- F_F Abminderungsfaktor durch den Rahmenanteil
- A Bauteilfläche
- F_S Abminderungsfaktor durch die Verschattung
- F_C Abminderungsfaktor für Sonnenschutzvorrichtungen
- F_w Abminderungsfaktor aufgrund nicht-senkrechten Strahlungseinfalls
- F_V Abminderungsfaktor aufgrund der Verschmutzung der Verglasung
- $g_\perp$ Gesamtenergiedurchlassgrad der Verglasung (für senkrechten Strahlungseinfall)
- I_S Bestrahlungsstärke der Solarstrahlung (Monatsmittel)
- t Berechnungszeitraum (ein Monat)
- $Q_{Sd,op}$ direkte solare Wärmeeinträge über opake Bauteile der Trennfläche zwischen Wintergarten und beheizter Gebäudezone (DIN EN 832)
- U Wärmedurchgangskoeffizient
- α Absorptionskoeffizient
- Q_{Si} indirekte solare Wärmeeinträge über den Wintergarten in die beheizte Gebäudezone (DIN EN 832).

F_u	Temperaturkorrekturfaktor für den vereinfachten Ansatz (DIN V 4108-6)
Φ_u	im Wintergarten wirksame Wärmeleistung (durch solare Einstrahlung)
Q_T	Transmissionswärmeverluste/ -quellen oder -senken
H_T	Transmissionswärmeverlustkoeffizient (Transmissionswärmetransferkoeffizient)
H_V	Lüftungswärmeverlustkoeffizient (Lüftungswärmetransferkoeffizient)
H	Gesamtwärmeverlustkoeffizient (Gesamtwärmetransferkoeffizient)
ϑ	Temperatur.

Weitere Indizes:

u	unbeheizter Glasvorbau
i	Innen, in der Gebäudezone
e	außen
p	Trennfläche zwischen Wintergarten und Gebäudezone
ui	vom unbeheizten Glasvorbau nach Außen
iu	von Innen zum unbeheizten Glasvorbau
pe	von der absorbierenden Schicht der Trennfläche zwischen Wintergarten und Gebäudezone zum Wintergarten
j	Laufvariable.

Direkte solare Wärmeeinträge in die Gebäudezone

Die Berechnung der solaren Wärmeeinträge durch transparente Flächen der Trennwand zwischen Wintergarten und Gebäudezone erfolgt im Verfahren der DIN V 18599-2 wie bisher. Jedoch wird für die Bewertung der äußeren Verglasung nicht mehr der Gesamtenergiedurchlassgrad verwendet, da er sowohl die Strahlungstransmission als auch die Wärmeübertragung durch die Scheiben (inkl. der Konvektion im Scheibenzwischenraum) berücksichtigt. Physikalisch korrekter geht nunmehr nur der Strahlungstransmissionsgrad in die neue Gleichung ein. Die Wärmeübertragung an der äußeren Verglasung beeinflusst die Wärmeentwicklung innerhalb des Wintergartens, nicht aber den Wert der solaren Strahlung, der auf die innere Verglasung trifft.

Im neuen Verfahren ist auch der Sonnenschutz besser berücksichtigt worden. Bisher ist sowohl für die innere als auch die äußere Verglasung ein Abminderungsfaktor für Sonnenschutzvorrichtungen angesetzt worden. Dies kann daher zu einer Überbewertung der Sonnenschutzvorrichtung führen.

Innenliegender Sonnenschutz an der äußeren Verglasung wird zudem nach DIN V 4108-6 wie ein innen in der Gebäudezone liegender Sonnenschutz bewertet.

Die solaren Wärmeeinträge in die Gebäudezone werden in diesem Fall zu hoch ausgewiesen.
Im neuen Verfahren sollen nun Verschattung und Sonnenschutz immer bezogen auf die betrachtete transparente Fläche berechnet werden. Das bedeutet, dass sich die »direkten« Wärmeeinträge in die Gebäudezone auf die innere Verglasung beziehen und sich die Wärmeeinträge in den Wintergarten auf die äußere Verglasung beziehen. Innenliegender Sonnenschutz der äußeren Verglasung wird somit für die Gebäudezone als außenliegender Sonnenschutz bewertet. Insbesondere im Zusammenhang mit der Zusammenfassung von Energiedurchlassgrad und Sonnenschutz nach EN 13363 [2-31] erweist sich diese klare Zuordnung als Vorteil.
Generell wird in DIN V 18599-2 für alle Verglasungen zusätzlich ein Abminderungsfaktor für die Verschmutzung eingeführt. Angesetzt wird dabei eine Reduktion von 10 %. Die Abminderung durch nicht senkrechten Strahlungseinfall wird dagegen im neuen Verfahren nur einmal berücksichtigt, da die höhere Reflexion bei schrägem Einfall bei Mehrfachverglasungen nicht wesentlich ansteigt.
Die direkten Wärmegewinne über opake Bauteile der Trennwand zwischen Gebäudezone und Wintergarten werden nach dem neuen Verfahren vernachlässigt. Indirekt werden sie über die Wärmeeinträge im Wintergarten berücksichtigt. Auf das Ergebnis hat dies kaum Einfluss, da es sich in aller Regel um einen sehr kleinen Anteil handelt, wie auch die Ergebnisse der Beispielrechnung in Tab. 2-7 zeigen. Der komplizierte Berechnungsterm für die direkten Wärmegewinne in der DIN EN 832 wird durch die Vernachlässigung gekürzt und deutlich vereinfacht.
Zum besseren Vergleich wird im Folgenden die Berechnungsformel der »direkten Wärmegewinne« der Gebäudezone (nach DIN EN 832) in die Gleichungen für transparente Bauteile und für opake Bauteile aufgeteilt. Die Gleichungen zur Berechnung der direkten Wärmegewinne durch transparente Bauteile nach DIN EN 832 und nach DIN V 18599-2 sind nachfolgend aufgeschlüsselt mit allen eingehenden Faktoren einander gegenübergestellt.

Für die **direkten solaren Wärmegewinne durch transparente Bauteile** der Trennwand zwischen Gebäudezone und Wintergarten $Q_{Sd,tr}$ gilt nach DIN EN 832 und DIN V 4108-6:

DIN EN 832: $Q_{Sd,tr} = F_{F,iu} \cdot A_{iu} \cdot F_S \cdot F_{C,iu} \cdot F_{w,iu} \cdot g_{\perp,iu} \cdot F_{F,ue} \cdot F_{C,ue} \cdot F_{w,ue} \cdot g_{\perp,ue} \cdot I_S \cdot t$ (2-39)

Im Verfahren nach DIN V 18599-2 berechnen sich die direkten solaren Wärmeeinträge in die Gebäudezone $Q_{S,tr}$ nach:

DIN V 18599: $Q_{S,tr} = F_{F,iu} \cdot A_{iu} \cdot (F_{S,iu} \cdot F_{V,iu} \cdot F_{C,iu} \cdot F_{w,iu} \cdot g_{\perp,iu}) \cdot F_{F,ue} \cdot \tau_{e,ue} \cdot I_S \cdot t$ (2-40)

Zum Vergleich: Berechnung der solaren Wärmeeinträgen ohne Glasvorbau nach DIN V 18599-2:

(2-41) $$\text{DIN V 18599:} \quad Q_{S,tr} = F_F \cdot A \cdot (F_S \cdot F_V \cdot F_C \cdot F_w \cdot g_\perp) \cdot I_S \cdot t$$

Die **direkten solaren Gewinne über opake Bauteile** der Trennwand zwischen Gebäudezone und Wintergarten werden nach DIN EN 832 wie folgt berechnet:

(2-42) $$\text{DIN EN 832:} \quad Q_{Sd,op} = \frac{U_p}{U_{pe}} \cdot \alpha_p \cdot A_p \cdot F_S \cdot F_{F,ue} \cdot F_{C,ue} \cdot F_{w,ue} \cdot g_{\perp,ue} \cdot I_S \cdot t$$

In DIN V 18599-2 werden diese Wärmeeinträge direkt nicht berücksichtigt.

Die quantitativen Änderungen sollen anhand eines Beispiels aufgezeigt werden. Für die Berechnung ist das in DIN V 4108-6 (Anhang F) [2-3] eingeführte Beispielgebäude gewählt worden. Wie in der Beispielrechnung in DIN V 4108-6 ist die Berechnung auch für die Sommermonate ohne Sonnenschutzvorrichtung durchgeführt worden. In Tab. 2-7 sind die Ergebnisse für die solaren Wärmeeinträge in die Gebäudezone (»direkte Wärmegewinne«) für alle Monate aufgeführt.

Monat	direkte Wärmegewinne in die Gebäudezone nach DIN EN 832 bzw. DIN V 4108-6			direkte Wärmeeinträge in die Gebäudezone nach DIN V 18599-2
	(transparent) $Q_{Sd,tr}$	(opak) $Q_{Sd,op}$ in kWh	Summe Q_{Sd}	$Q_{S,tr}$ in kWh
Januar	167	3	170	140
Februar	165	3	168	138
März	239	4	243	200
April	396	7	403	332
Mai	355	7	362	298
Juni	376	7	383	315
Juli	403	8	411	338
August	334	6	341	280
September	332	6	339	279
Oktober	242	5	246	203
November	156	3	159	131
Dezember	99	2	100	83

Tab. 2-7: Übersicht über die Ergebnisse der Beispielrechnung des Beispielgebäudes der DIN V 4108-6 (Anhang F) [2-3] für die direkten Wärmeeinträge über den Wintergarten in die Gebäudezone

Aufgrund der Bewertung der äußeren Verglasung mit dem Transmissionsgrad ergibt sich im Verfahren der DIN V 18599-2 bei den direkten Wärmeeinträgen für alle Monate ein um einen konstanten Faktor niedrigerer Wert. Im berechneten

Fall ergibt sich eine Reduktion der Gewinne durch die Verfahrensänderung von ca. 15 %. Der Faktor ist abhängig vom Verhältnis des Transmissionsgrads zur Gesamtenergiedurchlässigkeit der jeweiligen Verglasung. Zudem bestätigt die Beispielrechnung, dass die direkten Wärmegewinne über opake Bauteile im Vergleich zu den Gewinnen über transparente Bauteile vernachlässigbar gering ausfallen.

Solare Wärmeeinträge in den Wintergarten

Statt der auf den Innenflächen des Wintergartens absorbierten solaren Strahlung wird im neuen Verfahren, wie bei beheizten oder gekühlten Gebäudezonen, die gesamte in den Wintergarten eingestrahlte Solarstrahlung berücksichtigt, abzüglich der als direkte solare Wärmeeinträge in der Gebäudezone bereits verbuchten Einträge. Die Einstrahlung wird dabei um den relativ kleinen Anteil der kurzwelligen Strahlung, die von innen nach außen zurückreflektiert wird, etwas überschätzt. Im Falle der absorbierten Strahlung wird die Strahlung jedoch etwas unterschätzt, da über Mehrfachreflexion letztendlich ein höherer Anteil der Strahlung im Wintergarten absorbiert wird. Die Bewertung von Sonnenschutzeinrichtungen erfolgt nach DIN V 18599-2 immer im Gesamtenergiedurchlassgrad der betrachteten Glasfläche, jeweils abhängig von seiner Lage bezüglich dieser Fläche (Bewertung nach DIN EN 13363 [2-31]). Da die Wärmeeinträge in den Wintergarten im Verfahren nach DIN V 18599-2 durch die Einstrahlung über die einzelnen Glasflächen berechnet wird, kann auch an den verschiedenen Seiten oder dem Dach des Wintergartens unterschiedlicher Sonnenschutz angesetzt werden. Im Verfahren nach DIN EN 832 dagegen kann, bedingt durch die Summation über die absorbierenden Flächen, nur **ein** gemeinsamer Abminderungsfaktor für den Sonnenschutz der äußeren Verglasung angesetzt werden. Für unterschiedlichen Sonnenschutz an Dach und Seiten ist daher nach DIN EN 832 die Abminderung nicht eindeutig definiert.

Die indirekten Wärmeeinträge werden im neuen Verfahren im Unterschied zum Verfahren nach DIN EN 832 nicht explizit ausgewiesen, sondern über die Temperatur des Wintergartens bei den Transmissionswärmequellen und -senken der angrenzenden Zone berücksichtigt. Hierbei wird nun nicht mehr vereinfacht – wie in DIN V 4108-6 – ein konstanter Temperaturkorrekturfaktor angenommen. Die Wärmeeinträge in den Wintergarten müssen monatsweise in der Temperaturkorrektur berücksichtigt werden. Die indirekten Wärmeeinträge $\boldsymbol{Q}_{\mathbf{S,i}}$ nach **DIN EN 832** werden über alle absorbierenden Flächen innerhalb des Wintergartens summiert. Die bereits als direkte Einträge über den opaken Teil der Trennwand ($\boldsymbol{Q}_{\mathbf{S,d,op}}$) ausgewiesene Wärmemenge wird von dieser Summe abgezogen und schließlich der in der Gebäudezone wirksame Anteil über den Temperaturkorrekturfaktor $\boldsymbol{b}$ (DIN EN 832) bzw. $\boldsymbol{F}_{\mathbf{u}}$ (DIN V 4108-6) berechnet:

DIN V 4108-6:

$$Q_{\mathrm{Si}} = \left(1 - F_{\mathrm{u}}\right) \cdot \left(\sum_{j=abs.} \alpha_{\mathrm{s},j} \cdot A_{\mathrm{s},j} \cdot F_{\mathrm{S}} \cdot F_{\mathrm{F,ue}} \cdot F_{\mathrm{C,ue}} \cdot F_{\mathrm{w,ue}} \cdot g_{\perp,\mathrm{ue}} \cdot I_{\mathrm{S},j} \cdot t - Q_{\mathrm{Sd,op}} \right) \quad (2\text{-}43)$$

Im neuen Verfahren der **DIN V 18599-2** wird über die äußeren Glasflächen des Wintergartens summiert. Von der eingestrahlten Strahlung wird die bereits ermittelte, durch den Glasvorbau direkt in die beheizte Zone eingestrahlte Strahlung abgezogen. Berechnet wird hierbei die mittlere Wärmeleistung $\boldsymbol{\Phi}_{\mathrm{S,u}}$, die durch die solare Einstrahlung im Wintergarten wirksam wird und schließlich in die Ermittlung der mittleren Temperatur des Wintergartens eingeht:

DIN V 18599:

$$\Phi_{\mathrm{S,u}} = \sum_{j=tr.} F_{\mathrm{F,ue},j} \cdot A_{j} \cdot F_{\mathrm{S},j} \cdot F_{\mathrm{V,ue},j} \cdot F_{\mathrm{C,ue},j} \cdot F_{\mathrm{w,ue},j} \cdot g_{\perp,\mathrm{ue},j} \cdot I_{\mathrm{S},j} - \frac{Q_{\mathrm{S,tr}}}{\mathrm{t}} \quad (2\text{-}44)$$

Zum Vergleich die Berechnung der solaren Wärmeeinträgen ohne Glasvorbau nach **DIN V 18599:**

$$Q_{\mathrm{S,tr}} = F_{\mathrm{F}} \cdot A \cdot (F_{\mathrm{S}} \cdot F_{\mathrm{V}} \cdot F_{\mathrm{C}} \cdot F_{\mathrm{w}} \cdot g_{\perp}) \cdot I_{\mathrm{S}} \cdot t \quad (2\text{-}45)$$

Temperatur im Wintergarten und Transmissionswärme

Die Berechnung der Transmission von der Gebäudezone über den angrenzenden unbeheizten Anbau nach außen ist prinzipiell in beiden Verfahren identisch. In beiden Berechnungsmethoden gilt die Grundgleichung

$$Q_{\mathrm{T}} = H_{\mathrm{T,u}} \cdot \left(\vartheta_{\mathrm{i}} - \vartheta_{\mathrm{u}}\right) \quad (2\text{-}46)$$

wobei in DIN V 4108-6 die Form

$$Q_{\mathrm{T}} = H_{\mathrm{T,u}} \cdot F_{\mathrm{u}} \cdot \left(\vartheta_{\mathrm{i}} - \vartheta_{\mathrm{e}}\right) \cdot t \qquad \text{mit} \quad F_{\mathrm{u}} = \frac{\left(\vartheta_{\mathrm{i}} - \vartheta_{\mathrm{u}}\right)}{\left(\vartheta_{\mathrm{i}} - \vartheta_{\mathrm{e}}\right)} \quad (2\text{-}47)$$

gewählt ist. Der Temperaturkorrekturfaktor $\mathbf{F_u}$ wird jedoch nicht berechnet, sondern ist fest vorgegeben. Zulässig ist nach DIN V 4108-6 aber auch, wie in DIN EN 832, eine Berechnung mit dem Korrekturfaktor **b** nach DIN EN ISO 13789

$$(F_{\mathrm{u}} \triangleq b = H_{\mathrm{ue}} / (H_{\mathrm{iu}} + H_{\mathrm{ue}})) \quad (2\text{-}30).$$

Im Verfahren der DIN V 18599-2 ist die vereinfachte Berechnung mit konstantem, vorgegebenem F_{u}-Wert nicht mehr zulässig. Der Faktor $\boldsymbol{b}$ ist nicht mehr zu bestimmen, stattdessen ist direkt die mittlere Temperatur im Wintergarten ϑ_{u} entsprechend DIN EN ISO 13789 (Anhang A) monatsweise zu berechnen:

$$\vartheta_{\mathrm{u}} = \frac{\vartheta_{\mathrm{i}} \cdot H_{\mathrm{iu}} + \vartheta_{\mathrm{e}} \cdot H_{\mathrm{ue}} + \Phi_{\mathrm{u}}}{H_{\mathrm{iu}} + H_{\mathrm{ue}}} \quad (2\text{-}48)$$

Die Übereinstimmung der Berechnung über die Wintergartentemperatur ϑ_u nach DIN V 18599-2 und der Berechnung nach DIN EN 832 mit dem Reduktionsfaktor b wird deutlich, wenn in die Gleichung für Transmission und Lüftung Gl. (2-48) für die Temperatur ϑ_u eingesetzt wird:

nach DIN V 18599:

$$Q_{T+V} = (H_{T,iu} + H_{V,iu}) \cdot (\vartheta_i - \vartheta_u) \cdot t \qquad (2\text{-}49)$$

$$= H_{iu} \cdot \left(\vartheta_i - \frac{\vartheta_i \cdot H_{iu} + \vartheta_e \cdot H_{ue} + \Phi_u}{H_{iu} + H_{ue}} \right) \cdot t$$

$$= \left(H_{iu} \cdot \vartheta_i - \frac{H_{iu} H_{iu}}{H_{iu} + H_{ue}} \cdot \vartheta_i - \frac{H_{iu} H_{ue}}{H_{iu} + H_{ue}} \cdot \vartheta_e - \frac{H_{iu}}{H_{iu} + H_{ue}} \Phi_u \right) \cdot t$$

$$= \left(\frac{H_{iu} H_{ue}}{H_{iu} + H_{ue}} \cdot \vartheta_i - \frac{H_{iu} H_{ue}}{H_{iu} + H_{ue}} \cdot \vartheta_e - \frac{H_{iu}}{H_{iu} + H_{ue}} \Phi_u \right) \cdot t$$

$$= \frac{H_{iu} H_{ue}}{H_{iu} + H_{ue}} \cdot (\vartheta_i - \vartheta_e) \cdot t - \frac{H_{iu}}{H_{iu} + H_{ue}} \Phi_u \cdot t$$

$$= H_{iu} \cdot b \cdot (\vartheta_i - \vartheta_e) \cdot t - (1 - b)\, \Phi_u \cdot t$$

in DIN EN 832:

$$= \underbrace{H_{T,iu} \cdot b \cdot (\vartheta_i - \vartheta_e) \cdot t}_{Q_T} + \underbrace{H_{V,iu} \cdot b \cdot (\vartheta_i - \vartheta_e) \cdot t}_{Q_V} - \underbrace{(1 - b)\, \Phi_u \cdot t}_{Q_{Si}}$$

Die Berechnung des Transmissionswärmestroms Q_T über ϑ_u ist also identisch mit dem Verfahren über den Korrekturfaktor b. Der Unterschied zwischen den Verfahren liegt in der Berücksichtigung des Anteils der »indirekten Wärmegewinne« Q_{Si}, die nach DIN EN 832 als Gewinne verbucht werden. In der Wärmequellen und -senkenbilanz des Verfahrens der DIN V 18599-2 werden sie zusammen mit den Transmissions- und Lüftungswärmeströmen abhängig von der Temperatur im Wintergarten ϑ_u als Quellen oder Senken verrechnet. Das Wärmequellen/-senken-Verhältnis und der Ausnutzungsgrad sind in beiden Verfahren unterschiedlich. Wie sich dies quantitativ auswirkt, ist von Fall zu Fall verschieden und kann daher nicht allgemein bestimmt werden.

Anmerkung: Der Lüftungswärmetransferkoeffizient zwischen Gebäudezone und Wintergarten $H_{V,iu}$ und damit der Lüftungswärmestrom Q_V wird in beiden Berechnungsverfahren zu Null gesetzt.

Um den realen Verhältnissen der Nutzung des Wintergartens nahe zu kommen, ist für das neue Verfahren auch eine Erhöhung des Außenluftwechsels des Wintergartens in den Sommermonaten zulässig. Die auch in der Realität sehr hohen sommerlichen Wärmelasten des Wintergartens können so reduziert werden. Allerdings ist hier zu bedenken, dass der Luftwechsel, wie alle Parameter, als Mittelwert über einen Monat in die Berechnung eingeht. Bei einem Standardaußenluftwechsel von 0,6 h^{-1} ist daher eine Begrenzung des maximal zulässigen Luftwechsels im Sommer auf einen Mittelwert von 2 h^{-1} sinnvoll. Der erhöhte Luftwechsel kann nach DIN V 18599-2 ab einer mittleren Wintergartentemperatur ϑ_u von 20 °C angesetzt werden. Um im Wintergarten erträgliche Temperaturen im Sommer einzuhalten, ist aber in der Regel zusätzlich auch ein Sonnenschutz erforderlich.

In Tab. 2-8 sind zum quantitativen Vergleich der Verfahren die Ergebnisse der Beispielrechnung für das in DIN V 4108-6 (Anhang F) eingeführte Beispielgebäude zusammengestellt. Aufgeführt sind die Wärmequellen und -senken, die sich durch die indirekten Wärmeeinträge und die Transmission ergeben. Hierbei wird bei der Berechnung nach DIN EN 832 nochmals unterschieden nach der Berechnung mit dem Reduktionsfaktor ***b*** nach EN 13798 und der vereinfachten Berechnung mit festem, konstantem F_u-Wert nach DIN V 4108-6. Bei dem Verfahren nach DIN V 18599-2 werden die Werte mit und ohne erhöhtem Luftwechsel im Sommer aufgeführt. Wie in der Beispielrechnung in DIN V 4108-6 wird die Transmission über den Boden des Wintergartens vernachlässigt und die Berechnung ganzjährig ohne Sonnenschutzvorrichtung durchgeführt.

Tab. 2-8: Übersicht über die Ergebnisse der Beispielrechnung des Beispielgebäudes der DIN V 4108-6 (Anhang F) für die Wärmequellen und -senken durch »indirekte Wärmeeinträge« und Transmission über den Wintergarten. Die Wärmequellen und die Wärmesenken gehen jeweils summiert mit den anderen Wärmequellen- und -senken (Wärmegewinne/ -verluste) in die Bilanzierung der Gebäudezone ein.

Monat	Wärmequellen und -senken durch Wärmeeinträge in den Wintergarten und Transmission							
	nach DIN V 4108-6 (mit F_u = 0,5)		nach DIN EN 832 (mit b = 0,74)		nach DIN V 18599-2 (n = 0,6 h^{-1})		nach DIN V 18599-2 (n = 0,6 h^{-1}/ 2 h^{-1})	
	Quelle Q_{Si}	Senke Q_T	Quelle Q_{Si}	Senke Q_T	Quelle Q_T	Senke Q_T	Quelle Q_T	Senke Q_T
	in kWh		in kWh		in kWh		in kWh	
Januar	127	234	66	346	-	213	-	213
Februar	165	191	86	283	-	121	-	121
März	278	172	145	254	10	-	10	-
April	595	106	309	157	401	-	300	-
Mai	662	70	344	104	486	-	383	-
Juni	768	37	399	54	612	-	499	-
Juli	794	12	413	17	682	-	566	-
August	568	8	295	12	503	-	418	-
September	433	51	225	76	336	-	264	-
Oktober	260	114	135	169	81	-	30	-
November	138	159	72	236	-	96	-	96
Dezember	82	204	43	302	-	221	-	221

Der Vergleich der Berechnungsergebnisse der indirekten Wärmeeinträge und der Transmission zeigt zunächst, dass der Temperaturkorrekturfaktor für Glasvorbauten mit Wärmeschutzverglasung (hier U_w =1,6 W/(m²K)) mit F_u = 0,5 (nach DIN V 4108-6, Anhang F) deutlich zu niedrig eingeschätzt wird. Die Gewinne werden daher zu hoch, die Verluste zu niedrig ausgewiesen.
Der Übergang zur Bewertung der eingestrahlten statt der absorbierten Strahlung führt erwartungsgemäß zu höheren Wärmegewinnen im Wintergarten, somit insgesamt zu einem niedrigeren Heizbedarf und zu einem höheren Kühlbedarf. Die Abweichungen bei unterschiedlicher Bewertung der Solarstrahlung sind aber deutlich geringer als die Änderungen gegenüber einer pauschalen Einstufung mittels des Temperaturkorrekturfaktors F_u. Dies zeigt auch die Übersicht über die Endergebnisse für den Jahresheizwärmebedarf und den Jahreskühlbedarf des gesamten Gebäudes in Tab. 2-9. (Weitere Ergebnisse der Beispielrechnung in [2-26]).

Tab. 2-9: Jahresheizwärmebedarf und Jahreskühlbedarf des Beispielgebäudes aus DIN V 4108-6 Anhang F bei unterschiedlicher Bewertung des Wintergartens.

	Gesamtheizwärmebedarf und -kühlbedarf des Beispielgebäudes[1] mit Bewertung des Wintergartens nach			
	DIN V 4108-6[2] (mit F_u = 0,5)	DIN EN 832 (mit b = 0,74)	DIN V 18599-2 (ohne erh. Luftwechsel)	DIN V 18599-2 (mit erh. Luftwechsel)
Heizbedarf	13.918	14.876	14.631	14.697
Kühlbedarf	13.266	11.344	12.340	11.767

Das neue Verfahren zur Bewertung von Wintergärten ist in seinen Berechnungstermen einfacher als das bisherige Verfahren und passt sich von der Logik problemlos in die allgemeine Bilanzierungsmethodik ein. Mit dem »neuen« Verfahrensansatz (DIN V 18599-2) werden in obigem Beispiel die Ergebnisse für den Wärmebedarf gegenüber dem »alten« Verfahren (differenzierter b-Wert) nur geringfügig verändert, die Unterschiede beim Kühlbedarf sind etwas deutlicher. Dies entspricht auch dem Ziel des neuen Bewertungsansatzes, der Sommer- wie Winterverhältnissen gleichermaßen gerecht werden soll.
Bei der Gegenüberstellung ist bewusst auf die Einbeziehung eines Sonnenschutzes verzichtet worden, da dies im Beispiel nach DIN V 4108-6 (Anhang F) nicht vorgesehen ist. Bei Berücksichtigung eines Sonnenschutzes ergeben sich größere Unterschiede im Verfahren, besonders bezüglich des Kühlbedarfs.

[1] Die Bilanzierung des Gebäudes – bis auf den Wintergarten – erfolgte jeweils entsprechend der Wärmequellen/Wärmesenken-Bilanzierung nach DIN V 18599-2 unter den Randbedingungen aus DIN V 4108-6.

[2] Da bei der Wärmequellen/-senken-Bilanz nach DIN V 18599 die Wärmeeinträge über opake Bauteile als Wärmequellen mit dem Ausnutzungsgrad bewertet werden, in der Bilanzierung nach DIN V 4108-6 diese aber direkt von den Transmissionsverlusten abgezogen werden (Bewertung mit Ausnutzungsgrad = 1), sind die Ergebnisse hier nicht unmittelbar mit denen in DIN V 4108-6 Anhang F vergleichbar.

2.9 Bewertung von baulicher Verschattung und beweglicher Sonnenschutzvorrichtungen

2.9.1 Vorhandene Bewertungsansätze und Ergänzungsbedarf

Bei der Bilanz der Gebäudezone ist in Q_{source} der Wärmeeintrag durch Sonneneinstrahlung durch transparente Flächen zu berücksichtigen. Die solare Einstrahlung durch transparente Flächen wird dabei von der Verglasungsart, der Art der Sonnenschutzvorrichtungen, der Verschmutzung und gegebenenfalls der baulichen Verschattung beeinflusst.
Sonnenschutzvorrichtungen vermindern die solare Einstrahlung durch transparente Flächen (Fenster) in den Raum um ihn vor Überhitzung zu schützen und dienen zudem noch als Blendschutz. Als beweglich oder variabel werden Sonnenschutzvorrichtungen bezeichnet, die in Abhängigkeit von der solaren Einstrahlung geöffnet oder geschlossen werden können. Sie sind also nur zeitweise aktiv. Die Steuerung dieser Aktivierung kann dabei per Hand (manuell) oder automatisch über eine Zeitsteuerung oder intensitätsabhängig erfolgen.
Für die Bilanz der Gebäudezone ist ein Bewertungsansatz notwendig, der Sonnenschutzvorrichtungen und Verschattung ganzjährig und in Abstimmung mit vorhandenen Strahlungsdaten bewertet. In DIN V 4108-6 [2-3] finden sich zwar Bewertungsansätze für Sonnenschutzvorrichtungen und bauliche Verschattung, allerdings sind die dortigen Ansätze nur für eine pauschale »Heizperiodenbetrachtung« ausgelegt und müssen für eine ganzjährige Bilanzierung ergänzt bzw. erweitert werden.
Der grundsätzliche Ansatz zur Berücksichtigung von Sonnenschutzvorrichtungen und baulicher Verschattung ist die Verwendung eines Bewertungsfaktors (Abminderungsfaktors) F_X.

$$\mathbf{P_{S,mit} = F_X \cdot P_{S,ohne}} \tag{2-50}$$

mit:
- $P_{S,mit}$ Einstrahlleistung mit Berücksichtigung von Verschattung und Sonnenschutzvorrichtungen
- F_X Abminderungsfaktor (Wert zwischen 0 und 1)
- $P_{S,ohne}$ Einstrahlleistung ohne Berücksichtigung von Verschattung und Sonnenschutzvorrichtungen.

Der Abminderungsfaktor ist dabei nicht statisch, sondern immer abhängig vom Sonnenstand und der Sonnenscheindauer. Im Falle von beweglichen Sonnenschutzvorrichtungen ist zudem die Art der Steuerung zu berücksichtigen. Somit ist die Bewertung zumindest mit Stundenwerten notwendig. Da Stundenwerte allerdings in einer Monatsbilanzierung nicht verwertbar sind, ist eine Aggregation auf den Monatsmittelwert durchzuführen.

$$F_X = \frac{\sum_{t=1}^{t_{Monat}} P_{S,mit}(t)}{\sum_{t=1}^{t_{Monat}} P_{S,ohne}(t)} \qquad (2\text{-}51)$$

Eine Zusammenfassung auf einen Jahreswert ist aufgrund des sich über das Jahr verändernden Sonnenstandes nicht möglich, allerdings ist eine hinreichend genaue Bewertung mit dem Mittelwert einer Sommer- und einer Winterperiode möglich.

2.9.2 Randbedingungen der Simulationsrechnungen

Der Einfluss der baulichen Verschattung und der Sonnenschutzvorrichtungen auf die Bilanzierung einer Gebäudezone ist mit Hilfe umfangreicher Simulationsrechnungen untersucht worden. Bei diesen Simulationsrechnungen sind zur Analyse der baulichen Verschattung als Randbedingungen die acht Haupt-Himmelsrichtungen mit jeweils unterschiedlich geneigten Flächen betrachtet worden. Die Flächenneigungen und die Abstufung der Horizont-, Überhangs- und Seitenwinkel sind in Anlehnung an DIN V 4108 Teil 6 [2-3] gewählt worden. Als Klimadaten für die Simulationen wurde das Testreferenzjahr TRY5 gewählt, das nach [2-32] in guter Näherung das mittlere Klima für die Bundesrepublik Deutschland repräsentiert. Jeweils für den intensitätsgesteuerten und manuellen Sonnenschutz sind die als Stundenwerte ausgegebenen Simulationsergebnisse zu Monatswerten aggregiert worden. Ausgewertet wurden die Simulationsergebnisse hinsichtlich des Einflusses der Verschattung und der Sonnenschutzvorrichtungen auf die solare Einstrahlung in eine Gebäudezone (Strahlungsgewinne). Um einen Abminderungsfaktor gemäß dem im vorangehenden Kapitel erläuterten Bewertungsansatz zu erhalten, sind aus den Stundenwerten die Monatsmittelwerte der Strahlungsgewinne für jede der oben genannten Varianten separat ermittelt worden und auf die jeweilige Basisvariante (ohne Sonnenschutz und baulicher Verschattung) normiert worden:

$$F_{X,sim} = \frac{I_{S,sim}}{I_{S,sim,ohne}} \qquad (2\text{-}52)$$

wobei: $I_{S,\,sim}$ Strahlungsgewinne einer Simulationsvariante

$I_{S,\,sim,\,ohne}$ Strahlungsgewinne der Basis-Simulationsvariante ohne Sonnenschutz und ohne Verschattung durch die Umgebung.

2.9.3 Bewegliche Sonnenschutzvorrichtungen

Sonnenschutzvorrichtungen werden über den F_C-Wert bewertet, der als Abminderungsfaktor den Grad der Reduktion der solaren Einstrahlung angibt. Hat der F_C-Wert den Wert 1, so bedeutet dies, dass kein Sonnenschutz vorhanden oder aktiviert ist (Abminderung ist nicht vorhanden). Bei einer vollständigen Reduktion der solaren Einstrahlung nimmt der F_C-Wert den Wert 0 an. Sonnenschutzvorrichtungen nehmen somit je nach Ihrer Effektivität einen Abminderungsfaktor zwischen 0 und 1 an.
Sonnenschutzvorrichtungen und Energiedurchlassgrad des Fensters (g-Wert) lassen sich allerdings nicht unabhängig voneinander betrachten. Je nach Lage des Sonnenschutzes (außen- oder innenliegend) und Verglasungsart wird der Gesamtenergiedurchlassgrad g_{tot} unterschiedlich beeinflusst, auch bei ansonsten gleichem Sonnenschutzsystem. Der Gesamtenergiedurchlassgrad wird daher beispielsweise in DIN EN 13363 Teil 1 [2-31] inklusive Sonnenschutzvorrichtung bestimmt. Aus dem Gesamtenergiedurchlassgrad mit Sonnenschutz g_{tot} lässt sich der F_C-Wert allerdings nach folgendem Zusammenhang ableiten:

$$F_C = \frac{g_{tot}}{g_{\perp}} \tag{2-53}$$

wobei: g_{tot} Gesamtenergiedurchlassgrad der Verglasung inklusive Sonnenschutz nach EN 13363 Teil 1 [2-31] bei senkrechtem Strahlungseinfall

$g_{\perp}$ Gesamtenergiedurchlassgrad der Verglasung (ohne Sonnenschutz) nach DIN EN 410 [2-33] bei senkrechtem Strahlungseinfall.

Im Folgenden wird weiterhin der Abminderungsfaktor F_C behandelt, um eine verständlichere Herleitung der Zusammenhänge zu erhalten (bauliche Verschattung und Sonnenschutzvorrichtungen sind dadurch nach gleichem Ansatz zu ermitteln). In Kap. 2-9.6 wird der Zusammenhang von $F_{C\text{-}Wert}$ und dem neu eingeführten effektiven Gesamtenergiedurchlassgrad g_{eff} näher erläutert.

Bei Sonnenschutzvorrichtungen muss man in feststehenden und variablen (beweglichen) Sonnenschutz unterscheiden. Ein feststehender Sonnenschutz ist immer aktiv, somit kann ein konstanter Abminderungsfaktor F_C nach Gl. (2-53) angesetzt werden. Im Gegensatz zum festen Sonnenschutz wird ein beweglicher Sonnenschutz üblicherweise nur dann aktiviert, wenn Direktstrahlungseinfall vorherrscht bzw. eine bestimmte Grenzbestrahlungsstärke überschritten wird (sensorische Steuerung). In Tab. 2-10 sind die durchschnittlichen Stunden am Tag angegeben, bei denen während der üblichen Verkehrszeit (9h/d) eine Aktivierung des beweglichen Sonnenschutzes notwendig wird.

Neigung	Periode	Nord	Nord-Ost	Ost	Süd-Ost	Süd	Süd-West	West	Nord-West
Senkrecht	Winter	0,00	0,10	0,91	1,79	2,20	1,68	0,84	0,03
	Sommer	0,42	2,25	3,54	4,6	5,29	3,77	2,74	1,48
60°	Winter	0,01	0,23	1,24	2,03	2,34	1,86	1,19	0,16
	Sommer	3,57	4,66	5,39	6,34	6,50	5,33	4,32	3,62
45°	Winter	0,05	0,43	1,43	2,13	2,35	2,01	1,39	0,33
	Sommer	5,45	5,79	6,14	6,77	6,71	5,74	5,09	4,71
30°	Winter	0,26	0,70	1,65	2,10	2,29	2,02	1,53	0,73
	Sommer	6,57	6,63	6,79	6,95	6,89	6,31	5,92	5,92
Neigung	**Periode**	**alle Himmelsrichtungen**							
Horizontal	Winter	1,79							
	Sommer	6,95							

Tab. 2-10: Durchschnittliche Anzahl der Stunden pro Tag, an denen die Sonnenschutzvorrichtung innerhalb der Verkehrszeit (9h/d) aktiviert ist (Grenzbestrahlungsstärke 300 W/m²)

Neben der rein zeitlichen Gewichtung des Sonnenschutzes muss aber auch die Intensität der Solarstrahlung während der Aktivierung der Sonnenschutzmaßnahme berücksichtigt werden. Die Aktivierung und die Einstrahlungsreduktion während der Aktivierung der Sonnenschutzmaßnahme müssen gleichzeitig auch bei der Berechnung des Beleuchtungsbedarfs berücksichtigt werden. Auch hier hat der Sonnenschutz unter Umständen einen erheblichen Einfluss auf den Energiebedarf der Gebäudezone.

Nach DIN EN 832 [2-4], EN ISO 13790 [2-5] und DIN V 4108-6 [2-3] wird nur ein konstanter Abminderungsfaktor des Sonnenschutzes ohne Berücksichtigung des Betätigungsverhaltens vorgegeben. Soll eine variable Sonnenschutzbetätigung zeitlich und intensitätsmäßig berücksichtigt werden, ist eine Korrektur des konstanten Abminderungsfaktors erforderlich [2-34]. Zur Entwicklung eines Korrekturalgorithmus, der eine zeitliche und intensitätsmäßige Gewichtung des Abminderungsfaktors für variablen Sonnenschutz berücksichtigt, sind wiederum die Ergebnisse umfangreicher Simulationsrechnungen ausgewertet worden. Die Bewertung des beweglichen Sonnenschutzes erfolgt bei diesem neuen Ansatz mit dem korrigierten Abminderungsfaktor $F_{C,kor.}$ Um den Einfluss der Steuerung und den Einfluss baulicher Verschattung auf die Aktivierung des Sonnenschutzes untersuchen zu können, ist aus den Simulationsergebnissen der Vergleichs-Abminderungsfaktor $F_{C,sim}$ ermittelt worden. Er ist analog Gl. (2-52) der Quotient aus der simulierten solaren Einstrahlung mit Berücksichtigung des Sonnenschutzes bezogen auf die solare Einstrahlung in den Typraum ohne jegliche Verschattung und Sonnenschutzvorrichtung:

$$F_{C,sim} = \frac{I_{S,\,mit\,Sonnenschutz}}{I_{S,\,ohne\,Sonnenschutz}} \qquad (2\text{-}54)$$

Abb. 2-15: Vergleich der Simulationsergebnisse der F_C-Werte: Möglichkeit des Zusammenfassens der Sommer- und Wintermonate sowie der Himmelsrichtungen Ost und West

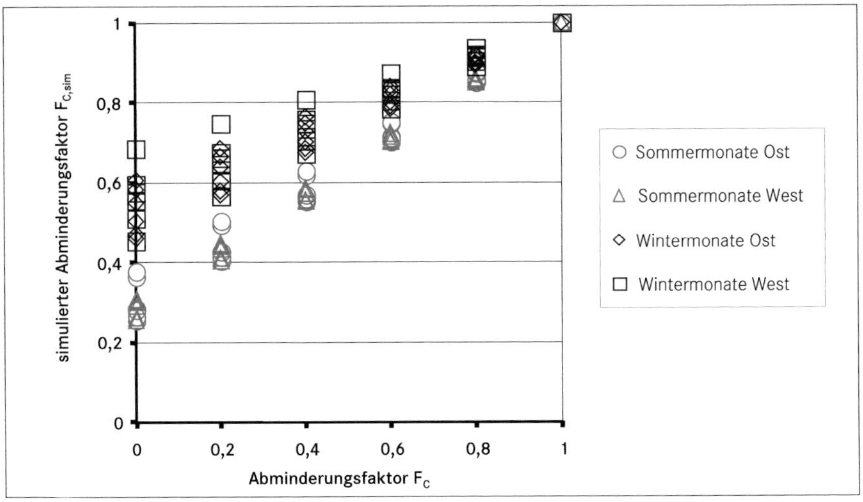

In Abb. 2-15 ist die mittlere Wirkung des Sonnenschutzes auf die monatliche Einstrahlung gegenüber dem Wert bei durchgehend geschlossenem Sonnenschutz dargestellt.
Damit die Bewertung der Sonnenschutzvorrichtungen nicht zu komplex und unübersichtlich wird, ist zunächst die Möglichkeit der sinnvollen Zusammenfassung der Daten untersucht worden. Analysiert man den Jahresgang, so lässt sich feststellen, dass die Monate April bis September in ein Sommerhalbjahr zusammengefasst werden können (Abb. 2-16). Gleiches gilt für die Monate Oktober bis März (Winterhalbjahr). Eine Aggregation des gesamten Jahres ist aufgrund des deutlichen Sprungs zwischen Sommer- und Winterwerten nicht möglich. Im Winterhalbjahr tritt beim Abminderungsfaktor F_C zwar eine stärkere Streuung auf als im Sommerhalbjahr. Aufgrund der deutlich niedrigeren Strahlungswerte im Winter ist dies aber tolerierbar. Zudem ist die Zusammenfassung der Ost und West-Himmelsrichtungen möglich, womit auch eine Angleichung an bestehende Normen erreicht wird. So kann die Anzahl der betrachteten Himmelsrichtungen auf fünf reduziert werden: Nord, NO/NW, O/W, SO/SW und Süd.

Im zweiten Schritt ist die Korrekturmöglichkeit des Abminderungsfaktors untersucht worden. Da der effektive (wirksame) Abminderungsfaktor $\mathbf{F_{C,kor}}$ zwischen dem $\mathbf{F_C}$-Wert des geschlossenen (aktivierten) Sonnenschutzes und dem $\mathbf{F_C}$-Wert ohne Sonnenschutz ($\mathbf{F_C = 1}$) liegen muss, kann er in guter Näherung als gewichtetes Mittel angesetzt werden. Der Bewertungsfaktor **a** wird über eine lineare Regression ermittelt, unter der Randbedingung, dass für $\mathbf{F_C = 1}$ auch $\mathbf{F_{C,kor} = 1}$ gelten muss:

$$F_{C,\,kor} = a \cdot F_C + (1 - a) \tag{2-55}$$

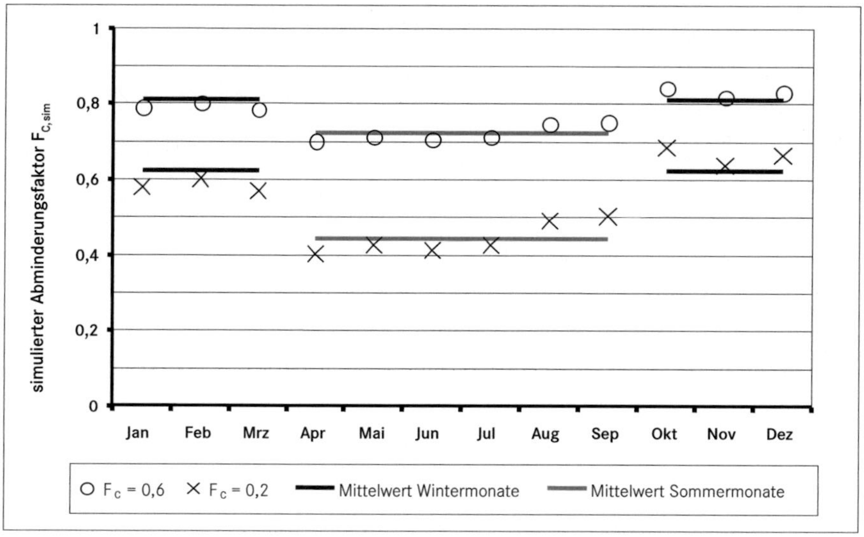

Abb. 2-16: Aufteilung in Sommerhalbjahr und Winterhalbjahr, beispielhaft für die Jahresgänge von $F_C = 0{,}2$ und $F_C = 0{,}6$

wobei:

- **F_C** der Abminderungsfaktor für den beweglichen Sonnenschutz im geschlossenen Zustand (Sonnenschutz aktiviert);
- **a** der Parameter zur Bewertung der Aktivierung des Sonnenschutzes.

In Abb. 2-17 ist diese Ausgleichsgerade am Beispiel Ost/West im Sommerfall dargestellt.

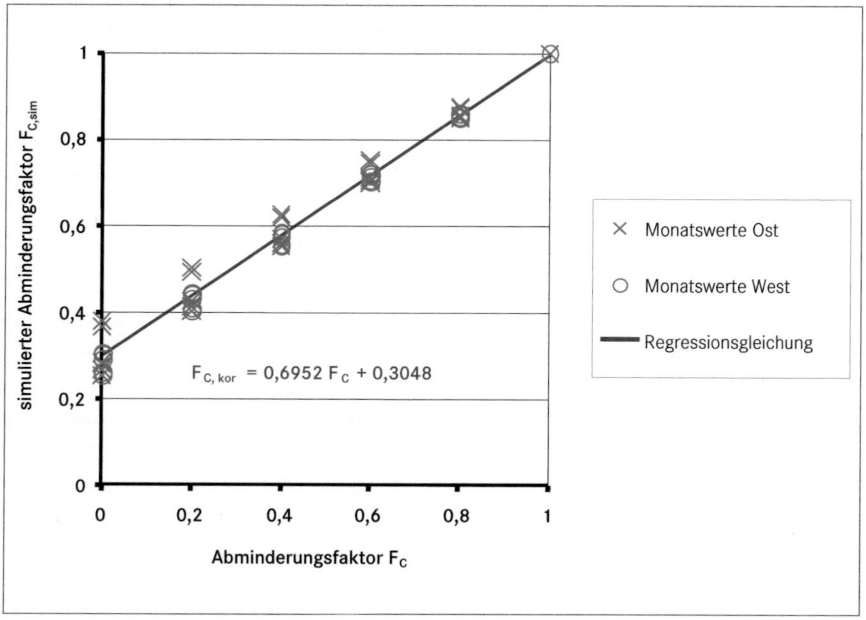

Abb. 2-17: F_C-Korrektur: Ausgleichsgerade zur Bestimmung des Regressionsparameters a

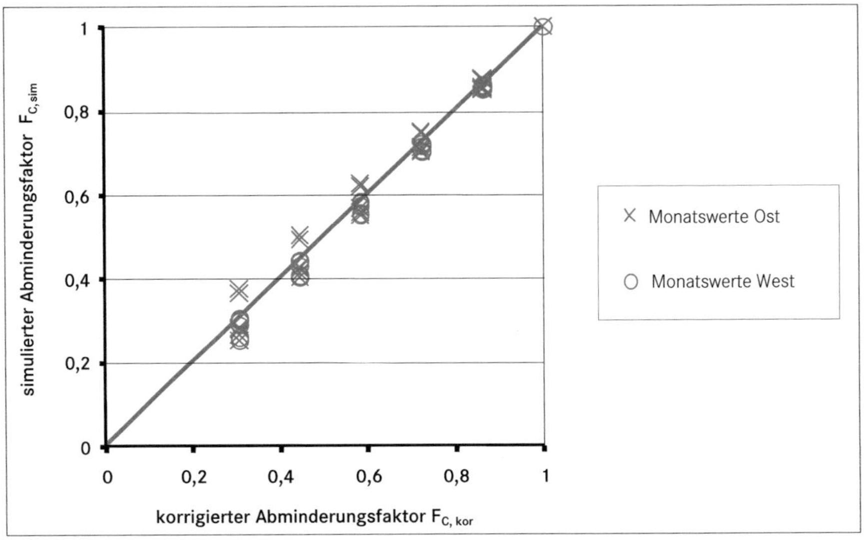

Abb. A2-18: F_C-Korrektur: Vergleich der Simulationswerte mit den korrigierten F_C-Werten

Abb. 2-18 zeigt die mit der Ausgleichgeraden korrigierten $\mathbf{F_C}$-Werte für das Beispiel Ost/West im Sommerfall im Vergleich zu den Simulationsergebnissen.

Die ermittelten Werte des Parameters a sind getrennt für den manuellen und automatischen Betrieb jeweils für das Sommer- und Winterhalbjahr in den Tab. 2-11 und 2-12 dargestellt. »Manueller Betrieb« heißt hierbei, dass eine Steuerung des Sonnenschutzes nur während der Nutzungszeit stattfindet.

Tab. 2-11: Parameter a zur Bestimmung von $F_{C,kor}$ bei Einsatz von manuell gesteuertem Sonnenschutz für verschiedene Flächenneigungen und unterschiedliche Himmelsrichtungen

Parameter a zur Bestimmung von $F_{C,kor}$ bei manuell betätigtem Sonnenschutz						
Neigung	Periode	Nord	NO/NW	Ost/West	SO/SW	Süd
senkrecht	Winter	0,00	0,00	0,34	0,63	0,71
	Sommer	0,00	0,13	0,39	0,56	0,67
60°	Winter	0,00	0,01	0,36	0,63	0,69
	Sommer	0,03	0,33	0,54	0,68	0,76
45°	Winter	0,00	0,02	0,34	0,59	0,66
	Sommer	0,30	0,46	0,61	0,72	0,78
30°	Winter	0,00	0,05	0,32	0,53	0,60
	Sommer	0,55	0,60	0,67	0,74	0,78
Neigung	Periode	alle Himmelsrichtungen				
Horizontal	Winter	0,24				
	Sommer	0,74				

Parameter a zur Bestimmung von $F_{C,kor}$ bei automatischem Sonnenschutz						
Neigung	Periode	Nord	NO/NW	Ost/West	SO/SW	Süd
senkrecht	Winter	0,00	0,03	0,45	0,71	0,77
	Sommer	0,10	0,49	0,70	0,77	0,79
60°	Winter	0,00	0,05	0,48	0,70	0,75
	Sommer	0,43	0,69	0,81	0,86	0,88
45°	Winter	0,01	0,08	0,47	0,67	0,72
	Sommer	0,64	0,77	0,84	0,88	0,90
30°	Winter	0,05	0,14	0,45	0,62	0,67
	Sommer	0,80	0,83	0,87	0,89	0,90
Neigung	Periode	alle Himmelsrichtungen				
Horizontal	Winter	0,42				
	Sommer	0,89				

Tab. 2-12: Parameter a zur Bestimmung von $F_{C,kor}$ bei Einsatz von automatisch (intensitätsabhängig) gesteuertem Sonnenschutz für verschiedene Flächenneigungen und unterschiedliche Himmelsrichtungen

2.9.4 Verschattungsfaktor F_S für bauliche Verschattung

Bei der baulichen Verschattung können mehrere Möglichkeiten der Verschattung (auch in Kombination) auftreten, die über verschiedene Verschattungswinkel berücksichtigt werden (siehe Abb. 2-19):

- Die Verschattung durch andere Gebäude und ggf. die Verschattung durch Topographie (z. B. Berge) berücksichtigt der Horizontwinkel;
- Die Verschattung durch die Bauteilüberstände oberhalb der betrachteten Bauteilfläche berücksichtigt der Überhangwinkel
- Die Verschattung durch Bauteile seitlich von der betrachteten Bauteilfläche berücksichtigt der Seitenwinkel.

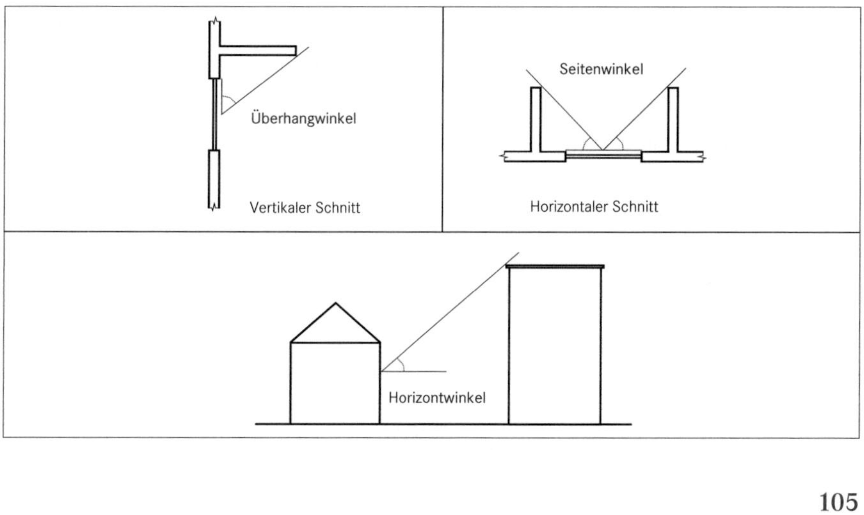

Abb. 2-19: Definition von Horizont-, Überhang- und Seitenwinkel

Die bauliche Verschattung ist nicht nur abhängig vom Verschattungswinkel sondern auch von der Himmelsrichtung (Senkrechte zur Bauteilfläche), der Neigung der Fläche (Winkel zur Horizontalen) und der Jahreszeit (Sonnenstand).

Damit die Bewertung der Verschattung nicht zu komplex und unübersichtlich wird, ist zuerst die Möglichkeit der sinnvollen Zusammenfassung der Daten untersucht worden. Die Ergebnisse der Simulationsrechnungen zeigen eine akzeptable Zusammenfassung der Monate April bis September zu einem Sommerhalbjahr und der Monate Oktober bis März zu einem Winterhalbjahr, auf den jeweiligen Mittelwert der zugeordneten Monate (siehe Abb. 2-20). Zudem ist die Zusammenfassung von mehreren Himmelsrichtungen möglich, womit auch eine Angleichung an diverse Normen erreicht wird. So kann die Anzahl der betrachteten Himmelsrichtungen auf fünf reduziert werden: Nord, NO/NW, O/W, SO/SW und Süd.

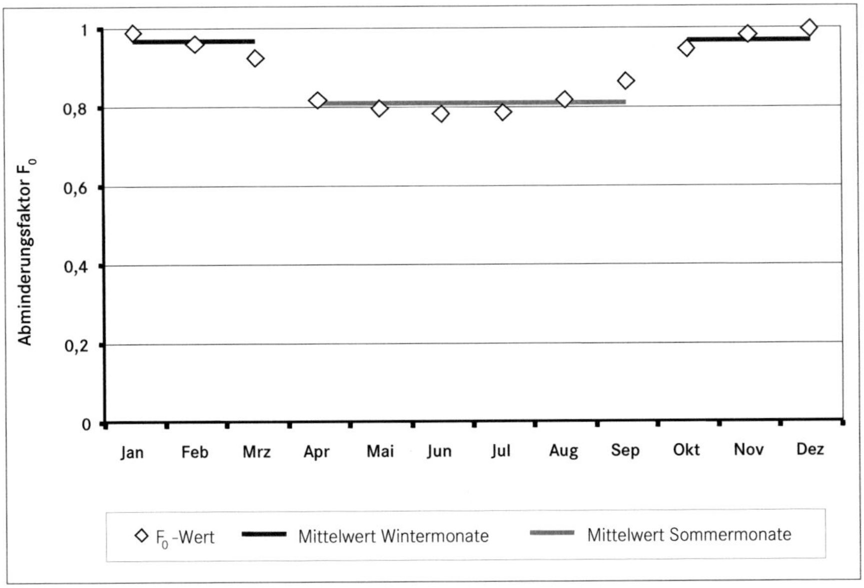

Abb. 2-20: Mittelwertbildung des Abminderungsfaktors der baulichen Verschattung für Sommer- und Wintermonate

Die Abminderungsfaktoren werden unter Berücksichtigung der oben genannten Vereinfachungen in Tabellenform für verschieden ausgerichtete Bauteilflächen angegeben. Beispielhaft ist hier die Tabelle für die Abminderungsfaktoren bei Horizontverschattung einer senkechten Bauteilfläche dargestellt (Tab. 2-13). Der vollständige Satz der Tabellen ist in Kap. 2-9.7 wiedergegeben.

Abminderungsfaktoren F_h für verschiedene Horizontwinkel bei einer senkrechten Fläche							
Horizontwinkel	Neigung	Periode	Nord	NO/ NW	Ost/ West	SO/ SW	Süd
0°	senkrecht	Winter	1,00	1,00	1,00	1,00	1,00
	senkrecht	Sommer	1,00	1,00	1,00	1,00	1,00
10°	senkrecht	Winter	0,90	0,88	0,83	0,88	0,90
	senkrecht	Sommer	0,88	0,88	0,91	0,94	0,96
20°	senkrecht	Winter	0,80	0,78	0,59	0,58	0,58
	senkrecht	Sommer	0,80	0,74	0,79	0,86	0,93
30°	senkrecht	Winter	0,73	0,70	0,49	0,41	0,38
	senkrecht	Sommer	0,75	0,63	0,65	0,76	0,88
40°	senkrecht	Winter	0,67	0,65	0,44	0,32	0,28
	senkrecht	Sommer	0,71	0,55	0,53	0,64	0,78

Tab. 2-13: Abminderungsfaktoren F_h für verschiedene Horizontwinkel und bei senkrechter Bauteilfläche

2.9.5 Kombinationen aus baulicher Verschattung und beweglichen Sonnenschutzvorrichtungen

Zusätzlich sind einige ausgewählte Kombinationen aus mehreren gleichzeitig auftretenden Verschattungsfällen (z. B. seitlich und horizontal) untersucht worden, um auch für diese Fälle vereinfachte Ansätze zu überprüfen. Es ist dazu jeweils die kombinierte Gesamtverschattung simuliert worden, die dann mit den gemittelten Werten der einzelnen Verschattungsanteile verglichen worden ist. Die Untersuchung zeigt, dass eine Multiplikation der einzelnen Verschattungsfaktoren (wie dies in DIN V 4108-6 praktiziert wird) zu einer deutlichen Überbewertung der Verschattung führt. Bei einer Beschränkung auf den jeweils niedrigsten Abminderungsfaktor sind hingegen die Abweichungen zum Gesamtverschattungswert tolerabel. Wird das Bauteil also von mehreren Richtungen verschattet, so sollte der jeweils niedrigste Abminderungsfaktor (d. h. die stärkste Abminderung) angesetzt werden.

Bei Kombinationen von Umgebungsverschattung und Sonnenschutzvorrichtungen ist hinsichtlich feststehendem und variablem Sonnenschutz eine unterschiedliche Bewertung notwendig. Bei feststehendem Sonnenschutz ist ein multiplikativer Zusammenhang zu berücksichtigen, da beide Abminderungen gleichzeitig wirksam sind (Verschattung und Sonnenschutz sind unabhängig voneinander). Bei variablen Sonnenschutzvorrichtungen beeinflusst die Umgebungsverschattung die Aktivierung der Sonnenschutzvorrichtung (ist ein Fenster beispielsweise durch eine Gebäude verschattet so wird der variable Sonnenschutz nicht aktiviert). Um eine Überbewertung zu vermeiden, ist wieder der niedrigste Abminderungsfaktor (d. h. der jeweils stärkste Effekt) zu berücksichtigen (siehe Gl. 2-57).

2.9.6 Der effektive Gesamtenergiedurchlassgrad g_{eff}

Um den tatsächlichen Energiedurchlass durch die transparente Fläche realitätsnah zu erfassen müssen noch weitere einstrahlungsmindernde Faktoren berücksichtigt werden:
Dies ist zum einen die Verschmutzung der transparenten Fläche. Bei einer zweimal im Jahr durchgeführten Reinigung kann von einer Verminderung des Lichtdurchlasses um bis zu 10 % ausgegangen werden (die Wirkung auf den Energiedurchlass ist etwas geringer, da die absorbierte Strahlung teilweise der Gebäudezone zu Gute kommt).
Zum anderen muss die erhöhte Reflexion der Verglasung durch den nicht-senkrechten Einfall der Strahlung bei verschiedenem Sonnenstand berücksichtigt werden. Hier ist als Mittelwert über das Jahr ungefähr ein Faktor $\mathbf{F_w}$ von 0,9 anzusetzen.
Mit Berücksichtigung aller Abminderungsfaktoren kann der effektive Gesamtenergiedurchlassgrad des transparenten Bauteils $\mathbf{g_{eff}}$ gebildet werden. Dieser entspricht dem Quotienten aus den Wärmegewinnen der Gebäudezone aus der solaren Strahlung zu der in Klimadaten vorgegebenen solaren Einstrahlung. Für feststehende Sonnenschutzvorrichtungen gilt:

$$\mathbf{g_{eff}} = \frac{\mathbf{P_i}}{\mathbf{P_S}} = \mathbf{F_w} \cdot \mathbf{F_V} \cdot \mathbf{F_S} \cdot \mathbf{F_C} \cdot \mathbf{g_\perp} \qquad (2\text{-}56)$$

wobei:
- $\mathbf{P_i}$ mittlere Wärmeleistung in der Gebäudezone aus solarer Strahlung (bezogen auf die transparente Fläche)
- $\mathbf{P_S}$ mittlere solare Einstrahlung (bezogen auf die transparente Fläche)
- $\mathbf{F_w}$ der Abminderungsfaktor infolge nicht senkrechten Strahlungseinfalls, wobei F_w zu 0,9 gesetzt werden kann
- $\mathbf{F_V}$ der Abminderungsfaktor infolge von Verschmutzung; $F_V = 0{,}9$
- $\mathbf{F_S}$ der Abminderungsfaktor für Verschattung mit Berücksichtigung der Verschattung durch die Umgebung, andere Gebäude oder Gebäudeteile
- $\mathbf{F_C}$ der Abminderungsfaktor für Sonnenschutzvorrichtungen
- $\mathbf{g_\perp}$ der Gesamtenergiedurchlassgrad der Verglasung (ohne Sonnenschutz) nach DIN EN 410 [2-33] bei senkrechtem Strahlungseinfall.

Bei variablem Sonnenschutz gilt für $\mathbf{g_{eff}}$:

$$\mathbf{g_{eff}} = \mathbf{F_w} \cdot \mathbf{F_V} \cdot \min \left\{ \begin{matrix} \mathbf{F_{C,kor}} \cdot \mathbf{g_\perp} \\ \mathbf{F_S} \cdot \mathbf{g_\perp} \end{matrix} \right\} \qquad (2\text{-}57)$$

wobei: $\mathbf{F_{C,\,kor}}$ der Abminderungsfaktor für variablen (aktivierbaren) Sonnenschutz.

Sonnenschutzvorrichtungen und Energiedurchlassgrad des Fensters (g-Wert) sollten nicht unabhängig voneinander betrachtet werden. Je nach Lage des Sonnenschutzes (außen- oder innenliegend) und Verglasungsart wird der Gesamtenergiedurchlass der Kombination $\mathbf{g_{tot}}$ unterschiedlich beeinflusst, auch bei ansonsten gleichem Verschattungssystem. Deshalb sollte anstelle des Abminderungsfaktors $\mathbf{F_C}$ des Sonnenschutzes besser der Gesamtenergiedurchlassgrad der Verglasung inklusive dem Sonnenschutz $\mathbf{g_{tot}}$ verwendet werden. Der Abminderungsfaktor $\mathbf{F_C}$ kann dann, abhängig von der Verglasung, als Quotient aus dem berechneten oder gemessenen $\mathbf{g_{tot}}$-Wert und dem der Gesamtenergiedurchlassgrad der Verglasung (ohne Sonnenschutz) nach DIN EN 410 [2-33 bei senkrechtem Strahlungseinfall ausgedrückt werden:

$$\mathbf{F_C = \frac{g_{tot}}{g_\perp}} \quad \text{bzw.} \quad \mathbf{g_{tot} = F_C \cdot g_\perp} \tag{2-58}$$

wobei:

$\mathbf{g_{tot}}$ der Gesamtenergiedurchlassgrad inklusive Sonnenschutz nach EN 13363 Teil 1 [2-31] bei senkrechtem Strahlungseinfall.

Der in Abhängigkeit von der Sonnenstrahlung gesteuerte bzw. betätigte Sonnenschutz, wird auch bei dieser Schreibweise entsprechend seiner Aktivität mit dem Faktor a nach Gl. (2-55) bewertet. Unter Berücksichtigung von Gl. (2-55) und Gl. (2-56) gilt somit für $\mathbf{g_{eff}}$:

- bei festestehendem Sonnenschutz:

$$\mathbf{g_{eff} = F_w \cdot F_V \cdot F_S \cdot g_{tot}} \tag{2-59}$$

- bei variablem Sonnenschutz:

$$\mathbf{g_{eff} = F_w \cdot F_V \cdot \min \left\{ \begin{matrix} a \cdot g_{tot} + (1\text{-}a) \cdot g_\perp \\ F_S \cdot g_\perp \end{matrix} \right\}} \tag{2-60}$$

mit: **a** Bewertungsfaktor für die Aktivierung des Sonnenschutzes.

2.9.7 Tabellen für die bauliche Verschattung

Im folgenden werden die Tabellen für den Abminderungsfaktor durch bauliche Verschattung vollständig wiedergegeben. Für die Festlegung des Verschattungsfaktors wird differenziert nach

- Art der Verschattung (Horizontverschattung, seitliche Verschattung und Verschattung von oben)
- Verschattungswinkel (nach Abb. 2-18)

- Himmelsrichtung (Ausrichtung der Bauteilfläche)
- Neigung der Bauteilfläche (des Fensters)
- Sommerhalbjahr (April – September) und Winterhalbjahr (Oktober – März).

Abminderungsfaktoren F_h für verschiedene Horizontwinkel bei einer senkrechten Fläche

Horizontwinkel	Neigung	Periode	Nord	NO/NW	Ost/ West	SO/SW	Süd
0°	senkrecht	Winter	1,00	1,00	1,00	1,00	1,00
	senkrecht	Sommer	1,00	1,00	1,00	1,00	1,00
10°	senkrecht	Winter	0,90	0,88	0,83	0,88	0,90
	senkrecht	Sommer	0,88	0,88	0,91	0,94	0,96
20°	senkrecht	Winter	0,80	0,78	0,59	0,58	0,58
	senkrecht	Sommer	0,80	0,74	0,79	0,86	0,93
30°	senkrecht	Winter	0,73	0,70	0,49	0,41	0,38
	senkrecht	Sommer	0,75	0,63	0,65	0,76	0,88
40°	senkrecht	Winter	0,67	0,65	0,44	0,32	0,28
	senkrecht	Sommer	0,71	0,55	0,53	0,64	0,78

Abminderungsfaktoren F_h für verschiedene Horizontwinkel bei einer um 60° geneigten Fläche

Horizontwinkel	Neigung	Periode	Nord	NO/NW	Ost/ West	SO/SW	Süd
0°	60°	Winter	1,00	1,00	1,00	1,00	1,00
	60°	Sommer	1,00	1,00	1,00	1,00	1,00
10°	60°	Winter	0,90	0,89	0,86	0,90	0,91
	60°	Sommer	0,89	0,90	0,92	0,95	0,97
20°	60°	Winter	0,80	0,77	0,63	0,61	0,60
	60°	Sommer	0,78	0,77	0,81	0,88	0,93
30°	60°	Winter	0,70	0,67	0,49	0,42	0,39
	60°	Sommer	0,68	0,64	0,69	0,78	0,86
40°	60°	Winter	0,61	0,59	0,41	0,31	0,28
	60°	Sommer	0,60	0,52	0,56	0,65	0,72

Abminderungsfaktoren F_h für verschiedene Horizontwinkel bei einer um 45° geneigten Fläche							
Horizontwinkel	Neigung	Periode	Nord	NO/NW	Ost/West	SO/SW	Süd
0°	45°	Winter	1,00	1,00	1,00	1,00	1,00
	45°	Sommer	1,00	1,00	1,00	1,00	1,00
10°	45°	Winter	0,91	0,90	0,88	0,91	0,91
	45°	Sommer	0,91	0,92	0,93	0,96	0,97
20°	45°	Winter	0,81	0,79	0,67	0,63	0,62
	45°	Sommer	0,81	0,81	0,84	0,89	0,93
30°	45°	Winter	0,72	0,68	0,52	0,44	0,41
	45°	Sommer	0,71	0,68	0,72	0,79	0,85
40°	45°	Winter	0,62	0,59	0,43	0,33	0,30
	45°	Sommer	0,61	0,56	0,59	0,66	0,70
Abminderungsfaktoren F_h für verschiedene Horizontwinkel bei einer um 30° geneigten Fläche							
Horizontwinkel	**Neigung**	**Periode**	**Nord**	**NO/NW**	**Ost/West**	**SO/SW**	**Süd**
0°	30°	Winter	1,00	1,00	1,00	1,00	1,00
	30°	Sommer	1,00	1,00	1,00	1,00	1,00
10°	30°	Winter	0,93	0,93	0,91	0,92	0,93
	30°	Sommer	0,95	0,94	0,95	0,96	0,97
20°	30°	Winter	0,85	0,82	0,72	0,67	0,66
	30°	Sommer	0,87	0,86	0,87	0,90	0,93
30°	30°	Winter	0,76	0,72	0,57	0,49	0,46
	30°	Sommer	0,77	0,75	0,77	0,81	0,85
40°	30°	Winter	0,57	0,53	0,41	0,33	0,31
	30°	Sommer	0,59	0,58	0,60	0,64	0,66
Abminderungsfaktoren F_h für verschiedene Horizontwinkel auf eine horizontale Fläche							
Horizontwinkel	**Neigung**	**Periode**	**Alle Himmelsrichtungen**				
0°	horizontal	Winter	1,00				
	horizontal	Sommer	1,00				
10°	horizontal	Winter	0,96				
	horizontal	Sommer	0,98				
20°	horizontal	Winter	0,77				
	horizontal	Sommer	0,90				
30°	horizontal	Winter	0,54				
	horizontal	Sommer	0,76				
40°	horizontal	Winter	0,35				
	horizontal	Sommer	0,57				

Tab. 2-14: Abminderungsfaktoren F_h für verschiedene Horizontwinkel und Flächenneigungen

Abminderungsfaktoren F_0 für verschiedene Überhangwinkel bei einer senkrechten Fläche							
Überhang-winkel	Neigung	Periode	Nord	NO/NW	Ost/ West	SO/SW	Süd
0°	senkrecht	Winter	1,00	1,00	1,00	1,00	1,00
	senkrecht	Sommer	1,00	1,00	1,00	1,00	1,00
30°	senkrecht	Winter	1,00	1,00	0,97	0,96	0,97
	senkrecht	Sommer	0,99	0,95	0,92	0,88	0,81
45°	senkrecht	Winter	1,00	0,99	0,93	0,90	0,90
	senkrecht	Sommer	0,98	0,91	0,85	0,77	0,68
60°	senkrecht	Winter	1,00	0,98	0,87	0,80	0,79
	senkrecht	Sommer	0,96	0,85	0,76	0,65	0,60

Abminderungsfaktoren F_0 für verschiedene Überhangwinkel bei einer um 60° geneigten Fläche							
Überhang-winkel	Neigung	Periode	Nord	NO/NW	Ost/ West	SO/SW	Süd
0°	60°	Winter	1,00	1,00	1,00	1,00	1,00
	60°	Sommer	1,00	1,00	1,00	1,00	1,00
30°	60°	Winter	1,00	0,99	0,98	0,99	1,00
	60°	Sommer	0,96	0,95	0,96	0,96	0,94
45°	60°	Winter	1,00	0,99	0,97	0,99	1,00
	60°	Sommer	0,95	0,91	0,92	0,91	0,87
60°	60°	Winter	1,00	0,98	0,95	0,97	1,00
	60°	Sommer	0,93	0,87	0,86	0,83	0,74

Abminderungsfaktoren F_0 für verschiedene Überhangwinkel bei einer um 45° geneigten Fläche							
Überhang-winkel	Neigung	Periode	Nord	NO/NW	Ost/West	SO/SW	Süd
0°	45°	Winter	1,00	1,00	1,00	1,00	1,00
	45°	Sommer	1,00	1,00	1,00	1,00	1,00
30°	45°	Winter	1,00	0,99	0,99	1,00	1,00
	45°	Sommer	0,87	0,93	0,96	0,97	0,98
45°	45°	Winter	1,00	0,98	0,97	0,99	1,00
	45°	Sommer	0,84	0,89	0,92	0,94	0,95
60°	45°	Winter	1,00	0,98	0,95	0,99	1,00
	45°	Sommer	0,82	0,84	0,88	0,89	0,89

Abminderungsfaktoren F_0 für verschiedene Überhangwinkel bei einer um 30° geneigten Fläche							
Überhang-winkel	Neigung	Periode	Nord	NO/NW	Ost/ West	SO/SW	Süd
0°	30°	Winter	1,00	1,00	1,00	1,00	1,00
	30°	Sommer	1,00	1,00	1,00	1,00	1,00
30°	30°	Winter	0,99	0,97	0,96	1,00	1,00
	30°	Sommer	0,83	0,91	0,95	0,98	0,99
45°	30°	Winter	0,99	0,96	0,97	1,00	1,00
	30°	Sommer	0,73	0,85	0,92	0,96	0,99
60°	30°	Winter	0,99	0,95	0,95	0,99	1,00
	30°	Sommer	0,67	0,80	0,88	0,92	0,97

Tab. 2-15: Abminderungsfaktoren F_0 für verschiedene Überhangwinkel und verschiedene Flächenneigungen.

Abminderungsfaktoren F_f für verschiedene Seitenwinkel bei einer senkrechten Fläche							
Seitenwinkel	Neigung	Periode	Nord	NO/NW	Ost/ West	SO/SW	Süd
0°	senkrecht	Winter	1,00	1,00	1,00	1,00	1,00
	senkrecht	Sommer	1,00	1,00	1,00	1,00	1,00
30°	senkrecht	Winter	1,00	0,97	0,86	0,89	0,89
	senkrecht	Sommer	0,94	0,90	0,94	0,90	0,88
45°	senkrecht	Winter	1,00	0,96	0,79	0,84	0,81
	senkrecht	Sommer	0,93	0,84	0,90	0,84	0,82
60°	senkrecht	Winter	1,00	0,96	0,70	0,75	0,70
	senkrecht	Sommer	0,93	0,76	0,84	0,76	0,75
Abminderungsfaktoren F_f für verschiedene Seitenwinkel bei einer um 60° geneigten Fläche							
Seitenwinkel	Neigung	Periode	Nord	NO/NW	Ost/ West	SO/SW	Süd
0°	60°	Winter	1,00	1,00	1,00	1,00	1,00
	60°	Sommer	1,00	1,00	1,00	1,00	1,00
30°	60°	Winter	1,00	0,96	0,85	0,89	0,90
	60°	Sommer	0,89	0,87	0,93	0,90	0,88
45°	60°	Winter	1,00	0,95	0,78	0,83	0,84
	60°	Sommer	0,87	0,79	0,88	0,84	0,81
60°	60°	Winter	1,00	0,95	0,69	0,75	0,73
	60°	Sommer	0,87	0,69	0,80	0,76	0,71
Abminderungsfaktoren F_f für verschiedene Seitenwinkel bei einer um 45° geneigten Fläche							
Seitenwinkel	Neigung	Periode	Nord	NO/NW	Ost/ West	SO/SW	Süd
0°	45°	Winter	1,00	1,00	1,00	1,00	1,00
	45°	Sommer	1,00	1,00	1,00	1,00	1,00
30°	45°	Winter	1,00	0,93	0,84	0,88	0,90
	45°	Sommer	0,82	0,87	0,91	0,89	0,88
45°	45°	Winter	0,99	0,92	0,75	0,82	0,83
	45°	Sommer	0,75	0,78	0,85	0,83	0,81
60°	45°	Winter	0,99	0,92	0,69	0,73	0,74
	45°	Sommer	0,69	0,65	0,75	0,74	0,71
Abminderungsfaktoren F_f für verschiedene Seitenwinkel bei einer um 30° geneigten Fläche							
Seitenwinkel	Neigung	Periode	Nord	NO/NW	Ost/ West	SO/SW	Süd
0°	30°	Winter	1,00	1,00	1,00	1,00	1,00
	30°	Sommer	1,00	1,00	1,00	1,00	1,00
30°	30°	Winter	1,00	0,95	0,83	0,89	0,90
	30°	Sommer	0,84	0,86	0,89	0,90	0,88
45°	30°	Winter	1,00	0,94	0,77	0,83	0,84
	30°	Sommer	0,79	0,78	0,87	0,84	0,81
60°	30°	Winter	1,00	0,94	0,69	0,74	0,74
	30°	Sommer	0,78	0,66	0,78	0,75	0,71

Tab. 2-16: Abminderungsfaktoren F_f für verschiedene Winkel der seitlichen Verschattung und verschiedene Flächenneigungen.

Literaturverzeichnis zu Kapitel 2

[2-1] (Vornorm) DIN V 18599-2, Ausgabe: 2005-07-00, Energetische Bewertung von Gebäuden – Berechnung des Nutz-, End- und Primärenergiebedarfs für Beheizung, Kühlung, Beleuchtung und Warmwasserbereitung – Teil 2: Berechnung des Nutzenergiebedarfs für Heizen und Kühlen von Gebäudezonen

[2-2] Richtlinie 2002/ /EG DES EUROPÄISCHEN PARLAMENTS UND DES RATES über die Gesamtenergieeffizienz von Gebäuden 8094/2/02 REV 2.

[2-3] (Vornorm) DIN V 4108-6, Ausgabe: 2003-06-00, Wärmeschutz und Energie-Einsparung in Gebäuden – Teil 6: Berechnung des Jahresheizwärme- und des Jahresheizenergiebedarfs

[2-4] Norm DIN EN 832, Ausgabe: 2003-06-00, Wärmetechnisches Verhalten von Gebäuden – Berechnung des Heizenergiebedarfs – Wohngebäude (enthält Berichtigung AC:2002)

[2-5] Norm DIN EN ISO 13790, Ausgabe: 2004-09-00, Wärmetechnisches Verhalten von Gebäuden – Berechnung des Heizenergiebedarfs (ISO 13790:2004); Deutsche Fassung EN ISO 13790:2004

[2-6] Norm DIN 4108-2, Ausgabe: 2003-07-00, Wärmeschutz und Energie-Einsparung in Gebäuden – Teil 2: Mindestanforderungen an den Wärmeschutz

[2-7] (Vornorm) DIN V 18599-3, Ausgabe: 2005-07-00, Energetische Bewertung von Gebäuden – Berechnung des Nutz-, End- und Primärenergiebedarfs für Beheizung, Kühlung, Beleuchtung und Warmwasserbereitung – Teil 3: Berechnung des Nutzenergiebedarfs für die energetische Luftaufbereitung

[2-8] (Vornorm) DIN V 18599-7, Ausgabe: 2005-07-00, Energetische Bewertung von Gebäuden – Berechnung des Nutz-, End- und Primärenergiebedarfs für Beheizung, Kühlung, Beleuchtung und Warmwasserbereitung – Teil 7: Endenergiebedarf von Raumlufttechnik- und Klimakältesystemen für den Nichtwohnungsbau

[2-9] (Vornorm) DIN V 18599-4, Ausgabe: 2005-07-00, Energetische Bewertung von Gebäuden – Berechnung des Nutz-, End- und Primärenergiebedarfs für Beheizung, Kühlung, Beleuchtung und Warmwasserbereitung – Teil 4: Nutz- und Endenergiebedarf für Beleuchtung

[2-10] (Vornorm) DIN V 18599-5, Ausgabe: 2005-07-00, Energetische Bewertung von Gebäuden – Berechnung des Nutz-, End- und Primärenergiebedarfs für Beheizung, Kühlung, Beleuchtung und Warmwasserbereitung – Teil 4: Nutz- und Endenergiebedarf für Beleuchtung

[2-11] Norm DIN V 4701-10, Ausgabe: 2003-08-00, Energetische Bewertung heiz- und raumlufttechnischer Anlagen – Teil 10: Heizung, Trinkwassererwärmung, Lüftung

[2-12] Elsberger, M.: Nutzenergiebedarf klimatisierter Gebäude mittels Monatsbilanzierung, IfE-Schriftenreihe Heft 43, München 2001.

[2-13] Rouvel, L.; Elsberger, M.: Energieeinsparverordnung: Untersuchung differenzierter Ansätze zur energetischen Bewertung von Gebäuden mit Anlagen zur Raumluftkonditionierung – Band 3: Nutzenergiebedarfsbestimmung für raumlufttechnisch versorgte Gebäude, Technische Universität München, 2000

[2-14] Norm NEN 2916 Ausgabe: 1998, Energy performance of non-residential buildings – determination method; Netherlands Standardization Institute, Delft, Niederlande, 1998

[2-15] van Dijk, D.; Spiekman, M.: Monthly method to calculate cooling demand for EP regulations, CEN/TC 89 N 209, Delft, April 2003

[2-16] van Dijk, D.; Spiekman, M.; de Wilde, P.: A monthly method for calculating energy performance in the context of European building regulations, IBPSA Building Simulation conference, Montreal, Aug. 2005

[2-17] Normentwurf ISO DIS 13790, Ausgabe: 2005-07-00 Energieeffizienz von Gebäuden – Berechnung des Energiebedarfs für Heizung und Kühlung (ISO/DIS 13790:2005); Deutsche Fassung prEN ISO 13790:2005

[2-18] Kollmetz, S.: Thermische Bewertung von Gebäuden unter sommerlichen Randbedingungen, Dissertation, Gesamthochschule Kassel, 1996

[2-19] Radon J.; Werner H.: Quantifizierung des Solar-Ausnutzungsgrades zur Berechnung des Heizenergiebedarfs von Gebäuden Bauphysik 14 (1992), Heft 1, S.7-11

[2-20] Richtlinie VDI 2078, Ausgabe: 1996-07-00, Berechnung der Kühllast klimatisierter Räume (VDI Kühllastregeln)

[2-21] GEBSIMU, thermische Gebäudesimulation, PC-Programmsystem zur dynamischen instationären Gebäude- und Anlagensimulation; Anfrage bei Prof. Dr.-Ing. habil. L. Rouvel, Säulingstraße 4, 80686 München. (www.gebsimu.de)

[2-22] Normentwurf DIN EN ISO 13790, Ausgabe: 1999-08-00 Wärmetechnisches Verhalten von Gebäuden – Berechnung des Heizenergiebedarfs (ISO/DIS 13790:1990); Deutsche Fassung prEN ISO 13790:1999

[2-23] Norm DIN EN ISO 13786, Ausgabe: 1999-12-00 Wärmetechnisches Verhalten von Bauteilen – Dynamisch-thermische Kenngrößen – Berechnungsverfahren (ISO 13786:1999); Deutsche Fassung EN ISO 13786:1999

[2-24] Deutscher, P. Elsberger, M.; Rouvel, L.: Sommerlicher Wärmeschutz – Eine einheitliche Methodik für die Anforderungen an den winterlichen und sommerlichen Wärmeschutz, Teil 2, Bauphysik 22 (2000), Heft 3, S. 178–184

[2-25] David, R.; Rouvel, L.; Wenning, M.: Zwischenbericht zum Projekt SANIREV2 »Energetische Bewertung von raumlufttechnischen Anlagen«, BMWA-Forschungsvorhaben SANIREV 2 (FKZ: 0329828D), Technische Universität München, 2003

[2-26] David, R.; Rouvel, L.; Wenning, M.; Entwicklung eines Bewertungssystems für den Nutzenergiebedarf für klimatisierte Gebäude, Abschlussbericht zum Projekt SANIREV2 »Energetische Bewertung von raumlufttechnischen Anlagen«, BMWA-Forschungsvorhaben SANIREV 2 (FKZ: 0329828D), Technische Universität München 2005

[2-27] Loga, T.; Kahlert, C.; Laidig, M.; Lude, G.: Räumlich und zeitlich eingeschränkte Beheizung – Korrekturfaktoren zur Berücksichtigung in stationären Energiebilanzverfahren, Institut Wohnen und Umwelt, Darmstadt, 1999

[2-28] Deutscher, P.; Rouvel, L.: Der normierte Energieaufwand w_{auf} – Energetische Bewertung haustechnischer Anlagen«, HLH Bd. 54 (2003) Nr. 7; S: 27/33, Nr. 8; S. 44/48.

[2-29] Norm DIN 1946-2, Ausgabe: 1994-01-00, Raumlufttechnik, Gesundheitstechnische Anforderungen (VDI-Lüftungsregeln)

[2-30] Norm DIN EN ISO 13789, Ausgabe:1999-10-00, Wärmetechnisches Verhalten von Gebäuden – Spezifischer Transmissionswärmeverlustkoeffizient – Berechnungsverfahren (ISO 13789:1999); Deutsche Fassung EN ISO 13789:1999

[2-31] Norm DIN EN 13363-1, Ausgabe: 2003-10-00, Sonnenschutzeinrichtungen in Kombination mit Verglasungen – Berechnung der Solarstrahlung und des Lichttransmissionsgrades – Teil 1: Vereinfachtes Verfahren; Deutsche Fassung EN 13363-1:2003

[2-32] Testreferenzjahr, »Entwicklung von Testreferenzjahren (TRY) für Klimaregionen der Bundesrepublik Deutschland«, Forschungsbericht (03E-5280-A), Bundesministerium für Forschung und Technologie, Bonn 1986.

[2-33] Norm DIN EN 410, Ausgabe: 1998-12-00, Glas im Bauwesen – Bestimmung der lichttechnischen und strahlungsphysikalischen Kenngrößen von Verglasungen; Deutsche Fassung EN 410:1998

[2-34] S. Kolmetz, L. Rouvel; »Thermische Bewertung von Gebäuden unter sommerlichen Randbedingungen«, Gesundheits-Ingenieur 118 (1997) Heft 2, S. 65–74

Heiko Schiller

3 Nutzenergiebedarf für die thermische Luftaufbereitung und Endenergiebedarf für die Luftförderung

3.1 Grundlagen zur Methodik

3.1.1 Bilanzierung von RLT-Systemen

Raumlufttechnische Anlagen übernehmen Funktionen, die über das Temperieren (Heizen/Kühlen) von Räumen hinaus gehen. Sie dienen zur Lufterneuerung und Schadstoffabfuhr, bei Bedarf auch zum Be- und Entfeuchten der Raumluft. Die Variantenvielfalt der Systeme ist groß – vereinzelt sind im Bestand sehr individuelle Sonderlösungen anzutreffen. Die vielen Systemlösungen resultieren aus der grundsätzlichen Schwierigkeit, sowohl die Außenluftzufuhr als auch die thermodynamische Raumluftkonditionierung raumweise individuell und mit wirtschaftlich vertretbarem Aufwand zu regeln. Es ist eher die Ausnahme, dass raumlufttechnische Zentralgeräte direkt nach den im Raum anfallenden thermischen Lasten geregelt werden. Solche Anwendungen findet man beispielsweise in großen Sälen wie Theatern und Museen. Wesentlich häufiger sind Systeme anzutreffen, die zentral vorgesteuert werden und eine Vielzahl von Räumen grundversorgen. Die individuelle Spitzenlastregelung erfolgt dann dezentral. Beispiele dafür sind: Induktionsanlagen, Quellluftanlagen mit Kühldecken, Zweikanalanlagen.
Die Bilanzierungsmethode trennt daher folgerichtig raumlufttechnische Systeme in einen zonenunabhängigen Grundlastanteil und einen zonenabhängigen Spitzenlastanteil. Der Grundlastanteil (mechanisch erzeugter Mindestluftwechsel mit vorgesteuerter Temperatur) geht als Wärmequelle oder -senke in die Bilanz einer Zone ein. Dagegen ergibt sich der Spitzenlastanteil als Ergebnis der Zonenbilanzierung (Heiz- und Kühlbedarf der Zone). In der Praxis können bei der Raumkühlung folgende Grenzfälle auftreten. Es kann ausschließlich einen ungeregelten Grundluftwechsel mit konditionierter Luft geben, der zu einem unkontrollierten Schwingen der sommerlichen Raumlufttemperaturen führt. In diesem Fall ist der Kühlenergiebedarf von der Zonenbilanz völlig unabhängig. Es kann aber auch reine Raumkühlsysteme geben, die mit Fensterlüftung kombiniert werden. In diesem Fall folgt der Kühlenergiebedarf ausschließlich aus der Zonenbilanz.

Grundsätzlich wird es durch diese Trennung möglich, für die meisten Systeme die thermische Luftaufbereitung raumlastunabhängig und somit losgelöst vom Gebäude zu bilanzieren.
Einzige Ausnahme stellen die Variabel-Volumenstrom-Systeme (VVS-Anlagen) bei kühllastabhängiger Regelung dar. Hier folgt der Luftvolumenstrom bei vorgesteuerter Zulufttemperatur direkt aus der Kühllast. VVS-Anlagen stellen im Regelfall auch einen (konstanten) Mindestluftwechsel sicher, der wiederum kühllastunabhängig ist. Die Berechnung von VVS-Anlagen sieht daher eine Kopplung der beiden Bilanzmodelle von Gebäudezone und RLT-Zentrale vor. Der Gesamtvolumenstrom setzt sich dann aus dem Mindestluftwechsel und dem kühllastabhängigen Spitzenanteil zusammen.

3.1.2 Kennwertmethode – das Grundprinzip des Berechnungsverfahrens

An die Methodik werden Forderungen nach Einfachheit, Transparenz und Eindeutigkeit gestellt. Handrechnung sollte möglich und die Normungsfähigkeit muss gegeben sein. Die Zahl der Eingangsdaten sollte sich an der Verfügbarkeit orientieren, sodass ein Einsatz in der Vorplanung und auch die Bewertung lückenhaft dokumentierter Bestandsanlagen möglich werden.
Bei vereinfachten expliziten Verfahren würde eine direkte Berechnung der Ergebnisse auf Basis von physikalischen Gesetzmäßigkeiten, Bilanzen oder deren Näherungen erfolgen. Um die obigen Anforderungen zu erfüllen, wären sehr grobe Näherungen und Vereinfachungen notwendig. Es bestünde die Gefahr, dadurch qualitative Systemunterschiede zu verwischen.
Die vorliegende implizite Methode stützt sich auf einen Kennwerte-Datensatz, der durch den einmaligen Einsatz eines Simulationsverfahrens für Klimaprozesse (SIMHX) und des Wetterdatensatzes (Testreferenzjahrzone 05) bestimmt worden ist. Das darauf aufbauende einfache Berechnungsverfahren nutzt überwiegend statistische Methoden, um bei freier Wahl ausgewählter Randbedingungen Ergebnisse aus diesen Kennwerten abzuleiten. Abb. 3-1 stellt den prinzipiellen Zusammenhang dar.
Diese implizite Vorgehensweise ist durch verschiedene physikalische Aspekte gerechtfertigt:

- Der Einsatz von hocheffizienten Energierückgewinnungssystemen führt zu Unstetigkeiten in der Energiebedarfsberechnung, da letztlich nur die Extremwitterungen zu einem Energieeinsatz führen. Dem stünde die Verwendung von reduzierten Monatsmittelwerten für die Klimadaten bei einem expliziten Verfahren entgegen. Im Verfahren der VDI 2067 Blatt 21 wird z. B. mit Repräsentanztemperaturen und -feuchten von Zonen innerhalb des h,x-Diagramms gearbeitet. Die Zonengrenzen werden durch die Rückwärmzahl beeinflusst. Ändert sich die Rückwärmzahl, müssen die Repräsentanzdaten aus den stündlichen Wetterdaten neu berechnet werden. Dies wäre nur durch computergestützte Algorithmen zu leisten.

- Die Wechselwirkungen zwischen Lufttemperierung und Be- bzw. Entfeuchtung sind durch Verdunstungs- und Kondensationsprozesse sehr komplex. Es sind realistische Korrelationen zwischen Außentemperatur und Außenluftfeuchte notwendig, die bei starker Reduzierung der Wetterdaten (von 8760 Stundenwerten auf 12 Monatswerte) innerhalb eines expliziten Monatsverfahrens nicht abbildbar wären.

Die angestrebte Vereinfachung wird dadurch erreicht, dass die Eingangsdaten reduziert werden, die zugrunde liegenden Einmal-Berechnungen dagegen eine hohe Detaillierung aufweisen. Das Ziel einer fehlerresistenten, einfachen Handhabung kann erreicht werden. Eine feststehende und damit eingeschränkte Variantenvielfalt ist aber die nachteilige Einschränkung des Verfahrens.

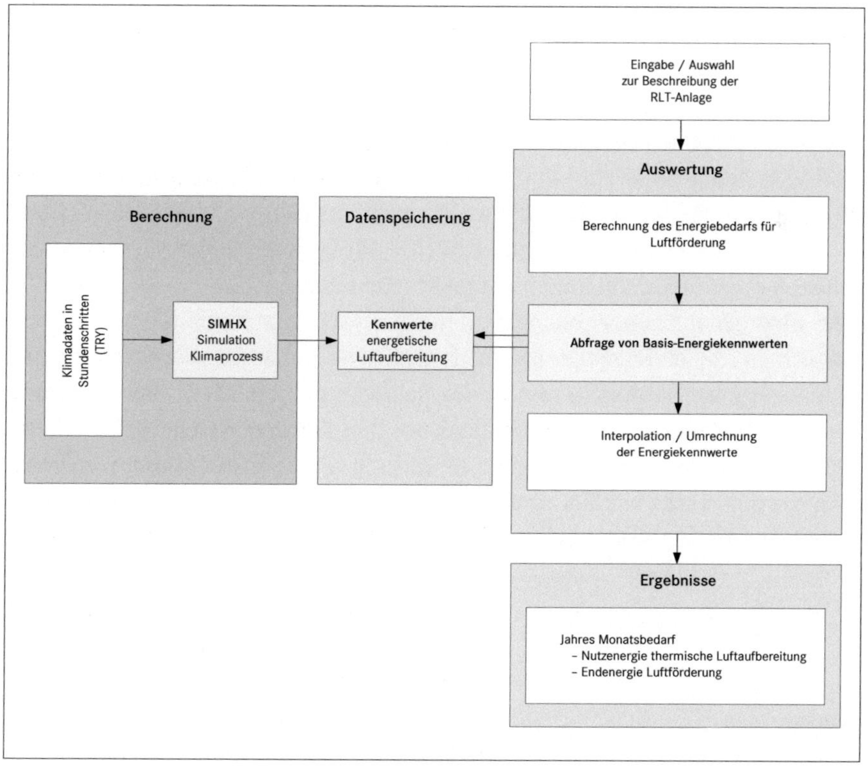

Abb. 3-1: Vorgehensweise bei der Berechnung des Nutzenergiebedarfs für die thermische Luftaufbereitung

3.1.3 Einfluss der Klimazonen in Deutschland auf den Energiebedarf

Ein implizites, kennwertbasiertes Berechnungsverfahren zwingt zur Reduktion der variablen Berechnungsgrößen. Daher war die Frage zu untersuchen, ob für das Gebiet der Bundesrepublik Deutschland ein einheitliches Referenzklima angewendet werden kann. Für die Verwendung eines einheitlichen Referenzklimas sprechen neben der Vereinfachung des Verfahrens auch anwendungsbezogene Aspekte. Qualitätsmerkmale von Anlagensystemen und Gebäuden werden innerhalb Deutschlands einheitlich vergleichbar. Klassifizierungsmerkmale und Marketingbegriffe analog zum »Dreiliterhaus« wären auch bei Klimasystemen denkbar.

Im Jahr 1986 sind für 12 Regionen der alten Bundesrepublik Deutschland flächendeckend Testreferenzjahre veröffentlicht worden [3-4]. Ein Testreferenzjahr (TRY) gibt den typischen Witterungsverlauf einer Region wieder, wobei die Mittelwerte den Klimamittelwerten der Region entsprechen. TRY-Datensätze sind für Simulationsberechnungen die geeignetsten Wetterdaten, da sie in hoher Auflösung und mit zeitlicher Zuordnung maschinenlesbar vorliegen. Sie enthalten sowohl die erforderlichen Daten für die Gebäudesimulation (Temperatur, Wind, Solarstrahlung) als auch für die RLT-Anlagensimulation (Luftfeuchte). Im November 2004 wurden neu überarbeitete TRY-Datensätze veröffentlicht, die eine vollständig neue Zonierung und die Aufnahme von Datensätzen für die neuen Bundesländer beinhalten. Zum Erscheinungszeitpunkt der neuen Datensätze waren die Normentwürfen zu DIN V 18599 weitgehend abgeschlossen, sodass eine Berücksichtigung nicht mehr möglich war.

Eine gänzlich anlagenunabhängige Bewertung von Wetterdatensätzen ist nicht möglich. In Abhängigkeit der thermodynamischen Luftaufbereitungsfunktionen einer Anlagenschaltung bewirken die Temperatur- und/oder Feuchteverteilungen einen unterschiedlich starken Einfluss auf den Jahresenergiebedarf. Dennoch soll zunächst eine anlagenneutrale Bewertung der TRY-Datensätze vorgenommen werden. Dazu werden unterschiedliche Enthalpiestunden $\mathbf{G_h}$ eingeführt, die durch nachfolgende Gleichungen definiert werden.

$$G_{h,HB} = \sum_{z=1}^{z_{Feld\,1}} h_{18\,°C;6,0\,g/kg} - h_{\vartheta_{AU};x_{AU}} \; für \left\{ \vartheta_{AU} < 18°C \right\} \wedge \left\{ x_{AU} < 6\,g/kg \right\} \quad (3\text{-}1)$$

$$G_{h,H} = \sum_{z=1}^{z_{Feld\,2}} h_{18°C;x_{AU}} - h_{\vartheta_{AU};x_{AU}} \; für \left\{ \vartheta_{AU} < 18°C \right\} \wedge \left\{ 6 \le x_{AU} \le 10\,g/kg \right\} \quad (3\text{-}2)$$

$$G_{h,KE} = \sum_{z=1}^{z_{Feld\,3}} \left| h_{18°C;10\,g/kg} - h_{\vartheta_{AU};x_{AU}} \right| \; für \left\{ x_{AU} > 10\,g/kg \right\} \quad (3\text{-}3)$$

$$G_{h,K} = \sum_{z=1}^{z_{Feld\,4}} \left| h_{18\,°C;\,x_{AU}} - h_{\vartheta_{AU};\,x_{AU}} \right| \; für \left\{ \vartheta_{AU} > 18°C \right\} \wedge \left\{ x_{AU} \leq 10\, g/kg \right\} \tag{3-4}$$

Legende:

- $\mathbf{G_{h,HB}}$: Enthalpiestunden für den Heiz- und Befeuchtungsbereich Feld HB der Abb. 3-2 in kJh/kg
- $\mathbf{G_{h,H}}$: Enthalpiestunden für den reinen Heizbereich Feld H der Abb. 3-2 in kJh/kg
- $\mathbf{G_{h,KE}}$: Enthalpiestunden für den Kühl- und Entfeuchtungsbereich Feld KE der Abb. 3-2 in kJh/kg
- $\mathbf{G_{h,K}}$: Enthalpiestunden für den reinen (trockenen) Kühlbereich Feld K der Abb. 3-2 in kJh/kg
- **h**: Enthalpie in kJ/kg
- ϑ_{AU}: Außenlufttemperatur in °C
- x_{AU}: absolute Außenluftfeuchte (Wasserdampfgehalt) in g/kg

Die Enthalpiestunden innerhalb der vier Felder können als Maßstab für das Heizen ($\mathbf{G_{h,HB}} + \mathbf{G_{h,H}}$) und Kühlen ($\mathbf{G_{h,KE}} + \mathbf{G_{h,K}}$) von Außenluft dienen. Ihre Gültigkeitsbereiche im h,x-Diagramm zeigt Abb. 3-2.

Die Berechnung der Enthalpiestunden für die unterschiedlichen Testreferenzjahrzonen liefert die in Tab. 3-1 dargestellten Ergebnisse. Bei den Kühlenthalpiestunden weist Tab. 3-1 deutlich größere relative Schwankungen auf als bei

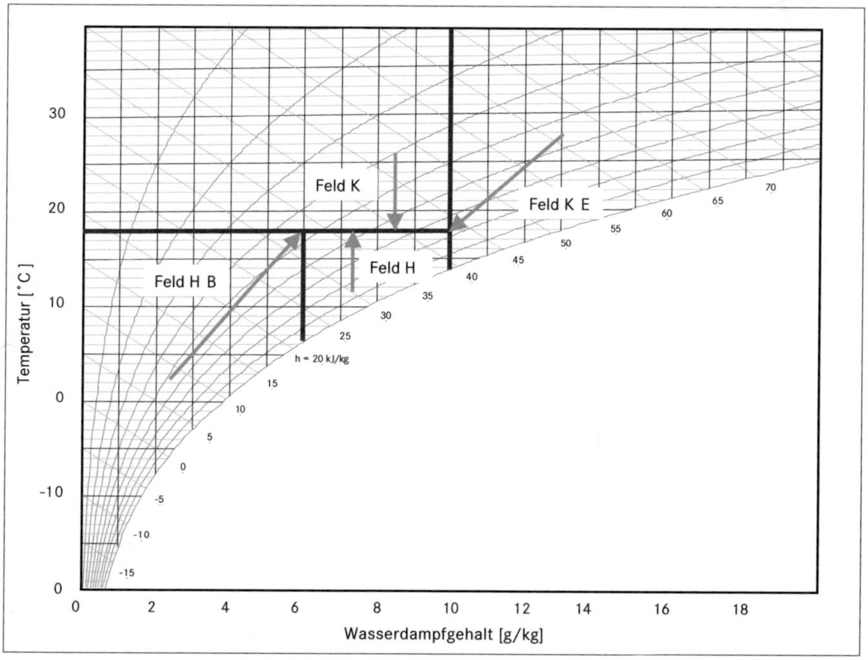

Abb. 3-2: Zonendarstellung für die Auswertung der Jahresenthalpiestunden

den Heizenthalpiestunden. Dabei nehmen die Kühlenthalpiestunden nur einen Anteil von ca. 5 % der Gesamtenthalpiestunden ein. Der Heizfall dominiert den Gesamtenergiebedarf. Größere Abweichungen entstehen durch die Höhenlagen der Testreferenzjahrzonen 10 und 11. Hier weichen die Heizenthalpiestunden stärker nach oben und die Kühlenthalpiestunden deutlicher nach unten ab. Beide Zonen dürften jedoch für den Bestand an klimatisierten Gebäuden von untergeordneter Bedeutung sein. Das TRY 05 entspricht in der Gesamtsumme nahezu dem arithmetischen Mittelwert aller 12 Datensätze und wird für die Auswahl als Repräsentanz-Datensatz für die gesamte Bundesrepublik favorisiert.

Tab. 3-1: Auswertung der Enthalpiestunden für 12 Klimaregionen Deutschlands

TRY	$G_{h,HB} + G_{h,H}$	Abw.	$G_{h,KE} + G_{h,K}$	Abw.	Gesamt	Abw.
	kJh/kg		kJh/kg		kJh/kg	
1	94 723	-7 %	-4 077	-26 %	98 800	-8 %
2	98 789	-3 %	-4 670	-15 %	103 459	-4 %
3	90 096	-11 %	-4 837	-12 %	94 933	-11 %
4	95 375	-6 %	-5 833	6 %	101 208	-6 %
5	99 165	-3 %	-7 027	28 %	106 192	-1 %
6	94 354	-7 %	-7 439	35 %	101 793	-5 %
7	86 103	-15 %	-8 881	61 %	94 984	-11 %
8	108 394	7 %	-5 316	-3 %	113 710	6 %
9	110 462	9 %	-5 296	-4 %	115 758	8 %
10	118 948	17 %	-2 642	-52 %	121 590	13 %
11	127 304	25 %	-2 295	-58 %	129 599	21 %
12	96 544	-5 %	-7 741	41 %	104 285	-3 %
Mittelwert	101 688		-5 505		107 193	

Das Mittelwertkriterium hatte bei der Erstellung der Testreferenzjahrdatensätze zur Folge, dass die Extrembereiche statistisch unterrepräsentiert sind. Für die Beurteilung des Energiebedarfs der energetischen Luftaufbereitung können allerdings die Extrema stark an Bedeutung gewinnen. Bei Einsatz von effizienten Wärmerückgewinnungsanlagen (WRG) wird der Luftheizbedarf maßgeblich durch die Häufigkeit extrem kalter Stunden bestimmt. Bei gemäßigter Witterung kann eine leistungsfähige WRG die Erwärmung dagegen vollständig übernehmen.
In [3-8] sind die Wetterdaten des TRY 03 mit den Daten der DIN 4710 [3-3] für Berlin und Essen verglichen worden, wobei ein »vergrößertes Energienullgebiet« ausgeklammert wurde. Diesem Energienullgebiet lag der Gedanke zugrunde, dass in der Nähe des Behaglichkeitsfeldes bei optimaler Prozessführung kein Energieaufwand für die energetische Luftaufbereitung benötigt wird. Die Konzentration des Vergleichs auf die energieintensiven Randgebiete wird der Realität (Wärmerückgewinnung) besser gerecht als der Vergleich von reinen Mittelwerten. Die statistische Auswertung deckte erhebliche Defizite des TRY 03 bei

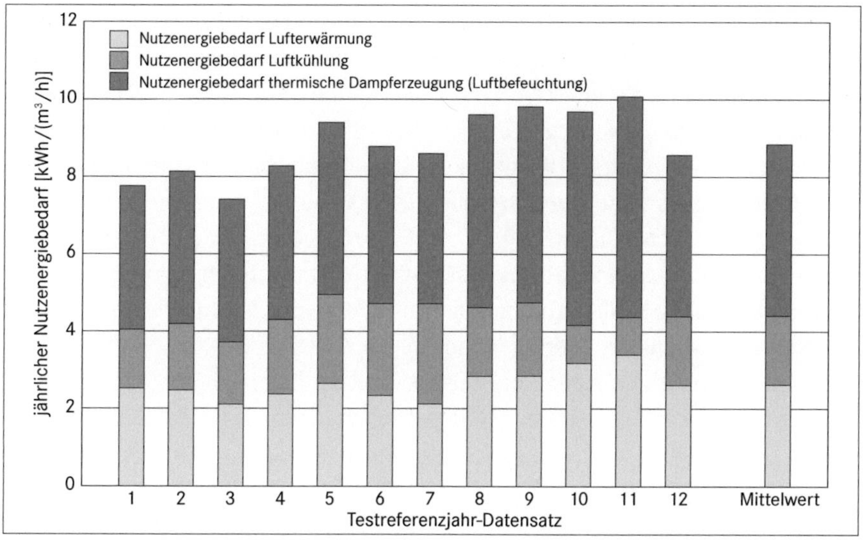

Abb. 3-3: Einfluss der TRY-Zonen auf den thermischen Nutzenergiebedarf einer exemplarischen Vollklimaanlage

Entfeuchtung und Kühlung gegenüber der DIN 4710 auf. Ähnliches ist zu vermuten, wenn das Energienullband für die Heizung aufgrund leistungsfähiger Wärmerückgewinner breiter gefasst werden würde.

Das beschriebene Problem besteht bei der Verwendung von Testreferenzjahrdaten generell und berührt die Frage nach der Referenzklimazone nicht.

Ergänzend zeigt Abb. 3-3 daher einen anlagenbezogenen Vergleich von Energiekennwerten für unterschiedliche Testreferenzjahrzonen. Dargestellt ist der spezifische Nutzenergiebedarf für das Heizen, Kühlen und Befeuchten für eine Vollklimaanlage mit Dampfbefeuchtung bei folgenden Randbedingungen:

- tägliche Betriebszeit von 12 h
- Wärmerückgewinnung (ohne Feuchteübertragung) mit Rückwärmzahl 0,50
- Sollwerte: Raumtemperatur: 22 °C; Raumluftfeuchte (absolut): 6 .. 10 g/kg
- Zulufttemperatur 18 °C (konstant).

Auch bei der Auswertung nach Abb. 3-3 zeigt sich, dass in der Summe der drei Nutzenergiearten die lokalen Streuungen gering sind. Der Wetterdatensatz TRY 05 liefert Ergebnisse, die knapp über dem arithmetrischen Mittelwert aller Zonen liegen.

3.1.4 Detailliertes Berechnungsverfahren: Grundlage der Kennwertermittlung und Alternativverfahren

Mit der Software SIMHX ist ein detailliertes Berechnungsverfahren zur Vorausberechnung der Energiekennwerte für die thermische Luftaufbereitung eingesetzt worden. DIN V 18599 Teil 3 lässt ebenfalls ein detaillierteres Stundenverfahren

als Alternative zum Kennwertverfahren zu. Sinnvoll kann dieses werden, wenn Gerätehersteller spezielle Anlagenkonzepte bewerten möchten. Um zwischen beiden Methoden – Kennwertverfahren und Stundenschrittverfahren – zu vergleichbaren Ergebnissen zu gelangen, normiert Anhang C der Norm die wesentlichen Randbedingungen. Die nachfolgenden Ausführungen beschreiben am Beispiel der eigenentwickelten Software SIMHX einen Lösungsvorschlag für die programmtechnische Umsetzung.
Der Algorithmus basiert auf einem Stundenverfahren unter Verwendung von Wetterdaten für die Außenlufttemperatur und Außenluftfeuchte. Für jede Stunde werden die stationären thermodynamischen Zustandsänderungen berechnet, die beim Durchtritt der Außenluft durch sämtliche Komponenten einer RLT-Anlage auftreten. Aus den daraus resultierenden stationären Enthalpiedifferenzen erfolgt die Berechnung des Nutzenergiebedarfs für die Erwärmung, Kühlung, Be- und Entfeuchtung der Außenluft auf den vorgegebenen Zuluftzustand. Durch die Betrachtung stationärer Zustände handelt es sich um ein Summenverfahren, welches die Vorteile hoher Transparenz und Eindeutigkeit bietet. Um die stationären Zustände zu berechnen, werden Simulationsmethoden eingesetzt, was den Vorteil einer maximalen Flexibilität bietet.
Der thermodynamische Luftzustand am Austritt einer Komponente lässt sich berechnen, wenn der Eintrittszustand der Luft, die Richtung der Zustandsänderung sowie die technischen und physikalischen Unter- und Obergrenzen der Zustandsänderung bekannt sind.
Durch Einführen einer dimensionslosen Größe (Stellgröße) kann die Zustandsänderung jeder Komponente innerhalb der Begrenzungen gesteuert werden. Die Stellgröße beschreibt das Verhältnis einer Enthalpieänderung zur maximal möglichen Enthalpieänderung. Mit Richtung und Stellsignal ist der Prozessverlauf für die Einzelkomponente eindeutig beschrieben. Bei ungeregelten Komponenten (z. B. nicht regelbarer Verdunstungsbefeuchter) ist die Stellgröße konstant. Bei vorgegebenen Stellgrößen und bekanntem Abluftzustand (nur bei Wärmerückgewinnern notwendig) ergibt sich durch die nacheinander folgende Berechnung der Zustandsänderungen aller Komponenten in Strömungsrichtung für jeden Außenluftzustand ein eindeutiger Prozessverlauf bis zum Austritt aus dem Lüftungszentralgerät.
Die Hauptanforderungen an den Luftaufbereitungsprozess bestehen im Erreichen von vorgegebenen Sollwerten für die Zulufttemperatur und Zuluftfeuchte. Häufig müssen zahlreiche Nebenanforderungen erfüllt werden. Diese können unterschiedlicher Art sein. Sie ergeben sich aus der Einhaltung der physikalischen und technischen Komponenteneigenschaften und physikalischer Grenzen. Es muss zusätzlich berücksichtigt werden, dass Komponenten in einer bestimmten Reihenfolge bzw. Priorität wirken sollen, was regelungstechnisch durch Sequenzregler realisiert wird. Komplexere Regelstrategien arbeiten nicht mit

festen Sequenzfolgen sondern mit übergeordneten Strukturumschaltungen. Dabei werden für bestimmte »Felder« innerhalb des Mollier-h,x-Diagramms individuell optimierte Sequenzfolgen definiert. Komponenten wie Wärmerückgewinner oder Mischkammern können dadurch enthalpieoptimiert geregelt werden. Zusätzlich lassen sich z. B. Bereiche mit frei schwingenden Feuchten realisieren. Um sowohl die Haupt- als auch die Nebenanforderungen zu erfüllen, erfolgt im Programm SIMHX die Lösung durch die Simulation von Regelkreisen mit Sequenzreglern und Strukturumschaltungen. In einem fiktiven Zeitmaßstab erfolgt ein ständiger Soll- und Istwertvergleich. Treten Abweichungen auf, werden aus der Simulation von PI-Reglern die Stellsignale berechnet, die im nächsten Zeitschritt den Prozessverlauf beeinflussen. Dazu können die Regelkreise wie bei einer realen Regelung modelliert werden. Innerhalb der Anlagenschaltung können an beliebigen Positionen »Fühler« platziert werden, die zur Istwert-Aufnahme der Regler dienen. Die dynamischen Reglerkenngrößen werden adaptiv optimiert, um zu stabilen Lösungen bei gleichzeitig geringen Rechenzeiten zu gelangen.

Werden für alle Regler die Regelabweichungen zu Null oder konvergieren die Stellsignale zum unteren oder oberen Grenzwert, ist der stationäre Zustand erreicht. Im darauf folgenden Stundenschritt wird das Einschwingen der Regler für die neuen Außenluftzustände wiederholt.

Die dynamischen Zwischenergebnisse innerhalb des fiktiven Zeitmaßstabes sind für das Endergebnis bedeutungslos. Nur die stationären Endergebnisse jedes Zeitschrittes liegen der Energiebedarfsberechnung zugrunde. Die dynamische Simulation dient damit als Gleichungslöser, die stationären Zwischenergebnisse bleiben für jeden Zeitschritt transparent nachvollziehbar. Abb. 3-4 stellt den Zusammenhang der Zeitmaßstäbe schematisch dar.

Abb. 3-4: Schematische Darstellung der unterschiedlichen Zeitachsen von Reglersimulation und Summenverfahren

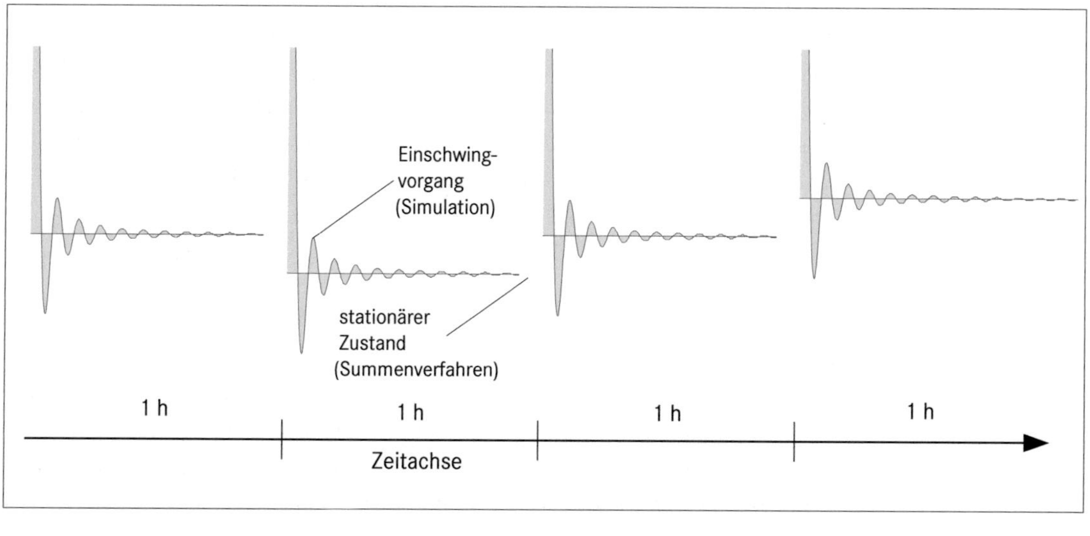

Neben frei konfigurierbaren Anlagenschaltungen lassen sich nahezu beliebige Regelstrategien vergleichend bewerten. Anlagenbetriebszeiten und Sollwerte können mit frei konfigurierbaren Zeitsteuerplänen bei ebenfalls stündlicher Auflösung belegt werden.

Das thermodynamische Verhalten aller Einzelkomponenten kann in verschiedenen Detaillierungstiefen modelliert werden. Als Grundlage der Kennwertberechnung für DIN V 18599 Teil 3 [3-1] sind sehr einfache, transparente und vor allem hersteller- bzw. weitgehend konstruktionsunabhängige Modelle verwendet worden, die im normativen Anhang C beschrieben sind. Dabei erfolgt die Modellbeschreibung der Einzelkomponenten anhand von Gradienten der jeweiligen Zustandsänderung sowie eventuellen Grenzbedingungen.

Bei der Vorausberechnung der Energiekennwerte für das vereinfachte Berechnungsverfahren sind zusätzlich folgende Vereinfachungen getroffen worden:

1. Zu- und Abluftvolumenstrom: Die Kennwerte basieren auf einem einheitlichen Zuluft- und Abluftvolumenstrom von je 1 m^3/h. Maßgebend für den Massestrom ist die Luftdichte am Ventilatoreintritt.
2. Ventilatorwärme: Die Ventilatorwärme wird vollständig auf den Luftvolumenstrom übertragen. Dabei werden ein mittlerer Gesamtwirkungsgrad von 70 % und eine Druckerhöhung von 1 200 Pa in der Zuluft sowie 800 Pa in der Abluft zugrunde gelegt. Der Zulufttemperatur-Sollwert bezieht sich auf einen Messpunkt nach dem Zuluftventilator. Beim Abluftventilator wird von einer Position vor der Energierückgewinnung ausgegangen, sodass ein Teil der Motorwärme zurückgewonnen werden kann.
3. Wärmerückgewinnungsgrad: Der Wärmerückgewinnungsgrad Φ_{WRG} wird grundsätzlich als konstante Größe betrachtet, wobei eine Leistungsanpassung durch die Regelung erfolgen kann. Sonstige Regelungseingriffe, wie z. B. Vereisungsschutz werden nicht berücksichtigt.
4. Raumabluftzustand: Als Raumablufttemperatur wird ein Betrag von 22 °C zugrunde gelegt, der im Bereich der Außentemperatur 22 .. 26 °C proportional bis maximal 26 °C ansteigt. Für die Raumluftfeuchte ist die Zuluftfeuchte maßgebend, d. h. Feuchtequellen innerhalb des Raumes werden vernachlässigt. Der Raumabluftzustand wirkt sich nur indirekt über die Energierückgewinnung auf die Energiebilanz des Grundsystems aus.

3.1.5 Kennwertverfahren für den thermischen Energiebedarf

Variantenmatrix

Der Variantenmatrix für die Energiekennwerte liegen Schaltungsmodule zugrunde, durch deren Kombination ein breites Spektrum praktisch vorkommender RLT-Anlagen abgedeckt werden kann. Die Basis bildet eine kombinierte Zu-

und Abluftanlage mit zwei Ventilatoren zur Versorgung einer Gebäudezone mit Außenluft. Aus Gründen der thermischen Behaglichkeit und der Bauphysik ist mindestens eine Außenlufterwärmung vorzusehen. Die Erweiterung der Basisschaltung ergibt sich durch die nachfolgenden Module.

1. Wärmerückgewinnung: Hierbei erfolgt die Unterscheidung in Systeme mit reiner Wärmeübertragung und Systeme mit Wärme- und Stoffübertragung. Bei den Systemen mit Stoffübertragung findet zusätzlich ein Feuchterückgewinn statt. In Anlehnung an VDI 2071 [3-6] wird die Näherung eingeführt, dass Rückwärmzahl Φ_{WRG} und Rückfeuchtezahl ψ_{WRG} gleich groß sind. Auch wenn diese Näherung nicht generell gilt, kann sie für die Berechnung des Nutzenergiebedarfs herangezogen werden. Korrekturen für spezielle Komponenten sind bei der Berechnung des Endenergiebedarfs möglich. Es ergibt sich der Vorteil, dass der Enthalpierückgewinn durch Mischkammern und Energierückgewinnern gleich gestellt werden, wenn Umluftrate und Rückwärmzahl identisch sind.
2. Kühlung: Die Luftkühlung ist in der Variantenmatrix zunächst generell berücksichtigt. Der Nutzenergiebedarf für die Kühlung kann optional entfallen.
3. Be- und Entfeuchtung: Die Luftbefeuchtung kann grundsätzlich nach dem Prinzip der Wasserverdunstung oder nach dem Prinzip der Dampfzufuhr erfolgen. Es wird unterstellt, dass das Vorhandensein einer Befeuchtungseinrichtung auf erhöhte Anforderungen an die Raumluftfeuchte zurückzuführen ist, die auch die maximale Raumluftfeuchte betreffen. In diesem Fall kommt dem Luftkühler eine zusätzliche Entfeuchtungsfunktion zu. Ein Nacherhitzer ist unverzichtbar. Das Be- und Entfeuchtungsmodul ist an das Vorhandensein eines Luftkühlers gekoppelt.

In die Variantenmatrix ist die Rückwärmzahl als Merkmal zur Stützstellenberechnung mit aufgenommen worden. Im Verfahren kann bei freier Wahl der Rückwärmzahl zwischen diesen Stützstellen interpoliert werden.

Ergänzt werden die Varianten durch Betriebsführungsmerkmale. Hier sind als wesentliche Größen die Raumfeuchteanforderungen und die Art der Feuchteregelung einbezogen worden.

Bei den Raumfeuchteanforderungen ist auf eine freie Wahl der Sollwerte verzichtet worden. Für Aufenthaltsräume aller Art richten sich die Grenzwerte ausschließlich nach der thermischen Behaglichkeit, wobei entsprechend DIN 1946-2 [3-7] relativ große Toleranzen für die Raumluftfeuchten möglich sind. In selteneren Fällen, wie z. B. in Museen und Fertigungsstätten, können erhöhte Anforderungen gelten, wobei hier besonders die Feuchtekonstanz von Bedeutung ist. Daraus ergeben sich folgende Variantenmerkmale:

- Feuchteanforderungen mit großem Toleranzbereich: Die Zuluftfeuchte kann innerhalb folgender Toleranzgrenzen 6,0 g/kg und 11,0 g/kg für den Wasserdampfgehalt schwanken. Der Bereich deckt sich annähernd mit den Forderungen bzw. Empfehlungen nach DIN 1946-2.

- Feuchteanforderungen ohne Toleranzbereich: Die Zuluftfeuchte wird auf einen festen Sollwert für den Wasserdampfgehalt von 8,0 g/kg geregelt. Bei Raumtemperatur 22 °C entspricht dies einer relativen Feuchte von 48 %.

Zur Veranschaulichung der Bereichsgrenzen dient Abb. 3-5.

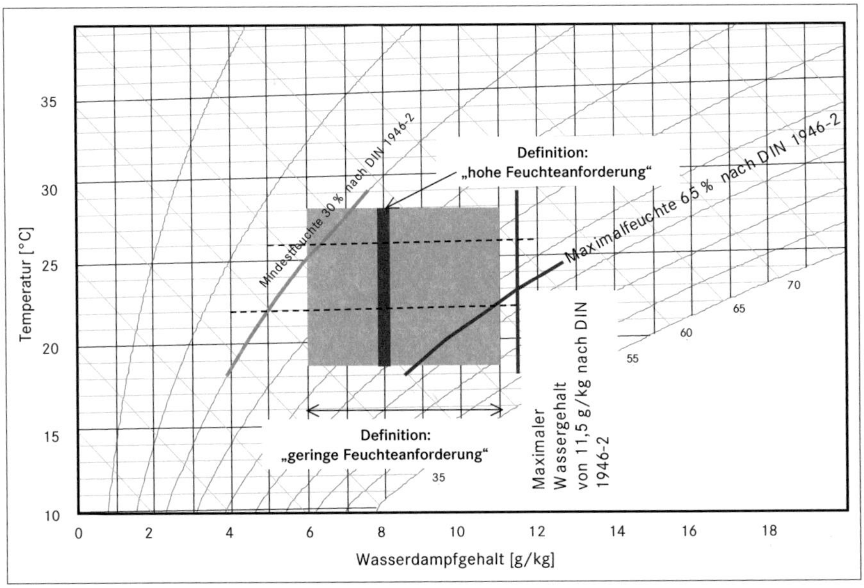

Abb. 3-5: Darstellung der Bereichsgrenzen der Feuchte-Sollwerte für den Zuluftzustand

Bei Einsatz von Verdunstungsbefeuchtern kann die Art der Feuchteregelung maßgeblichen Einfluss auf den Heizenergiebedarf haben. Da das Verfahren auch auf den Gebäudebestand anzuwenden ist, wird unterschieden in

- **Verdunstungsbefeuchter nicht regelbar:** Die Feuchteregelung erfolgt dabei nach der veralteten, aber im Bestand häufig anzutreffenden Methode der »Taupunktregelung«. Bei älteren Luftwäschern kann die Befeuchtungsleistung nicht geregelt werden – die Wasser-Luft-Zahl und damit der Befeuchtungsgrad bleiben konstant. Der Luftzustand am Wäscheraustritt ergibt sich in Nähe der 100 %-Isohygre (»Taupunkt«). Kühler und Vorerhitzer werden so gesteuert, dass die Lufttemperatur nach dem Wäscher und damit indirekt auch der Wasserdampfgehalt konstant bleibt. Die Prozessführung führt zu deutlich erhöhtem Heiz- und Kühlenergiebedarf. Der Istwert für die Regelung wird durch einen Temperatursensor am Wäscheraustritt geliefert.
- **Verdunstungsbefeuchter regelbar:** Die Feuchteregelung erfolgt nach der Methode der »direkten Feuchteregelung«. Dabei ist die Befeuchtungsleistung z. B. über den Düsendruck am Befeuchter steuerbar. Als Istwert-Geber gelangen Feuchtesensoren zum Einsatz.

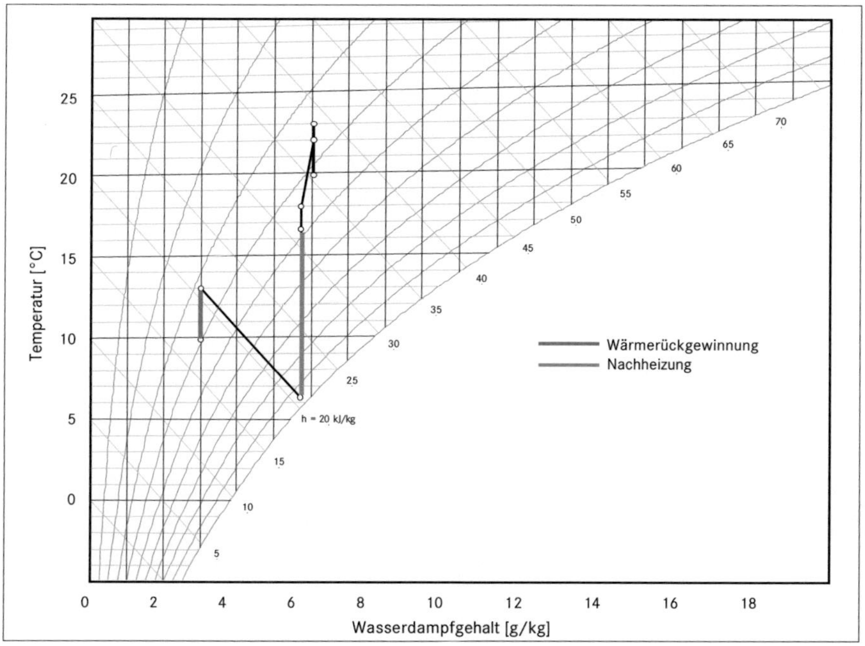

Abb.3-6: Beispielhafter Prozessverlauf bei Taupunktregelung

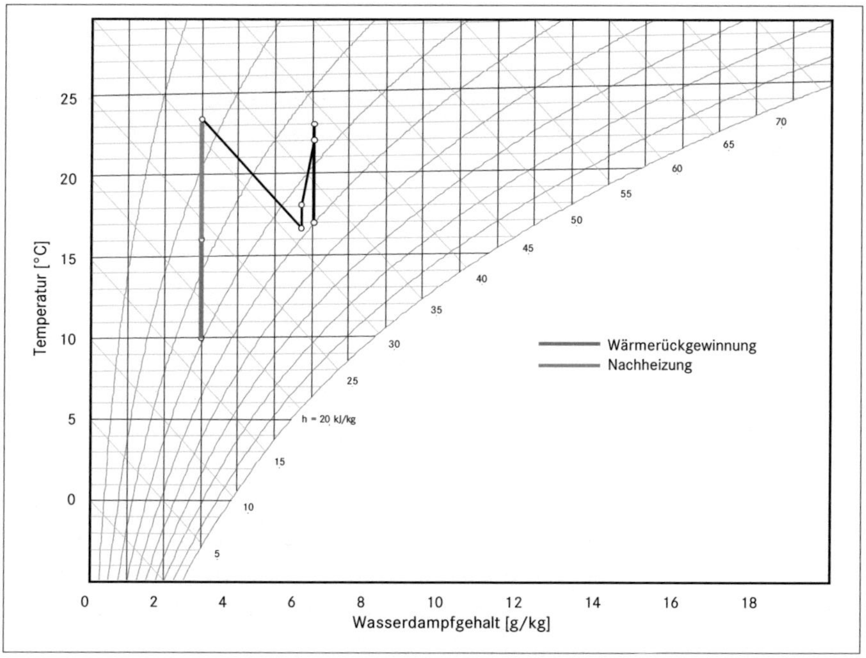

Abb.3-7: Beispielhafter Prozessverlauf bei direkter Feuchteregelung

Abb. 3-6 und Abb. 3-7 zeigen für einen Außenluftpunkt mit 10 °C und 40 % r. F. beispielhaft die unterschiedlichen Regelstrategien. Bei der Taupunktregelung nach Abb. 3-6 wird deutlich, dass das Potenzial der Wärmerückgewinnung nicht

maximal genutzt werden kann, da zwingend der Taupunkt angesteuert werden muss. Der Nacherhitzer muss das ungenutzte Potenzial der Energierückgewinnung kompensieren.
Dagegen wird bei der direkten Feuchteregelung nach Abb. 3-7 keine Nachwärmung benötigt. Die Energierückgewinnung kann maximal ausgenutzt werden. Gegenüber der Taupunktregelung kann für den dargestellten Außenluftpunkt eine Heizenergieeinsparung von ca. 27 % erzielt werden. Im Jahresverlauf können bei direkter Feuchteregelung gegenüber der Taupunktregelung Einsparungen in ähnlicher Größenordnung erzielt werden.
Zusammengefasst entsteht die Variantenmatrix für die Bewertung von RLT-Anlagen aus der Kombination von je 3 Merkmalen aus 4 Merkmalsgruppen entsprechend Tab. 3-2.

Tab. 3-2: Anlagenmerkmale als Basis der Variantenmatrix

1. Stelle		2. Stelle		3. Stelle		4. Stelle	
Feuchteanforderung		Befeuchter-Typ		WRG-Typ		Rückwärmzahl	
0	keine	0	Verdunstung nicht regelbar	0	keine	0	45 %
1	großer Toleranzbereich	1	Verdunstung regelbar	1	reine Wärmeübertragung	1	60 %
2	ohne Toleranzbereich	2	Dampfbefeuchter	2	Wärme- und Feuchteübertragung	2	75 %

Aus den insgesamt $3^4 = 81$ Kombinationsmöglichkeiten sind 46 sinnvolle Varianten identifiziert worden, für die die Basis-Energiekennwerte berechnet und tabelliert wurden. Dabei sind beispielsweise die Kombinationen

- »keine Feuchteanforderung« + »WRG mit Feuchteübertragung«
- »keine Wärmerückgewinnung« + »Rückwärmzahl 60 %«

als nicht sinnvoll herausgefiltert worden. In Tab. 3-3 wird der Zusammenhang zwischen Varianten-Nr. und Merkmalskombination dargestellt.

Einfluss der Zulufttemperatur auf den thermischen Energiebedarf

Innerhalb des Anwendungsbereiches für die Zulufttemperatur von 14 °C bis 22 °C sollte eine Umrechnung der Kennwerte für frei wählbare Zulufttemperaturen ermöglicht werden. Die untere Begrenzung von 14 °C folgt aus wärmephysiologischen Überlegungen – die obere Begrenzung 22 °C aus dem isothermen Winterfall. Für eine Zulufterwärmung oberhalb 22 °C könnte der zusätzliche Heizenergiebedarf bei Bedarf explizit berechnet werden, da der Wärmerückgewinnungseffekt dann vernachlässigbar wäre.

Varianten-Nr.	Feuchteanforderung			Befeuchter-Typ			WRG-Typ			Rückwärmzahl		
	keine	mit Toleranz	ohne Toleranz	Verdunstung nicht regelbar	verdunstung regelbar	Dampfbefeuchter	keine	nur Wärme	Wärme und Feuchte	45%	60%	75%
1	x						x					
2	x							x		x		
3	x							x			x	
4	x							x				x
5		x		x			x					
6		x		x				x		x		
7		x		x				x			x	
8		x		x				x				x
9		x		x					x	x		
10		x		x					x		x	
11		x		x					x			x
12		x			x		x					
13		x			x			x		x		
14		x			x			x			x	
15		x			x			x				x
16		x			x				x	x		
17		x			x				x		x	
18		x			x				x			x
19		x				x	x					
20		x				x		x		x		
21		x				x		x			x	
22		x				x		x				x
23		x				x			x	x		
24		x				x			x		x	
25		x				x			x			x
26			x	x			x					
27			x	x				x		x		
28			x	x				x			x	
29			x	x				x				x
30			x	x					x	x		
31			x	x					x		x	
32			x	x					x			x
33			x		x		x					
34			x		x			x		x		
35			x		x			x			x	
36			x		x			x				x
37			x		x				x	x		
38			x		x				x		x	
39			x		x				x			x
40			x			x	x					
41			x			x		x		x		
42			x			x		x			x	
43			x			x		x				x
44			x			x			x	x		
45			x			x			x		x	
46			x			x			x			x

Tab. 3-3: Zuordnung der 46 Variantennummern

Für die Umrechnung sind in Voruntersuchungen verschiedene Ansätze untersucht worden. Die stark nichtlinearen Vorgänge bei großen Rückwärmzahlen erzwangen einen robusten Ansatz auf Basis einer linearen Interpolation.
Aus detailliert ermittelten Simulationsergebnissen für die Zulufttemperatur-Grenzwerte 14 °C und 22 °C konnten Gradienten g bestimmt werden, die nach Gl. (3-5) definiert sind.

$$g = \frac{|\Delta q_i|}{|\Delta \vartheta_{HC}|} = \frac{|q_{i,\vartheta_{HC},12h} - q_{i,18°C,12h}|}{|\vartheta_{HC} - 18°C|} \tag{3-5}$$

mit: q_i Kennwert Nutzenergiebedarf [Wh/(m³/h)]
ϑ_{HC} korrigierte Zulufttemperatur nach Gl. (3-6) [°C]
Indizes: **i**: Nutzenergieart (H: Heizen, C: Kühlen, St: Dampf)

Um den Linearisierungsfehler zu verringern, wurden unterschiedliche Gradienten für Abweichungen von ϑ_{HC} nach oben (Index o in Tab. 3-4) und nach unten (Index u in Tab. 3-4) ermittelt.
Dabei stellt ϑ_{HC} eine korrigierte Zulufttemperatur dar, mit der veränderliche Ventilatorleistungen bilanziert werden können. Es wird davon ausgegangen, dass die gesamte elektrische Energie in Form von Wärme an den Luftstrom übertragen wird. Die Bilanzgröße ϑ_{ZU} beinhaltet diese Wärmegewinne. Weicht die reale Ventilator-Temperaturerhöhung von dem in den Energiekennwerten enthaltenen Standardwert 1,4 K ab, wird die korrigierte Zulufttemperatur ϑ_{HC} nach Gl. (3-6) aus dem Sollwert ϑ_{ZU} berechnet.

$$\vartheta_{HC} = \vartheta_{ZU} - \frac{Q_{T,V,ZU}}{t_B\, d_B\, c_L \rho_L\, \dot{V}_{ZU}} + 1{,}4\,K \tag{3-6}$$

mit: ϑ_{HC} korrigierte Zulufttemperatur [°C]
ϑ_{ZU} Sollwert der Zulufttemperatur [°C]
$Q_{T,V,ZU}$ Energiebedarf des Zuluftventilators innerhalb des Berechnungszeitraumes [kW]
$\dot{V}_{ZU}$ mittlerer Zuluftvolumenstrom [m³/h] innerhalb des Betrachtungszeitraumes
t_B tägliche Betriebsstundenzahl der Anlage [h/d]
d_B Betriebstagezahl der Anlage innerhalb des Betrachtungszeitraumes [d]
ρ_L Dichte der Luft bei Normaldruck [kg/m³]
c_L spezifische Wärmekapazität der Luft [kJ/kgK]

Dabei wird der Ventilatorenergiebedarf des Betrachtungszeitraumes (Jahr/Monat) angesetzt, um bei variablen Volumenströmen die mittlere Temperaturerhöhung

abzubilden. Mit Hilfe der tabellierten Gradienten g und Gl. (3-6) kann die Umrechnung der Energiebedarfskennwerte auf frei wählbare Zulufttemperaturen erfolgen.
Das Verfahren gilt grundsätzlich für konstante Zulufttemperaturen innerhalb des Berechnungszeitraumes. Mit Einschränkungen ist eine Umrechnung auch bei Zulufttemperaturen anwendbar, die gleitend zur Außentemperatur vorgesteuert werden. In diesem Fall ist die Berechnung für den Heizenergiebedarf mit dem Winter-Sollwert und die Berechnung für den Kühlenergiebedarf mit dem Sommer-Sollwert möglich. Bei diesem Ansatz wird immer ein etwas erhöhtes Ergebnis erzielt. Je effizienter die Energierückgewinnung, desto geringer ist der Einfluss des genauen Anstiegs der Zulufttemperatur bzw. der genauen Lage der Umschaltpunkte.

Einfluss der täglichen Betriebszeit auf den thermischen Energiebedarf

Die Betriebszeit der RLT-Anlage wird über die tägliche Betriebsstundenzahl $\mathbf{t_B}$ und die monatliche bzw. jährliche Betriebstagezahl $\mathbf{d_B}$ definiert. Aufgrund unterschiedlicher Tag-Nacht-Verteilungen der Wetterdaten hat die tägliche Betriebszeit Einfluss auf den thermischen Nutzenergiebedarf. So würde bei Übergang vom 12h-Tagbetrieb auf den 24h-Betrieb der Heizbedarf überproportional und der Kühlbedarf unterproportional zur Betriebsstundenzahl ansteigen. Die Auswertungen der meteorologischen Daten hat ergeben, dass der tageszeitliche Einfluss vor allem auf die Außenlufttemperatur wirkt. Der Wasserdampfgehalt der Außenluft unterliegt dagegen sehr geringen Schwankungen zwischen Tag und Nacht.
Die Umrechnung der Energiekennwerte erfolgt nach den Gl. (3-7). Dabei werden Korrekturfaktoren $\mathbf{f_{h,i}}$ eingeführt, die den Einfluss der Witterungs-Asymmetrie zwischen Tag und Nacht berücksichtigen.

$$q_i = q_{i,12h} \frac{t_B}{12} f_{h,i} \frac{d_B}{d_{max}} \tag{3-7}$$

mit:

- $\mathbf{q_i}$ Kennwert Nutzenergiebedarf für Heizen, Kühlen, Dampfbefeuchtung bei frei wählbarer Anlagenbetriebszeit t_B [Wh/(m³/h)]
- $\mathbf{q_{i,12h}}$ Kennwert monatlicher Nutzenergiebedarf für Heizen, Kühlen, Dampfbefeuchtung im Basisfall des täglichen Betriebs $\mathbf{t_B}$ = 12 h (06:00 – 18:00 Uhr) [Wh/(m³/h)]
- $\mathbf{t_B}$ tägliche Betriebsstundenzahl der Anlage [h/d]
- $\mathbf{d_B}$ Betriebstagezahl der Anlage innerhalb des Berechnungszeitraums [d]
- $\mathbf{d_{max}}$ Anzahl der Gesamttage innerhalb des Berechnungszeitraums [d]

	$\mathbf{f_{h,i}}$	Korrekturfaktoren für die Berücksichtigung der täglichen Betriebszeit zur Berechnung des Nutzenergiebedarfs Wärme, Kälte, Dampf nach Abb. 3-8 [-]
Indizes:	**i**:	Nutzenergieart (H: Heizen, C: Kühlen, St: Dampf)

Die Korrekturfaktoren $\mathbf{f_{h,i}}$ nach Abb. 3-8 sind für die symmetrische Lage der täglichen Betriebszeit 12:00 Uhr ± 0,5 $\mathbf{t_B}$ ermittelt worden.

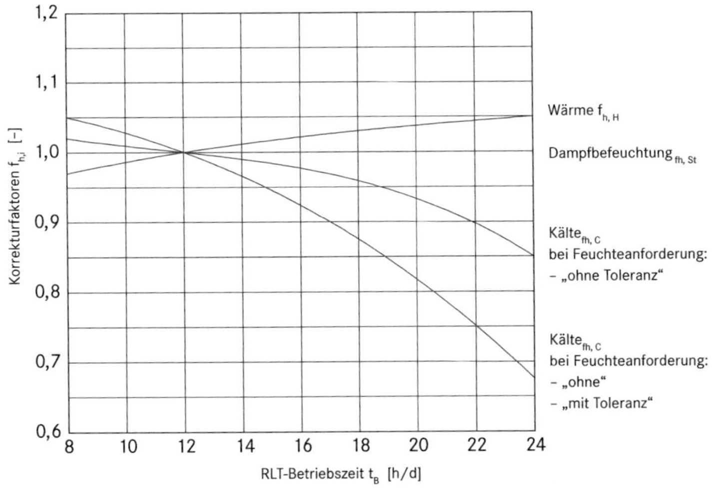

Abb. 3-8: Korrekturfaktoren für die tägliche Anlagenbetriebszeit

Abb. 3-8 zeigt, dass beim Kältebedarf der Einfluss der täglichen Betriebszeit am größten ist. Die Untersuchungen in [3-2] ergaben die Notwendigkeit, zu unterscheiden, ob der Luftkühler vorrangig wegen hoher Feuchteanforderungen im Raum oder vorrangig für die Luftkühlung eingesetzt wird. Daher sind in Abb. 3-8 für den Faktor $\mathbf{f_{h,C}}$ zwei Fälle dargestellt worden. Bei der Dampfbefeuchtung kann der Einfluss der täglichen Betriebszeit auf den Energiebedarf vernachlässigt werden.

Für den reinen Nachtbetrieb kann der spezifische Energiebedarf durch Differenz der Ergebnisse des Tagbetriebes von den Ergebnissen des 24h-Betriebes bestimmt werden.

Jahresverfahren und Monatsverfahren

Ursprünglich wurde das Kennwertverfahren als reines Jahresverfahren entwickelt. Im Kontext zum Monatsverfahren bei der Gebäudebilanzierung, erfolgte dann auch die Untergliederung der Energiekennwerte in monatlichen Darstellungen. Dabei sind die zugrunde liegenden Simulationsergebnisse für beide Verfahren identisch.

Tab. 3-4: Energiekennwerte für die thermische Luftaufbereitung (Jahresverfahren)

Varianten-Nr	Energiekennwerte für ϑ_{ZU} = 18 °C; t_B = 12 h; d_B = 365 d **Gesamtjahr**						
	Wärme			Dampf	Kälte		
	$q_{H,18°C,12h}$	$g_{H,u}$	$g_{H,o}$	$q_{St,12h}$	$q_{C,18°C,12h}$	$g_{C,u}$	$g_{C,o}$
	$\frac{Wh}{m^3/h}$	$\frac{Wh}{K\,m^3/h}$	$\frac{Wh}{K\,m^3/h}$	$\frac{Wh}{m^3/h}$	$\frac{Wh}{m^3/h}$	$\frac{Wh}{K\,m^3/h}$	$\frac{Wh}{K\,m^3/h}$
1	11.369	952	1.120	-	1.951	750	320
2	3.340	611	952	-	1.924	747	316
3	1.179	275	809	-	1.913	747	316
4	51	12	450	-	1.903	747	316
5	16.241	1.003	1.170	-	2.751	667	236
6	9.820	839	1.125	-	2.707	668	232
7	8.823	824	1.052	-	2.696	668	232
8	8.394	827	968	-	2.685	668	232
9	8.942	842	1.051	-	2.710	652	230
10	8.439	826	965	-	2.714	644	230
11	8.414	826	878	-	2.700	641	229
12	15.479	970	1.165	-	1.970	703	246
13	7.338	729	1.028	-	1.929	703	240
14	5.011	622	928	-	1.918	703	240
15	2.978	489	791	-	1.908	703	240
16	5.472	692	1.017	-	1.901	674	241
17	2.616	493	898	-	1.882	664	240
18	428	102	654	-	1.863	654	240
19	11.144	959	1.161	4.472	2.015	738	257
20	3.351	596	950	4.453	2.000	604	255
21	1.222	234	805	4.453	1.990	604	255
22	273	9	405	4.479	1.981	604	255
23	3.434	604	956	2.488	1.986	601	255
24	1.319	260	815	1.902	1.971	596	254
25	261	11	450	1.557	1.955	592	254
26	22.403	1.405	1.367	-	5.654	19	28
27	14.858	1.419	1.381	-	5.606	21	20
28	12.649	1.428	1.390	-	5.595	21	20
29	10.692	1.438	1.400	-	5.585	21	20
30	11.438	1.429	1.390	-	5.157	19	18
31	8.948	1.444	1.406	-	5.000	18	18
32	8.313	1.454	1.415	-	4.845	18	17
33	21.807	1.329	1.337	-	5.002	113	64
34	13.663	1.249	1.325	-	4.981	110	62
35	11.105	1.204	1.311	-	4.971	109	61
36	8.667	1.140	1.286	-	4.961	109	61
37	9.653	1.175	1.307	-	4.550	104	59
38	5.951	1.009	1.257	-	4.392	103	58
39	2.829	574	1.088	-	4.237	103	58
40	12.604	1.265	1.318	9.658	5.333	201	109
41	4.837	930	1.234	9.633	5.282	203	109
42	2.777	561	1.108	9.632	5.272	203	109
43	1.965	368	703	9.632	5.261	203	109
44	5.041	952	1.239	5.577	4.879	201	108
45	2.990	609	1.127	4.450	4.736	200	107
46	1.991	374	780	3.886	4.596	200	93

Für Konstant-Volumenstrom-Anlagen und Variabel-Volumenstrom-Anlagen mit zeit- oder ereignisabhängiger Volumenstromsteuerung führt das Monatsverfahren gegenüber dem Jahresverfahren zu keinem Genauigkeitsgewinn. Kleinere Abweichungen zwischen beiden Verfahren dürften lediglich die Folge von Rundungsfehlern sein.
Allerdings bietet das Monatsverfahren eine etwas größere Variabilität. So können die Zulufttemperatur-Sollwerte oder die Betriebszeiten monatlich variabel angesetzt werden. Ebenso ist ein saisonaler Anlagenbetrieb (z. B. durch Ferienzeiten) abbildbar.
Bei Variabel-Volumenstrom-Anlagen, deren Volumenstrom raumtemperaturabhängig geregelt wird, sollte grundsätzlich das Monatsverfahren angewendet werden. Nähere Hinweise dazu in Kap. 3.1.6.
Am Beispiel des Gesamtjahres zeigt Tab. 3-4 den Aufbau der Kennwerttabellen. Die Identifikation einer Kennwertdatenzeile ist aus der logischen Zuordnung einer Varianten-Nr. nach Tab. 3-3 eindeutig möglich. Hinterlegt sind die auf den Luftvolumenstrom von 1 m^3/h normierten Energiekennwerte für das Erwärmen, Dampfbefeuchten und Kühlen von Luft für den Basisfall. Dieser ist gekennzeichnet durch die tägliche Betriebszeit von $\mathbf{t_B}$ = 12 h und eine Zulufttemperatur von ϑ_{ZU} = 18 °C. Für Abweichungen der Zulufttemperatur nach oben und nach unten sind Gradienten g des Energiebedarfs aufgeführt. Für die annähernd isotherm ablaufende Dampfbefeuchtung kann der Einfluss der Zulufttemperatur vernachlässigt werden. Daher wurde auf die Angabe von Gradienten verzichtet. Die Tabellen für die Einzelmonate sind identisch aufgebaut und unter **www.baufachinformation.de/Gesamtenergieeffizienz** abrufbar.

3.1.6 Ventilatorenergiebedarf bei Variabel-Volumenstrom-Systemen

Den Stand der Technik bei der Ventilatorregelung stellt die Drehzahlregelung mittels Frequenzumformer dar. In Verbindung mit einer dezentralen Drosselregelung (Volumenstromregler in den Zonen) sind die Voraussetzungen für eine individuelle und wirtschaftliche Einzelraumreglung gegeben. Dabei sichert die zentrale Ventilatorregelung einen konstanten Kanaldruck, während die dezentrale Drosselung nach der Raumtemperatur geregelt wird. Anzustrebendes Ziel der Drehzahlregelung am Ventilator muss es sein, die Drosselverluste an den Volumenstromreglern zu minimieren. Die Ventilatordruckerhöhung hat idealerweise genau den Betrag anzunehmen, der notwendig ist, um in der thermisch höchstbelasteten Zone den geforderten Volumenstrom bereitzustellen.
Eine Regelstrategie, die diesen Gedanken konsequent verwirklicht, setzt voraus, die höchstbelastete Zone zu kennen. In der Heizungstechnik hat sich bei der

Regelung von Umwälzpumpen der Begriff der so genannten »Schlechtwertregelung« eingebürgert. In multifunktional genutzten Gebäuden und unter dem Einfluss der stark zeitlich veränderlichen Fassadenbesonnung ist dieser »Schlechtwert« bzw. die ungünstigste Raumzone nicht vorab festzulegen. In [3-9] wird auf diese Problematik hingewiesen und empfohlen, den Druckfühler möglichst am Ende des Kanalsystems zu platzieren. Bei stark verzweigten Netzen dürfte dies schwierig sein. Daher wird in der Praxis häufig der Fühler nach dem Zentralgerät oder im Hauptkanal platziert. Aus diesem Fall wurde die nachfolgend beschriebene vereinfachte Berechnungsmethode abgeleitet.

Das Kanalnetz wird nach Abb. 3-9 in einen Abschnitt mit konstanten Widerständen (Zentrale) und einem zweiten Abschnitt mit variablen Widerständen (Verteilnetz mit Volumenstromreglern) eingeteilt. Durch die Fixierung des Kanaldruckes am Ort des Druckfühlers, kann der Druckverlust $\mathbf{\Delta p_{konst}}$ im zweiten Abschnitt des Kanalnetzes als konstant angesehen werden. Der Druckverlust im ersten Abschnitt des Gesamtnetzes $\mathbf{\Delta p_{var}}$ ist dagegen veränderlich. Zweckmäßig ist die Einführung einer Druckverhältnis-Zahl $\mathbf{f_p}$ gemäß nachfolgender Definition.

$$f_p = \frac{\Delta p_{konst}}{\Delta p^*_{ges}} = \frac{\Delta p_{konst}}{\Delta p_{konst} + \Delta p^*_{var}} \qquad (3\text{-}8)$$

mit $\mathbf{\Delta p_{ges}}$ Gesamtdruckverlust der Anlage bei maximalem Auslegungsvolumenstrom

Index * Auslegungszustand

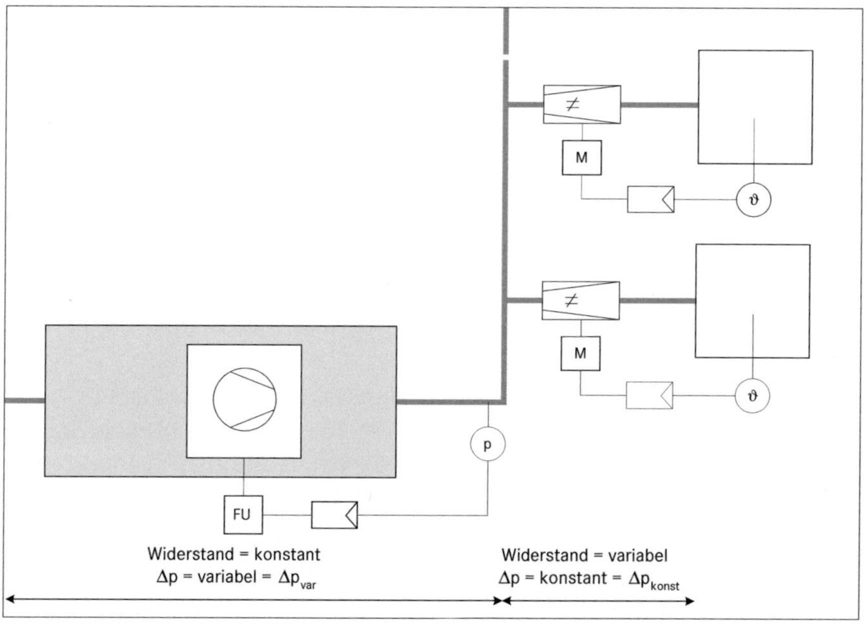

Abb. 3-9: Regelschema für VVS-Anlagen als Grundlage für eine vereinfachte Berechnung

Die Druckverhältnis-Zahl $\mathbf{f_p}$ ist eine Größe, die in der Praxis relativ gut beurteilt oder geschätzt werden kann, da die internen Druckverluste eines Lüftungszentralgerätes häufig bekannt sind.
Für den Auslegungszustand folgt

$$\Delta p^*_{var} = (1-f_p)\,\Delta p^*_{Ges}\,. \tag{3-9}$$

Die Ventilatorleistung $\mathbf{P_V}$ errechnet sich nach

$$P_V = \frac{\dot{V}\,(\Delta p_{konst} + \Delta p_{var})}{\eta_V} \tag{3-10}$$

mit: η_V Gesamtwirkungsgrad für Ventilator, Kraftübertragungssystem, Elektromotor.

Legt man einen quadratischen Zusammenhang zwischen Druckverlust $\mathbf{\Delta p_{var}}$ und Volumenstrom $\mathbf{\dot{V}}$ für die konstanten Widerstände zugrunde, erhält man bei vorgebenem Auslegungsvolumenstrom $\mathbf{\dot{V}^*}$

$$\Delta p_{var} = \Delta p^*_{var}\left(\frac{\dot{V}}{\dot{V}^*}\right)^2. \tag{3-11}$$

Eingesetzt in Gl. (3-10) ergibt sich für die Ventilatorleistung $\mathbf{P_V}$ für einen beliebigen Teillastvolumenstrom $\mathbf{\dot{V}}$:

$$P_V = \frac{\dot{V}\left(f_p\,\Delta p^*_{Ges} + (1-f_p)\,\Delta p^*_{Ges}\left(\frac{\dot{V}}{\dot{V}^*}\right)^2\right)}{\eta_V} \tag{3-12}$$

bzw. weiter zusammengefasst

$$P_V = \frac{\dot{V}\,\Delta p^*_{Ges}\,f_p}{\eta_V} + \frac{\dot{V}^3\,\Delta p^*_{Ges}\,(1-f_p)}{\eta_V\,\dot{V}^{*2}}\,. \tag{3-13}$$

Den Verlauf der Ventilator-Arbeitspunkte im Teillastfall zeigt die dimensionslose Darstellung in Abb. 3-10.

Abb. 3-11 stellt Gl. (3-13) in dimensionsloser Darstellung grafisch dar. Die Druckverhältnis-Zahl $\mathbf{f_p}$ nimmt im Teillastbetrieb des Ventilators erheblichen Einfluss auf dessen Antriebsleistung.

Der monatliche Energiebedarf für die Luftförderung $\mathbf{Q_{T,V,m}}$ ergibt sich aus der zeitlichen Integration der Ventilatorleistung bzw. bei Vorliegen von Stundenmittelwerten näherungsweise aus deren Summenbildung über die Betriebsstunden

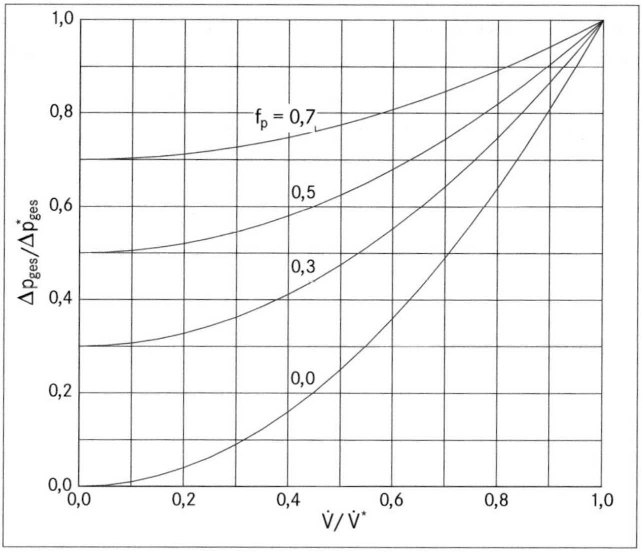

Abb. 3-10: Einfluss der Druckverhältnis-Zahl f_p auf die Ventilator-Gesamtdruckerhöhung

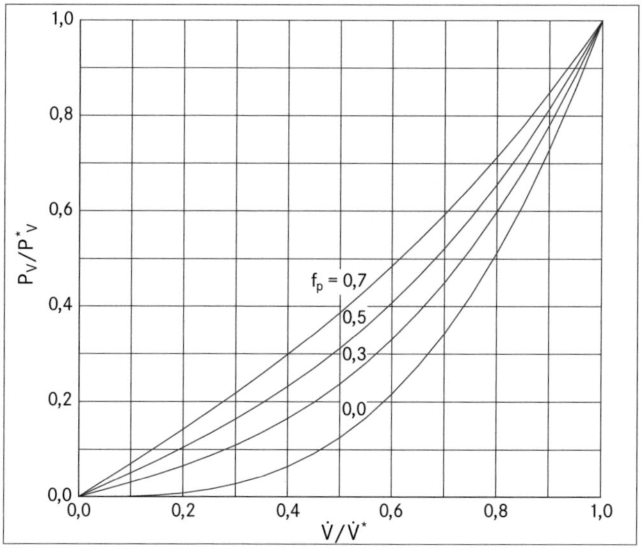

Abb. 3-11: Einfluss der Druckverhältnis-Zahl f_p auf die Ventilator-Antriebsleistung

$$Q_{T,V,m} = \frac{\Delta p^*_{Ges}\, f_p}{\eta_V} \sum\nolimits_m \dot V + \frac{\Delta p^*_{Ges}\,(1-f_p)}{\eta_V\, \dot V^{*2}} \sum\nolimits_m \dot V^3 \qquad (3\text{-}14)$$

mit:

$\sum_m \dot V$ Summe der stündlichen Volumenströme innerhalb des Betrachtungsmonats [m^3/h]

$\sum_m \dot V^3$ Summe der potenzierten stündlichen Volumenströme innerhalb des Betrachtungsmonats [m^9/h^3].

Da Gl. (3-14) stark nichtlinear ist, kommt der Bestimmung der Teillastvolumenströme und deren Häufigkeit eine große Bedeutung zu. Bei Anlagen, deren Volumenstrom entsprechend der Raumtemperierfunktion angepasst wird, folgt die Verteilung der Teillastvolumenströme den thermischen Lasten. Hier spielen bauphysikalische und nutzungsbedingte Faktoren zusammen.
Als Ergebnis der monatlichen Gebäudebilanzierung stehen folgende Daten zur Verfügung:

- der monatliche Energiebedarf zur Spitzenkühlung des Raumes/der Gebäudezone $\mathbf{Q_C}$
- die maximale Kühllast des Raumes/der Gebäudezone $\mathbf{P_{C,max}}$.

Aus diesen Daten lassen sich direkt ableiten:

- die Monatssumme der zusätzlichen Volumenströme, die zur Spitzenkühlung während der Anlagenbetriebszeit über den Mindestluftwechsel hinaus notwendig sind
- die während der Anlagenbetriebszeit gemittelten Zuluftvolumenströme $\mathbf{\dot{V}_{mittel,m}}$ innerhalb der Einzelmonate
- der maximale Zuluftvolumenstrom $\mathbf{\dot{V}^*}$, der als Auslegungswert für die RLT-Anlage bekannt sein muss.

Die Ermittlung des Terms $\sum_m \dot{V}^3$ aus Gl. (3-14) setzt ein Stundenverfahren voraus und lässt sich aus dem Monatsbilanzverfahren nicht explizit ableiten. Aus der Berechnung unterschiedlicher Beispielräume konnte eine empirische Näherung abgeleitet werden, die den Linearisierungsfehler wirkungsvoll korrigiert. Die Berechnung von $\sum_m \dot{V}^3$ erfolgt danach aus den mittleren monatlichen Volumenströmen $\mathbf{\dot{V}_{mittel,m}}$ und dem Auslegungsvolumenstrom $\mathbf{\dot{V}^*}$. Mit dem Ansatz:

$$\sum_m \dot{V}^3 = n' \ \dot{V}^3_{korr} \tag{3-15}$$

der Bedingung:

$$t_B \ d_B \dot{V}_{mittel,m} = \sum_m \dot{V} = n' \ \dot{V}_{korr} \tag{3-16}$$

und der empirischen Näherung:

$$\dot{V}_{korr} = 0{,}8 \ \dot{V}_{mittel,m} + 0{,}2 \ \dot{V}^* \tag{3-17}$$

ergibt sich die Näherungsgleichung:

$$\sum_m \dot{V}^3 = \sum_m \dot{V} \left(0{,}8 \ \dot{V}_{mittel,m} + 0{,}2 \ \dot{V}^*\right)^2 \tag{3-18}$$

mit

$\mathbf{t_B}$	tägliche Betriebsstundenzahl der Anlage [h/d]
$\mathbf{d_B}$	Betriebstagezahl der Anlage innerhalb des Betrachtungsmonats [d]

n' korrigierte Betriebsstundenzahl [h]

$\dot{V}_{korr}$ Luftvolumenstrom zur Korrektur der Nichtlinearität.

Die Wichtung mit dem Auslegungsvolumenstrom $\dot{V}^*$ in Gl. 3-18 kann folgendermaßen begründet werden: Gleitende Raumtemperatur-Sollwerte führen in der kühleren Jahreszeit zu niedrigen Raumtemperaturen. Da die Zulufttemperatur aus Behaglichkeitsgründen nicht parallel abgesenkt werden kann, nimmt die Untertemperatur der Zuluft ab. Treten interne Wärmequellen auf, werden auch in der kühleren Jahreszeit häufig hohe Luftvolumenströme erforderlich.
Beispielhaft wird ein typischer Büroraum in vier Varianten mit Randbedingungen nach Tab. 3-5 betrachtet. Für diesen Raum wurden die Fassade und internen Wärmequellen so angepasst, dass bei vergleichbarem Jahreskühlenergiebedarf die Außenwitterung einmal gering und einmal hoch auf die Kühllasten wirkt. Zusätzlich wurde zwischen 12- und 24-stündiger Anlagenbetriebszeit unterschieden.

		Raum mit geringem Witterungseinfluss		Raum mit hohem Witterungseinfluss	
		Fall 00	Fall 01	Fall 10	Fall 11
Grundfläche	m^2	20,25		20,25	
Bauweise	–	L		L	
Fassadenorientierung	–	Süd		Süd	
Glasanteil an Außenfassade	–	0,38		0,64	
g-Wert Glas	–	0,60		0,32	
FC-Wert Sonnenschutz	–	0,30		1,00	
U-Wert Fenster	–	1,50		1,50	
Innere Wärmequellen	W/m^2	29,6		14,8	
spezifischer Mindestluftvolumenstrom	$m^3/(hm^2)$	6,0		6,0	
Anlagenbetriebszeit		08–18:00	00–24:00	08–18:00	00–24:00
spezifische maximale Kühllast	W/m^2	26,2	21,0	53,1	49,4
spezifischer Auslegungsvolumenstrom	$m^3/(hm^2)$	17,3	15,1	29,0	27,4
spezifischer Jahreskühlbedarf	kWh/m^2	37,5	42,9	37,2	41,7

Tab. 3-5: Randbedingungen (Auszug) für Berechnungsbeispiele nach Abb. 3-12

Bei der Ableitung des Auslegungsvolumenstromes aus der maximalen Kühllast sollten planerische Aspekte berücksichtigt werden. Im Beispiel erfolgte die Dimensionierung für eine Zuluft-Untertemperatur von 7 K. Es ist zu beachten, dass bei gleitenden Raumtemperaturen die Dimensionierungs-Untertemperatur nicht zwangsläufig im heißesten Monat auftreten muss.

Die Gegenüberstellung der Ergebnisse nach Abb. 3-12 zeigt vergleichend den Energiebedarf für die Luftförderung als Ergebnis unterschiedlicher Methoden:

- Berechnung von $\sum_m \dot{V}^3$ auf Basis von Stundenwerten aus dem detaillierten Verfahren
- Monatsverfahren mit Berechnung des Terms $\sum_m \dot{V}^3$ entsprechend Gl. 3-18
- Monatsverfahren mit der unkorrigierten Vereinfachung

$$\sum_m \dot{V}^3 = t_B\ d_B\ \dot{V}^3_{\text{mittel,m}}\ .$$

Es wird deutlich, dass mit der Näherung nach Gl. (3-18) auch bei monatsweiser Raumbilanzierung eine ausreichende Genauigkeit bei der Bestimmung des Ventilatorenergiebedarfs erzielt werden kann.

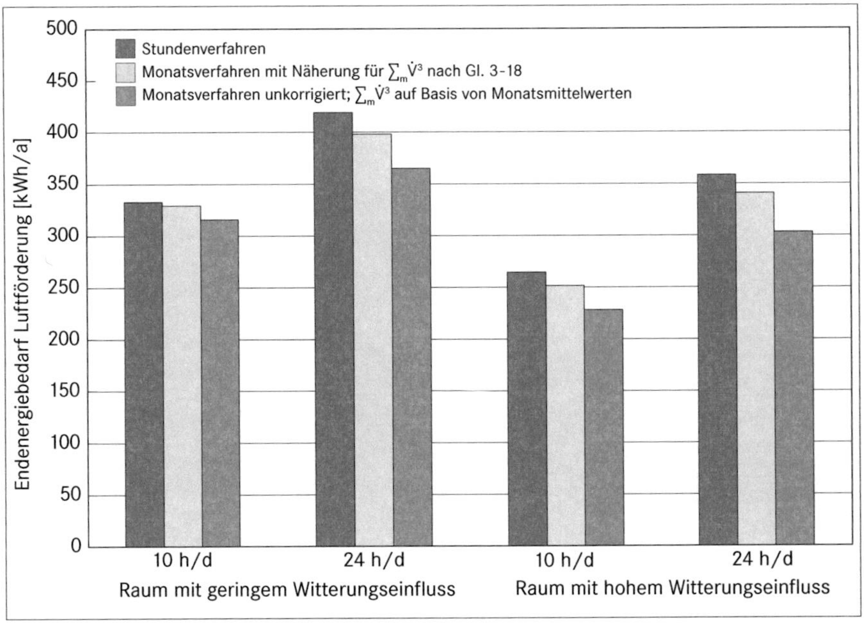

Abb. 3-12: Auswirkung der Korrektur nach Gl. 3-18 auf den Endenergiebedarf für die Luftförderung (nur Zuluftventilator mit $f_p = 0{,}40$; $\Delta p^*_{Ges} = 1\,200$ Pa, $\eta_V = 0{,}70$)

3.1.7 Übertragbarkeit des Verfahrens auf Variabel-Volumenstrom-Systeme

Einfluss der Wärmerückgewinnung

Bei variablen Volumenströmen stehen für die Berechnung des Nutzenergiebedarfs der thermischen Luftaufbereitung nur die mittleren Luftvolumenströme innerhalb eines längeren Berechnungszeitraumes (Monat oder Jahr) zur Ver-

fügung. Ein linearer Zusammenhang zwischen Energiebedarf für das Heizen, Kühlen, Be- und Entfeuchten und dem Luftvolumenstrom ist nur dann näherungsweise gegeben, wenn die Rückwärmzahl der Energierückgewinnung als konstant angesehen werden kann. Diese Vereinfachung wird auch im ausführlicheren Berechnungsverfahren nach VDI 2067 Blatt 21 [3-5], [3-11] getroffen. In VDI 2071 [3-6] wird für VVS-Anlagen auf veränderliche Rückwärmzahlen hingewiesen. Allgemein gültige Zusammenhänge fehlen jedoch, sodass herstellerspezifische Angaben für die Berechnung nötig werden.
Als Eingangsgröße steht im Regelfall nur die Rückwärmzahl für den Auslegungsvolumenstrom zur Verfügung. Anhand von zwei unterschiedlichen Beispielen ist in [3-2] rechnerisch ermittelt worden, wie sich die Rückwärmzahl bei reduzierten Luftvolumenströmen verändert. Bei den Beispielen handelt es sich um kreislaufverbundene Systeme, bei denen zwischen

- einem hocheffizienten System mit sehr großer Wärmeübertragerfläche, dem Gegenstrom angenäherter Stromführung und kontinuierlicher Fluidstromoptimierung
- einem Standardsystem mit geringer Wärmeübertragerfläche, Kreuzgegenstromschaltung und konstantem Fluidstrom

unterschieden wird. Verringert sich im Teillastfall der Luftvolumenstrom, kommt es zu gegenläufigen Effekten. Einerseits verbessert sich das Verhältnis von Wärmeübertragerfläche A zum Wärmekapazitätsstrom. Andererseits führt die verringerte Luftgeschwindigkeit zur Verschlechterung des luftseitigen Wärmeübergangs und damit zu einem verringerten Wärmedurchgangskoeffizienten U.

Aus dem Grenzfall

$$U \sim \dot{V}_L \tag{3-19}$$

würden bei fester Wärmetauscherfläche A eine konstante Wärmetauscherkennzahl NTU (number of transfer units) [3-10]

$$NTU = \frac{U\,A}{\rho_L\,c_L\,\dot{V}_L} \tag{3-20}$$

und daraus eine konstante Rückwärmzahl (Φ_{WRG}) folgen. Die detaillierten Berechnungen auf Basis von NUSSELT-Gleichungen [3-10] für den luftseitigen Wärmeübergang und einer typischen Rippenrohrkonstruktion in [3-2] ergeben beispielhaft den Zusammenhang nach Abb. 3-13.

Danach würden bei hocheffizienten Systemen die Veränderungen der Rückwärmzahl sehr gering ausfallen. Bei weniger effizienten Standardsystemen wäre der Veränderung der Rückwärmzahl stärker ausgeprägt.

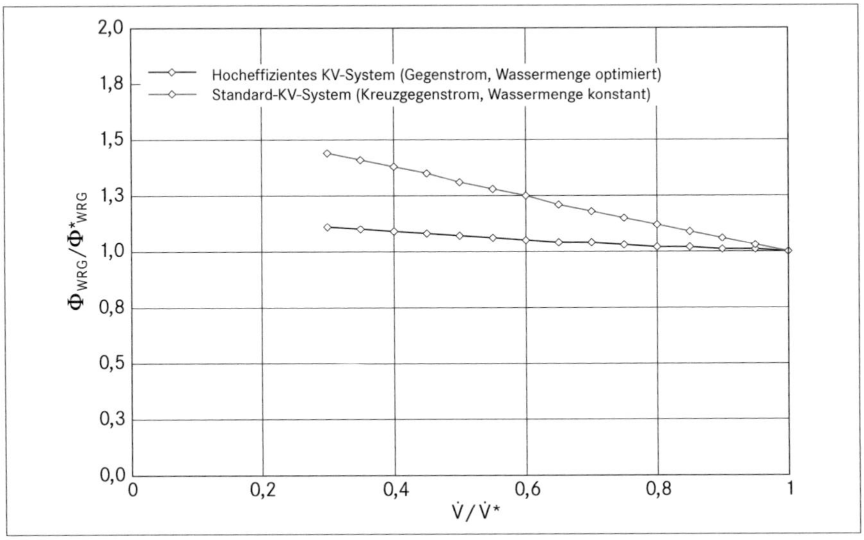

Abb. 3-13: Rechnerischer Zusammenhang von Rückwärmzahl und Volumenstrom anhand zweier Beispielrechnungen

Trotz der aufgezeigten Modellabweichungen sprechen verschiedene Argumente dafür, die Rückwärmzahl auch bei variablen Volumenströmen als konstant zu betrachten.

- In der Vorplanung oder bei der Bewertung von Bestandsanlagen sind Teillast-Rückwärmzahlen kaum verfügbar.
- Komponenten- oder fabrikateabhängige Einflüsse sind nicht Gegenstand der Berechnung des Nutzenergiebedarfs.
- Die Verwendung einer aus dem maximalen Luftvolumenstrom abgeleiteten konstanten Rückwärmzahl führt für VVS-Systeme generell zu konservativen Ergebnissen.

Witterungseinflüsse auf den Luftvolumenstrom

Bei zeit- oder ereignisabhängiger Steuerung des Luftvolumenstromes, wie sie etwa bei einer luftqualitätsabhängigen Hörsaallüftung oder einer bedarfsabhängigen Laborlüftung vorliegt, lässt sich kein Zusammenhang zwischen Luftvolumenstrom und Außenklima herleiten. Die Teillastszenarien müssen bekannt sein oder abgeschätzt werden. Innerhalb des Berechnungszeitraumes wären die Volumenstromschwankungen zufällig verteilt. Mit den zeitlich gemittelten Luftvolumenströmen kann die weitere Berechnung vorgenommen werden.
Wird der Volumenstrom kühllastabhängig geregelt, kann – zumindest bei an der Außenfassade liegenden Räumen – davon ausgegangen werden, dass eine Korrelation zwischen warmen sonnigen Tagen und einer Volumenstromerhöhung besteht. Im Jahresmittel würden daher die Kühl- und Entfeuchtungsfunktion stärker gewichtet auftreten als die Heiz- und Befeuchtungsfunktion.

Beim Verfahren der VDI 2067 Blatt 21 wird dieser Effekt dadurch berücksichtigt, dass für jedes Aggregat komponentenbezogene Einzelvolumenströme bestimmt werden, die vom mittleren jährlichen Luftvolumenstrom der Gesamtanlage abweichen können. Für die erforderlichen pauschalen Korrekturfaktoren werden empirisch ermittelte Funktionen in Abhängigkeit des Verhältnisses von Mindestmassestrom zum mittleren jährlichen Luftmassestrom angegeben. Die Korrekturfaktoren basieren dabei auf der ausführlichen Simulation von 30 Gebäude- und Anlagenfunktionen. Eine Rückkopplung zwischen dem Gebäudemodell und dem Anlagenmodell findet hier nicht statt.
Beim Verfahren nach DIN V 18599 Teil 3 wird der Zusammenhang dadurch berücksichtigt, dass bei VVS-Anlagen grundsätzlich das Monatsverfahren angewendet wird. Dadurch kann der Zusammenhang zwischen warmer Jahreszeit und daraus folgendem mittleren monatlichen Luftvolumenstrom im Rahmen der Gesamtgenauigkeit wiedergegeben werden. Eine Kopplung beider Modelle ist somit gegeben. Der Vorteil dieser Vorgehensweise besteht darin, dass auch für den Grenzfall des Raumes mit ausschließlich inneren Lasten die Bilanzierung korrekt und mit stetigem Übergang erfolgt.

3.2 Anwendung der Methodik

3.2.1 Luftvolumenströme und Ventilatorenergiebedarf

Für Bilanzierungsvolumenströme zur Berechnung des Heiz- und Kühlbedarfs der Gebäudezone nach Kapitel 2 können folgende Fälle unterschieden werden:

- Konstant-Volumenstrom-Anlagen (KVS): Hier kann für jeden Berechnungsmonat der Auslegungsvolumenstrom $\dot{V}^*$ übergeben werden.

$$\dot{V}_{mech} = \dot{V}^* \tag{3-21}$$

- Variabel-Volumenstrom-Anlagen (VVS) mit zeit- oder ereignisabhängiger Steuerung: Der mittlere Luftvolumenstrom innerhalb der Anlagenbetriebszeit eines Monats beträgt

$$\dot{V}_{mech} = \frac{\sum_j (\dot{V}_j \, t_{m,j})}{t_B \, d_B} \tag{3-22}$$

mit:

$t_{m,j}$ monatliche Betriebsstundenzahl für den Teillastfall j.

Die Bilanzierung von Gebäudezonen nach Kapitel 2 erfolgt für Wochenendtage separat. Findet an diesen Tagen ein Anlagenbetrieb statt, sind die Bilanzvolumenströme sinngemäß ebenfalls separat zu bestimmen.

- Variabel-Volumenstrom-Anlagen (VVS) mit kühllastabhängiger Volumenstromregelung: Der notwendige Mindestvolumenstrom $\dot{V}_{min}$ innerhalb der Anlagenbetriebszeit geht als ungeregelter Anteil in die Gebäudebilanz ein.

$$\dot{V}_{mech} = \dot{V}_{min} \tag{3-23}$$

Die Berechnung des Endenergiebedarfs für die Luftförderung $Q_{T,V}$ kann für den Zuluft- und Abluftventilator nach folgender Unterscheidung durchgeführt werden:

- Konstant-Volumenstrom-Anlagen (KVS): Der Energiebedarf folgt aus dem Produkt von Ventilatorleistung P_V und Anlagenbetriebszeit (t_B d_B).

$$Q_{T,V} = t_B \, d_B \, P_V \tag{3-24}$$

- Variabel-Volumenstrom-Anlagen (VVS) mit zeit- oder ereignisabhängiger Steuerung: Die Ventilatorleistungen $P_{v,j}$ lassen sich mit Gl. (3-13) für jeden Teillastfall j separat berechnen. Der Energiebedarf folgt aus der monatlichen Teillastfall-Stundenzahl $t_{m,j}$.

$$Q_{T,V} = \sum_j t_{m,j} \, P_{V,j} \tag{3-25}$$

- Variabel-Volumenstrom-Anlagen (VVS) mit kühllastabhängiger Volumenstromregelung: Die Berechnung setzt die Gebäudebilanz (monatlicher Raumkühlbedarf, maximale Raumkühllast) voraus und basiert auf der Näherung nach Gl. (3-18). Der Jahresenergiebedarf für die Luftförderung $Q_{T,V}$ sollte grundsätzlich über die Summe der Monatsergebnisse $Q_{T,V,m}$ berechnet werden.

$$Q_{T,V,m} = \frac{\Delta p^*_{Ges} \, f_p}{\eta_V} \sum_m \dot{V} + \frac{\Delta p^*_{Ges} \, (1-f_p)}{\eta_V \, \dot{V}^{*2}} \sum_m \dot{V}^3 \tag{3-26}$$

3.2.2 Algorithmus für den Nutzenergiebedarf der thermischen Luftaufbereitung

Als Bilanzluftvolumenstrom für die thermische Luftaufbereitung $\dot{V}_{zu}$ ist der mittlere Luftvolumenstrom während der Anlagenbetriebszeit innerhalb des Zeitschrittes (Monat oder Jahr) zu verwenden. Auch hier ist wieder zu unterscheiden:

- Konstant-Volumenstrom-Anlagen (KVS)

$$\dot{V}_{ZU} = \dot{V}^* \tag{3-27}$$

- Variabel-Volumenstrom-Anlagen (VVS) mit zeit- oder ereignisabhängiger Steuerung

$$\dot{V}_{ZU} = \frac{\sum_j (\dot{V}_j \, t_{m,j})}{t_B \, d_B} \qquad (3\text{-}28)$$

mit: $t_{m,j}$ monatliche Betriebsstundenzahl für den Teillastfall j.

- Variabel-Volumenstrom-Anlagen (VVS) mit kühllastabhängiger Volumenstromregelung.

$$\dot{V}_{ZU} = \dot{V}_{min} + \frac{Q_C}{t_B \, d_B \, c_L \, \rho_L \, (\vartheta_i - \vartheta_{ZU})} \qquad (3\text{-}29)$$

mit: Q_C Nutzenergiebedarf Raumkühlung
ϑ_i mittlere Raumtemperatur im Kühlfall
ϑ_{ZU} Zulufttemperatur-Sollwert

Damit weichen die anzusetzenden Volumenströme für die Gebäudebilanzierung (Kapitel 2) und die Anlagenbilanzierung (Kapitel 3) teilweise voneinander ab. Während in die Gebäudebilanzierung nur der ungeregelte Anteil einfließt, ist für die Anlagenbilanzierung der mittlere Gesamtvolumenstrom maßgebend. Für die Berechnung des thermischen Nutzenergiebedarfs kann die Rückwärmzahl Φ_{WRG} innerhalb des Bereiches 0 .. 0,75 frei gewählt werden. In diesem Fall erfolgt zunächst eine getrennte Berechnung der Energiekennwerte q_i' und q_i'' für die nächstkleinere Stützstelle Φ_{WRG}' und nächstgrößere Stützstelle Φ_{WRG}''. Anschließend sind die Energiekennwerte q_i für Wärme, Kälte und Dampf zwischen den Stützstellen q_i' und q_i'' linear zu interpolieren.

$$q_i = q_i' + \frac{q_i'' - q_i'}{\Phi_{WRG}'' - \Phi_{WRG}'} (\Phi_{WRG} - \Phi_{WRG}') \qquad (3\text{-}30)$$

mit: q_i Kennwert Nutzenergiebedarf für Heizen, Kühlen, Dampfbefeuchtung [Wh/(m^3/h)]

Da die Energiekennwerte auf einen Zuluftvolumenstrom von 1 m^3/h normiert wurden, ist abschließend die Denormierung zum Nutzenergiebedarf $Q_{V,i}$ erforderlich. Diese Denormierung erfolgt mit dem mittleren Zuluftvolumenstrom innerhalb der Anlagenbetriebszeit nach Gl. (3-31).

$$Q_{V,i} = q_i \, \dot{V}_{ZU} \qquad (3\text{-}31)$$

mit: Q_i Nutzenergiebedarf für Heizen, Kühlen, Dampfbefeuchtung [kWh].

Den Gesamtberechnungsablauf verdeutlichen Abb. A3-1 und A3-2 in der Anlage.

3.2.3 Modellbildung bei speziellen Systemen

Lüftungsanlagen ohne Kühlfunktion

Wenn die betrachtete Anlage über keine Kühlfunktion verfügt, erfolgt die Berechnung als Teilklimaanlage »ohne Feuchteanforderungen«. Der Kühlbedarf für die thermische Luftaufbereitung wird zu Null gesetzt – der Heizbedarf bleibt unverändert. Bei der Bilanzierung der Gebäudezone muss zusätzlich berücksichtigt werden, dass die sommerlichen Zulufttemperaturen vom Sollwert abweichen können. Tab. 3-6 gibt für die Sonderfälle einer 12-stündigen und 24-stündigen Anlagenbetriebszeit die mittleren monatlichen Zulufttemperaturen für die Gebäudebilanzierung an. Dabei ist berücksichtigt, dass die Wärmerückgewinnung bei hohen Außenlufttemperaturen abgeregelt wird.

Betriebszeit t_B	Zuluft-temperatur-Sollwert	Monatliche Zulufttemperatur ϑ_{ZU} [°C]											
		JAN	FEB	MRZ	APR	MAI	JUN	JUL	AUG	SEP	OKT	NOV	DEZ
12 h/d	14,0	14,0	14,0	14,0	15,6	17,9	19,2	21,3	21,4	18,8	14,8	14,2	14,0
	16,0	16,0	16,0	16,0	16,9	18,8	19,6	21,5	21,5	19,6	16,4	16,1	16,0
	18,0	18,0	18,0	18,0	18,4	19,8	20,2	21,9	21,9	20,6	18,2	18,0	18,0
	20,0	20,0	20,0	20,0	20,2	21,0	21,2	22,7	22,6	21,8	20,1	20,0	20,0
	22,0	22,0	22,0	22,0	22,0	22,4	22,6	23,6	23,7	23,2	22,0	22,0	22,0
24 h/d	14,0	14,0	14,0	14,0	14,9	16,5	17,6	19,5	19,8	17,5	14,5	14,1	14,0
	16,0	16,0	16,0	16,0	16,5	17,7	18,3	19,9	20,1	18,5	16,2	16,0	16,0
	18,0	18,0	18,0	18,0	18,2	19,0	19,4	20,6	20,8	19,7	18,1	18,0	18,0
	20,0	20,0	20,0	20,0	20,1	20,5	20,7	21,7	21,7	21,1	20,0	20,0	20,0
	22,0	22,0	22,0	22,0	22,0	22,2	22,3	23,0	22,7	22,0	22,0	22,0	22,0

Tab. 3-6: Mittlere monatliche Zulufttemperatur ϑ_{ZU} für Anlagen ohne Kühlfunktion

Betriebszeit t_B	Rückwärmzahl Φ_{WRG}	Mittlere monatliche Zulufttemperatur ϑ_{ZU} [°C]											
		JAN	FEB	MRZ	APR	MAI	JUN	JUL	AUG	SEP	OKT	NOV	DEZ
12 h/d	0%	-1,1	1,1	4,9	11,4	14,9	17,5	19,8	19,9	16,1	10,0	5,4	1,5
	45%	9,8	11,0	13,2	16,7	18,7	20,2	21,7	21,8	19,5	16,0	13,4	11,2
	60%	13,4	14,3	15,9	18,5	19,9	21,0	22,3	22,3	20,6	17,9	16,0	14,5
	75%	17,0	17,6	18,6	20,2	21,1	21,8	22,9	22,9	21,7	19,8	18,7	17,7
24 h/d	0%	-1,3	0,6	4,0	9,5	12,9	15,7	18,0	18,3	14,5	9,1	4,7	1,3
	45%	9,7	10,7	12,7	15,7	17,5	19,1	20,5	20,7	18,5	15,5	13,0	11,1
	60%	13,3	14,1	15,5	17,7	19,1	20,2	21,4	21,5	19,9	17,5	15,8	14,4
	75%	17,0	17,5	18,3	19,7	20,6	21,3	22,2	22,3	21,2	19,6	18,5	17,7

Tab. 3-7: Mittlere monatliche Zulufttemperatur ϑ_{ZU} für Anlagen ohne Nachheiz- und Kühlfunktion

Lüftungsanlagen ohne Heiz- und Kühlfunktion

Fehlt in der RLT-Anlage neben der Kühlfunktion auch die aktive Heizfunktion, entsteht kein Nutzenergiebedarf für die thermische Luftaufbereitung. Die mittlere monatliche Zulufttemperatur der Anlage hängt dann neben der täglichen Betriebszeit ausschließlich von der Rückwärmzahl ab. Tab. 3-7 gibt die für die Gebäudebilanzierung notwendigen Daten an.

Da es sich in diesem Fall um sehr einfache Anlagen handelt, ist das Abregeln der Wärmerückgewinnung nicht berücksichtigt. Die Rückwärmzahl bleibt bei diesem Modell ganzjährig konstant.

Konstant-Volumenstromanlagen mit Raumtemperaturregelung

Konstant-Volumenstromanlagen, bei denen die Zulufttemperatur nach der Kühllast der versorgten Räume geregelt wird, verfügen im Regelfall über Zonennacherhitzer. Dadurch wird die Leistungsanpassung an unterschiedliche Raumnutzungen oder Fassadenorientierungen möglich. Die Vorkonditionierung der Zuluft erfolgt zentral auf einen unteren Grenzwert der Zulufttemperatur. Bei der Bilanzierung kann der Energiebedarf bis zum unteren Grenzwert der Zulufttemperatur nach dem im Kapitel 3 beschriebenen Verfahren erfolgen. Der verbleibende Heizbedarf der Zonennacherhitzer folgt dann aus der Gebäudebilanzierung nach Kapitel 2.

Zweikanal-Anlagen

Bei Zweikanalanlagen erfolgt die zonenweise Zulufttemperaturregelung durch das Mischen von Warm- und Kaltluft-Teilvolumenströmen. Im Gegensatz zu VVS-Anlagen können Zweikanal-Anlagen auch das Heizen von Räumen übernehmen. Neben den hohen Luftvolumenströmen wirken sich die Mischvorgänge nachteilig auf den Energiebedarf aus. Man findet zwei unterschiedliche Systemaufbauten:

- Der Luftkühler befindet sich im gemeinsamen Luftstrom vor der Aufteilung in Warm- und Kaltkanal
- Luftkühler und Nacherhitzer befinden sich separat im jeweiligen Kalt- und Warmkanal. Im gemeinsamen Strang findet nur die Vorerwärmung und gegebenfalls eine Befeuchtung statt.

Im ersten Fall ist die Bilanzierung mit dem vorgeschlagenen Verfahren möglich, wenn die Luftaufbereitung bis zur Zulufttemperatur des Kaltkanals berechnet wird. Aus dem Gesamtvolumenstrom und der Kaltkanaltemperatur wird eine

Wärmesenke im Gebäude gebildet. Der Energiebedarf für das Nachwärmen folgt dann aus der Gebäudebilanz (Kapitel 2). Für den Nutzenergiebedarf ist es unerheblich, ob das Nachwärmen im kleineren Warmluftstrom, im Gesamtluftstrom oder in der Gebäudezone stattfindet.
Findet die Kühlung dagegen nur im Kaltkanal statt, kann der Energiebedarf etwas günstiger ausfallen. Allgemein gültige Gesetzmäßigkeiten lassen sich für diesen Fall nicht ableiten, sodass das vereinfachte Kennwertverfahren an die Grenzen stößt. Die mischungsbedingten Exergieverluste dieses Anlagentyps hängen sehr stark davon ab, wie gut die Sollwertsteuerung von Warm- und Kaltlufttemperatur an die jeweilige Gebäudelast angepasst wird. Es wird vorgeschlagen, auch für diese Anlagen nach dem obigen Modell vorzugehen. Alternativ stünde das detaillierte Verfahren nach Kapitel 3.1.3 zur Verfügung.

Literaturverzeichnis zu Kapitel 3

[3-1] (Vornorm) DIN V 18599 Teil 3: Energetische Bewertung von Gebäuden – Berechnung des Nutz-, End- und Primärenergiebedarfs für Beheizung, Kühlung, Beleuchtung und Warmwasserbereitung – Teil 3: Berechnung des Nutzenergiebedarfs für die energetische Luftaufbereitung; Juli 2005

[3-2] Schiller, H.: SANIREV 2 – Energetische Bewertung von Gebäuden mit raumlufttechnischen Anlagen; Endbericht: Vereinfachtes Verfahren zur Bewertung des Nutzenergiebedarfs der thermischen Luftaufbereitung und des Endenergiebedarfs der Luftförderung; Dezember 2005

[3-3] DIN 4710: Meteorologische Daten zur Berechnung des Energieverbrauchs von heiz- und raumlufttechnischen Anlagen, November 1982

[3-4] BMFT Forschungsbericht T 87-051, Entwicklung von Testreferenzjahren (TRY) für Klimaregionen der Bundesrepublik Deutschland, 1986

[3-5] VDI 2067 Blatt 21: Wirtschaftlichkeit gebäudetechnischer Anlagen; Energieaufwand der Nutzenübergabe; Raumlufttechnik; Mai 2003

[3-6] VDI 2071: Wärmerückgewinnung in raumlufttechnischen Anlagen; Dezember 1997

[3-7] DIN 1946 Teil 2: Raumlufttechnik; Gesundheitstechnische Anforderungen; Januar 1994

[3-8] Glück, B.: Vergleichsprozesse der Klimatechnik; C. F. Müller Verlag; Heidelberg; 1998

[3-9] Arbeitskreis der Dozenten: Lehrbuch der Klimatechnik; Band 2: Berechnung und Regelung,Verlag C. F. Müller GmbH, Karlsruhe

[3-10] VDI-Wärmeatlas. 8. Auflage. Düsseldorf: VDI Verlag 1997

[3-11] Reichert, E.: Ein Verfahren zur Bestimmung des Energie- und Stoffaufwands zur Luftbehandlung bei raumlufttechnischen Anlagen; Dissertation, Universität Stuttgart Mitteilung Nr. 5

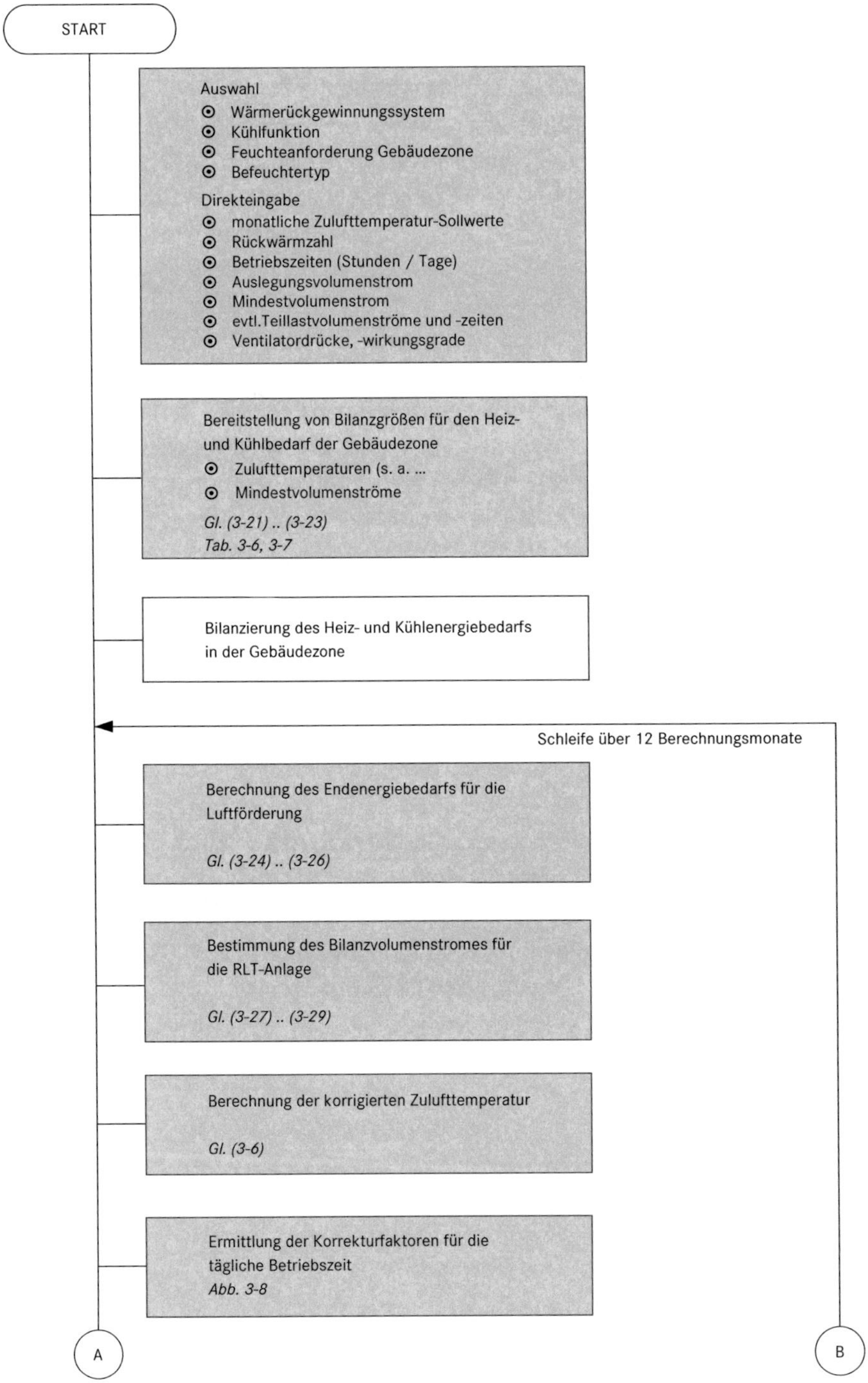

Abb. A 3-1: Berechnungsalgorithmus für die Bilanzierung der thermischen Luftaufbereitung

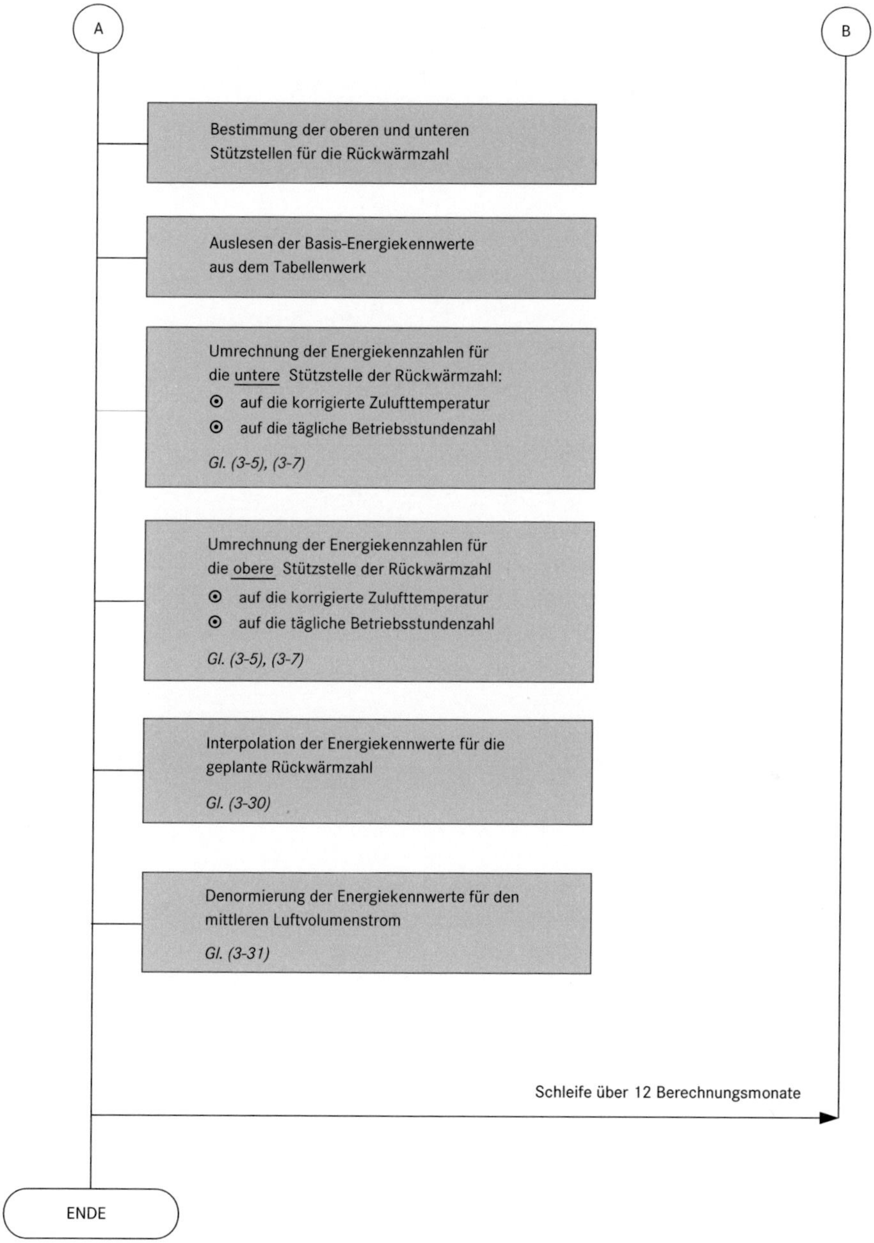

Abb. A 3-2: Berechnungsalgorithmus für die Bilanzierung der thermischen Luftaufbereitung (Fortsetzung)

Jan de Boer

4 Nutzenergiebedarf für Beleuchtung

Die energetisch zu berücksichtigenden Einflüsse bei der Beleuchtung umfassen wie in Abb. 4-1 zusammengestellt die Nutzungsanforderungen, die installierte elektrische Anschlussleistung des Beleuchtungssystems, die Tageslichtversorgung und die Beleuchtungskontrolle. Die Nutzung eines Gebäudes oder Gebäudebereiches definiert die Anforderungen, die an ein Beleuchtungssystem zu stellen sind. Hierbei sind die anerkannten und standardisierten quantitativen Vorgaben zu befolgen; qualitative Gütemerkmale der Beleuchtung sollten in der Planung Berücksichtigung finden [4-2], [4-11]. Quantitative Vorgaben umfassen im Wesentlichen die im Bereich der Sehaufgabe bereitzustellenden Beleuchtungsstärken, die angemessene Entblendung von Leuchten und Fassaden und die Farbwiedergabe. Qualitative Merkmale einer guten Beleuchtung berücksichtigen darüber hinaus funktionale und gestalterische Vorgaben an Lichtfarbe, harmonische Leuchtdichteverteilung, Lichtrichtung und Schattigkeit. Aus der Nutzung definieren sich des Weiteren die Betriebszeiten von Beleuchtungsanlagen.

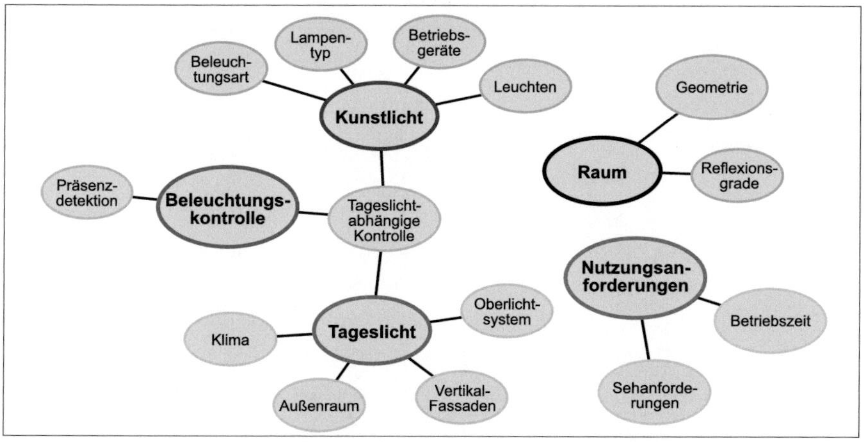

Abb. 4-1: Zusammenstellung der diversen Einflussgrößen auf den Nutzenergiebedarf Beleuchtung

Die Nutzungsanforderungen können mit unterschiedlichen künstlichen Beleuchtungssystemen erfüllt werden. Die energetisch maßgeblichen Parameter sind die Beleuchtungsart (z. B. direkte vs. indirekte Beleuchtung), Lampen-, Leuchten- und Betriebsgeräteart. Die Ausführung einer Kunstlichtinstallation richtet sich darüber hinaus nach den Raumparametern (Geometrie und Reflexionsgrade der Raumumschließungsflächen), so dass auch diesen unmittelbare energetische

Relevanz beizumessen ist. Tageslichtnutzung kann die Betriebszeiten des künstlichen Beleuchtungssystems senken. Die Tageslichtversorgung wird maßgeblich durch die klimatischen Randbedingungen, den Außenraum (Verbauungen), die Fassaden- und wiederum die Raumausführung beeinflusst. Beleuchtungskontrolle umfasst die Präsenzdetektion und die tageslichtabhängige Kontrolle des Kunstlichts durch den Nutzer und/oder automatische Beleuchtungskontrollsysteme.

Eine Methodik zur Ermittlung des Nutzenergiebedarfs für Beleuchtung [4-5] muss geplante oder vorhandene Beleuchtungsanlagen nach diesen Kriterien mit hinreichender Genauigkeit bewerten können. Energetische Potenziale einzelner Beleuchtungssystemparameter sollen darstellbar sein. Der Energiebedarf für Beleuchtungszwecke ist als interner Wärmegewinn sowohl für den Heiz- als auch für den Kühlfall zu berücksichtigen. Bis dato in normativen Verfahren gemachte pauschale Annahmen bezüglich der internen Wärmegewinne durch Beleuchtung können somit durch diese genauere Betrachtung ersetzt werden. Die Bewertung dekorativer Beleuchtungsanlagen ist nicht Umfang der hier dargestellten Methodik, da für derartige Anlagen kaum standardisierte Anforderungsprofile festzulegen sind. Sie lassen sich energetisch zumeist nur objektbezogen bewerten.

Einführend sei auf zwei zentrale Unterschiede zwischen thermischer und lichttechnischer Modellierung hingewiesen:

- Im Gegensatz zu den bei der thermischen Modellbildung üblichen und ausreichend genauen Flächenmodellen ist bei der Bewertung der Beleuchtung die Betrachtung raumgeometrischer Zusammenhänge erforderlich. Dies gilt sowohl für das Teilmodell zur Bestimmung der installierten, elektrischen Anschlussleistung des künstlichen Beleuchtungssystems als auch für das Teilmodell zur Tageslichtversorgung.
- Der Tageslichteintrag kann nicht wie die solaren Wärmeeinträge näherungsweise direkt proportional in der Gebäudezone verrechnet werden. Thermisch wird die in den Raum eindringende Solarstrahlung vollständig bilanziert. Lichttechnisch wird aufgrund der Nichtspeicherbarkeit des Lichts jeweils nur der Anteil des Tageslichts bis zum Erreichen der erforderlichen, nutzungsabhängigen Beleuchtungsstärke am Nachweisort (z. B. Arbeitsplatz) angesetzt. Hierdurch kommt es zu Sättigungseffekten: Ein Mehr an eindringendem Tageslicht sorgt nicht unmittelbar für höhere Einspareffekte für Beleuchtungszwecke.

In Abschnitt 4.1 werden mit dem generellen Verfahrensansatz, Konzepten zur Aufteilung von Gebäuden in lichttechnisch zu differenzierende Berechnungsbereiche und den allgemeinen Randbedingungen zunächst die Grundlagen der Methodik dargelegt. Die Modelle zur Ermittlung der elektrischen Anschlussleistung werden in Abschnitt 4.2 diskutiert. Dies umfasst die Darstellung erforderlicher Anpassungen am so genannten Wirkungsgradverfahren und die Entwicklung eines einfachen Tabellenverfahrens. Die Modellierung der Erfassung der Belegung von Berechnungsbereichen (Präsenzdetektion) wird beschrieben. Abschnitt 4.3 setzt sich mit dem Einfluss des Tageslichts auf den Energiebedarf auseinander. Dies umfasst zunächst die Definition derjenigen Berechnungsbereiche, die als tageslichtversorgt betrachtet werden können. Anschließend wird auf die Modellierung des Einflusses von vertikalen Fassaden und Dachoberlichtern eingegangen. Die Modellbildung tageslichtabhängiger Beleuchtungskontrolle schließt die Darstellungen des Bewertungsverfahrens ab.

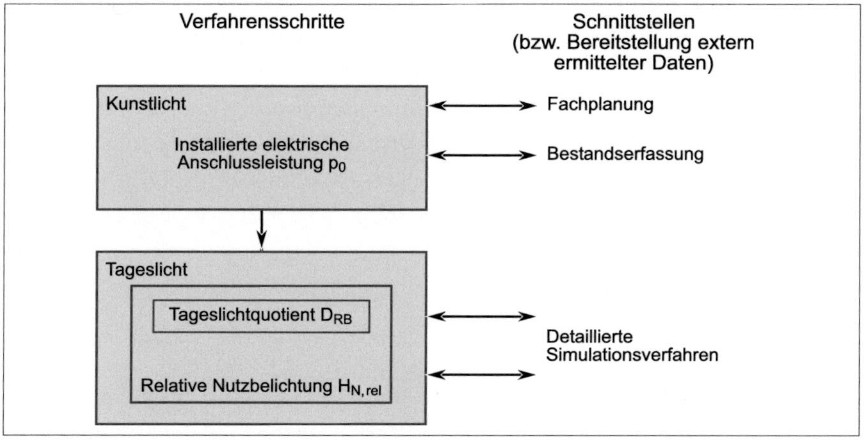

Abb. 4-2: Die wesentlichen in den Teilmodellen vorgesehenen Schnittstellen

4.1 Grundlagen der Methodik

An das Bewertungsverfahren werden Anforderungen hinsichtlich einfacher Anwendbarkeit, Integrationsmöglichkeiten mit dem gesamtenergetischen Bewertungsverfahren und offener Verfahrensarchitektur gestellt.

Die Verfahrensanwendung sollte bei ausreichender Genauigkeit auf Grundlage der verfügbaren Datenlage einfach möglich sein. Ein grundlegendes Verständnis lichttechnischer Zusammenhänge sollte die Verfahrensanwendung ermöglichen – ohne jedoch lichttechnische Spezialkenntnisse abzufordern. Das Bewertungsverfahren wird bei Vorhaben, die sich in der Planung befinden (Neubau oder Bestandserschließung), zumeist im frühen Planungsstadium zum Einsatz kommen. Im Allgemeinen sind die relevanten Einflussgrößen für die Raumbeleuchtungsverhältnisse zu diesem Zeitpunkt nur teilweise bekannt. Für nicht genau bekannte Verfahrensparameter sind plausible, an der gängigen Planungspraxis orientierte Annahmen zu treffen.

Das Modell muss in Übereinstimmung mit der Modellbildung des Gesamtnachweisverfahrens (vgl. Kapitel 2) stehen. So sind beispielsweise Verbauungen analog der üblichen Bewertung der solaren Wärmegewinne (vgl. Ermittlung Teilbestrahlungsfaktoren in Kapitel 2) abzubilden. Interne Wärmegewinne durch die Beleuchtung sind auf monatlicher Basis zu ermitteln. Die räumliche, lichttechnische Bereichsbildung muss in Abstimmung mit der thermischen Zonierung erfolgen.
Die Architektur des Bewertungsverfahrens wird derart ausgelegt, dass statt genutzter einfacher Teilmodelle auch genauere Verfahren zur Bestimmung einzelner Verfahrensgrößen oder beispielsweise im Gebäudebestand direkt ermittelte Verfahrensgrößen hinzugezogen werden können. So wird es beispielsweise ermöglicht, die installierte elektrische Anschlussleistung anstatt mit Hilfe der neu entwickelten Näherungsverfahren auch mit einer detaillierten Fachplanung zu bestimmen. Entsprechendes gilt für die tageslichttechnischen Teilmodelle. Die Verfahrensarchitektur mit den vorgesehenen wesentlichen Schnittstellen zum Einsatz alternativer Verfahren ist in Abb. 4-2 dargestellt.

4.1.1 Genereller Verfahrensansatz

Der Verfahrensansatz geht zunächst von der real in einem Zeitintervall umgesetzten elektrischen Energie durch das künstliche Beleuchtungssystem bei zeitlich veränderlicher Leistungsaufnahme p(t) in einem betrachteten Gebäudebereich, im Folgenden als »Berechnungsbereich« bezeichnet, aus:

$$Q_l = \int_{t_1}^{t_2} p(t) \cdot A \cdot dt \tag{4-1}$$

Q_l Energiebedarf Beleuchtung im betrachteten Berechnungsbereich [kWh/a]

A Fläche des Berechnungsbereichs [m²]

Beispielsweise variiert p(t) über den Tag durch das Schaltverhalten der Nutzer oder aber durch den Einsatz elektronischer Kontrolleinrichtungen zur Präsenzerfassung und zur tageslichtabhängigen Beleuchtungskontrolle. Die Kenntnis des genauen Verlaufs von p(t) ist bei der angestrebten zeitlichen Auflösung des Verfahrens (Jahres- und Monatswerte) nicht erforderlich. Vereinfacht kann daher der Energiebedarf Q_l in einem betrachteten Gebäudebereich auch als Produkt aus der auf die Fläche bezogenen elektrischen Anschlussleistung p_0, der Fläche des Berechnungsbereichs A und einer effektiven Betriebszeit der Beleuchtungsanlage t_{eff} aufgefasst werden:

$$Q_l = p_0 \cdot A \cdot t_{eff}. \tag{4-2}$$

p_0 flächenbezogene, elektrische Anschlussleistung des Berechnungsbereiches [W/m²]

t_{eff} effektive Betriebszeit des künstlichen Beleuchtungssystems [h].

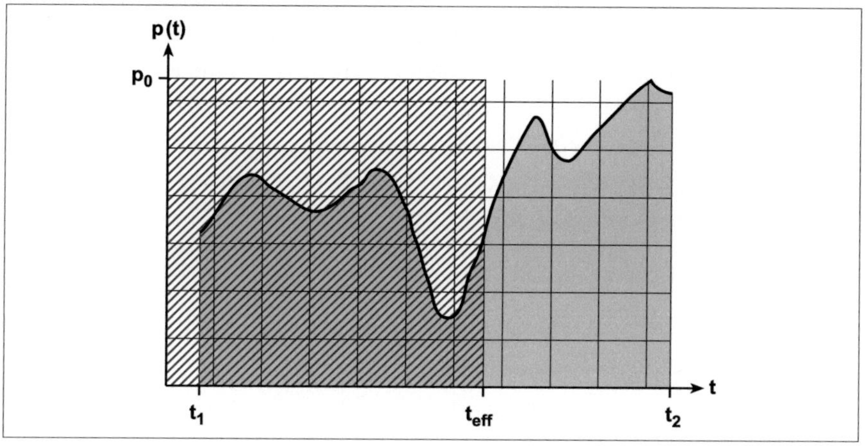

Abb. 4-3: Übergang zu einer vereinfachten Beschreibung des Energiebedarfs durch Gewichtung der elektrischen Anschlussleistung p_0 mit einer effektiven Zeit t_{eff}

Abb. 4-3 verdeutlicht exemplarisch den Schritt von der Integration der Momentanleistung p(t) nach Gleichung (4-1), dargestellt durch die blaue Fläche, zu der vereinfachten Gewichtung der installierten Anschlussleistung mit effektiven Betriebszeiten gemäß Gleichung (4-2), dargestellt durch die schraffierte Fläche. Die schraffierte Fläche repräsentiert denselben Energiebedarf wie die blaue Fläche. Der Vorteil des Ansatzes liegt in einer einfachen Betrachtung des künstlichen Beleuchtungssystems: Es muss lediglich die flächenbezogene, installierte elektrische Anschlussleistung p_0 ermittelt werden. Dies kann auf Grundlage von Berechnungsverfahren erfolgen oder aber durch eine Erfassung von Bestandsanlagen. Der Einfluss des Tageslichtes und der Präsenzerfassung auf die Betriebszeiten des künstlichen Beleuchtungssystems wird in der effektiven Betriebszeit t_{eff} berücksichtigt. Die effektive Betriebszeit ist somit immer kleiner oder gleich der Betriebszeit des Berechnungsbereiches.

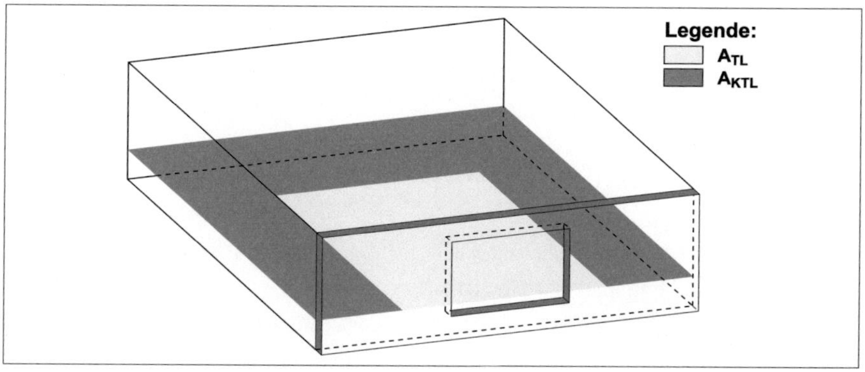

Abb. 4-4: Beispielhafte Aufteilung eines Berechnungsbereiches in einen tageslicht- und einen nicht tageslichtversorgten Bereich

Der vereinfachte Verfahrensansatz nach Gleichung (4-2) wird nun strukturell zu einer Methodik ausgeweitet, die es erlaubt, Teilbereiche eines Berechnungsbereiches mit und ohne Tageslichtversorgung zu beschreiben. Abb. 4-4 zeigt eine derartige Aufteilung exemplarisch für einen Büroraum. In dem tageslichtversorgten Bereich A_{TL} ist sodann eine Aufteilung der Gesamtbetriebszeit in ein Zeitintervall mit ausreichendem Tageslichtangebot und in ein Zeitintervall ohne Tageslichtangebot (Nachtzeit) erforderlich. Diese wiederum hängen gemäß der Nutzungsanforderungen von den jeweiligen Anfangs- und Endbetriebszeiten ab. Der Energiebedarf für einen betrachteten Berechnungsbereich ergibt sich nach dem Ablaufdiagramm in Abb. 4-5 zu:

$$Q_l = p_0 \cdot \left[A_{TL} \cdot (t_{eff,Tag,TL} + t_{eff,Nacht}) + A_{KTL} \cdot (t_{eff,Tag,KTL} + t_{eff,Nacht}) \right], \quad (4\text{-}3)$$

wobei für die Gesamtfläche des Berechnungsbereiches

$$A = A_{TL} + A_{KTL} \quad (4\text{-}4)$$

gilt. Hierin bedeuten:

- A_{TL} Teilfläche des Berechnungsbereiches, der mit Tageslicht versorgt ist,
- A_{KTL} Teilfläche des Berechnungsbereiches, der nicht mit Tageslicht versorgt ist,
- $t_{eff,Tag,TL}$ Effektive Betriebszeit des Beleuchtungssystems im tageslichtversorgten Bereich zur Tagzeit,
- $t_{eff,Tag,KTL}$ Effektive Betriebszeit des Beleuchtungssystems im nicht tageslichtversorgten Bereich zur Tagzeit,
- $t_{eff,Nacht}$ Effektive Betriebszeit des Beleuchtungssystems in dem Berechnungsbereich zur Nachtzeit.

Die effektiven Betriebszeiten $t_{eff,Tag,TL}$, $t_{eff,Tag,KTL}$ und $t_{eff,Nacht}$ beinhalten durch Gewichtung der Betriebszeiten mit den jeweiligen Teilbetriebsfaktoren die Einflüsse der Präsenzdetektion und der tageslichtabhängigen Kontrolle des künstlichen Beleuchtungssystems:

$$t_{eff,Tag,TL} = t_{Tag} \cdot F_{TL} \cdot F_{Prä} \quad (4\text{-}5)$$

$$t_{eff,Tag,KTL} = t_{Tag} \cdot F_{Prä} \quad (4\text{-}6)$$

$$t_{eff,Nacht} = t_{Nacht} \cdot F_{Prä} \quad (4\text{-}7)$$

Dabei sind

- t_{Tag} Betriebszeit zur Tageszeit,
- t_{Nacht} Betriebszeit zur Nachtzeit,
- F_{TL} Teilbetriebsfaktor zur Berücksichtigung der Tageslichtversorgung,
- $F_{Prä}$ Teilbetriebsfaktor zur Berücksichtigung der Präsenz.

Es wird davon ausgegangen, dass Präsenzdetektionsysteme im gesamten betrachteten Berechnungsbereich zur gesamten Betriebszeit wirksam sind. Sie finden über einen Teilbetriebsfaktor $F_{Prä}$ Eingang in das Verfahren. Tageslichtabhängige Kontrolle ist dagegen folgerichtig nur im tageslichtversorgten Bereich zur Tagzeit wirksam und wird dementsprechend nur bei der Ermittlung von $t_{eff,Tag,TL}$ über einen Teilbetriebsfaktor F_{TL} berücksichtigt. Der Einfluss der Präsenzdetektion und der Einfluss des Tageslichts auf den Energiebedarf für Beleuchtung werden somit unabhängig voneinander beschrieben. Dieser Zusammenhang ist aufgrund folgender Überlegung gerechtfertigt. Wird ein Berechnungsbereich nur zu geringen Anteilen der Betriebszeit auch wirklich genutzt – was einer geringen Präsenz entspricht – und schaltet ein Präsenzdetektionssystem (bzw. der Nutzer) die Anlage aus, können gemäß Gleichung (4-5) auch nur zu diesen Zeitanteilen Einspareffekte durch Tageslicht wirksam werden. Gleichungen (4-5) bis (4-7) erlauben des Weiteren die Berücksichtigung des Einflusses unterschiedlicher Betriebszeiten auf den Energiebedarf.

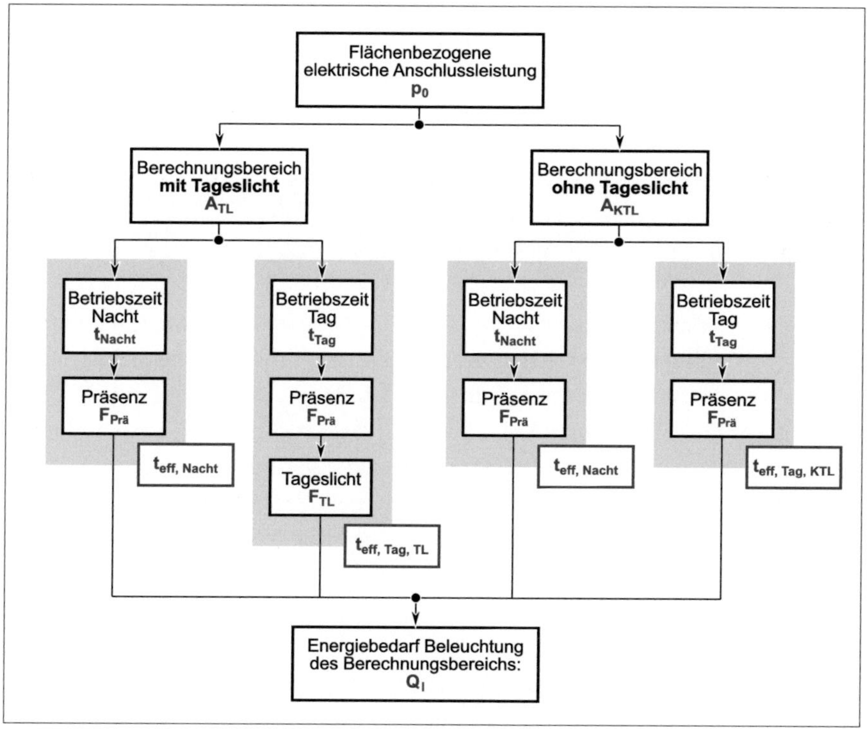

Abb. 4-5: Ablaufdiagramm zur Ermittlung des Nutzenergiebedarfs für Beleuchtung für einen Berechnungsbereich

Der Energiebedarf wird zunächst auf jährlicher Basis bestimmt und dann mittels eines Verteilungsschlüssels auf monatliche Werte umverteilt (vgl. Abschnitt 4.3.5). Bei mehreren in einem Gebäude betrachteten Berechnungsbereichen ist der Gesamtenergiebedarf über die Einzelbereiche aufzusummieren.

4.1.2 Bestimmung der Betriebszeiten

Die Betriebszeiten zur Tag- und Nachtzeit t_{Tag} und t_{Nacht} lassen sich aus den jeweiligen Start- und Endbetriebszeiten und den Zeiten, zu denen Tageslicht (zwischen Sonnenauf- und Sonnenuntergang) verfügbar ist, ermitteln. Die Sonnenauf- und Untergangszeiten können in Abhängigkeit der geografischen Lage des Gebäudes aus den beispielsweise in DIN 5034 definierten astronomischen Grundtatsachen bestimmt werden.

4.1.3 Bestimmung der Berechnungsbereiche

Da die Bewertung einzelner Beleuchtungsstromkreise in der frühen Planungsphase nicht umsetzbar ist, sind Gebäude nach definierten Teilungskriterien in lichttechnische Berechnungsbereiche zu unterteilen, in denen näherungsweise die gleichen energetisch zu bewertenden Randbedingungen gelten. Teilungskriterien ergeben sich, wie in Abb. 4-5 dargestellt, aus den Nutzungsanforderungen an das Beleuchtungssystem und der technischen Ausführung der Anlage selbst. Die Nutzungsanforderungen sind:

- Wartungswert der Beleuchtungsstärke, $\overline{E}_m$, (vgl. Abschnitt 4.2.1)
- Höhe der Nutzebene h_{Ne}
- Betriebszeiten t_B, d. h. t_{Tag} und t_{Nacht}
- relative Abwesenheit C_A, vgl. Abschnitt 4.2.4.

Beispielsweise kann ein als Büro genutzter Gebäudeteil zu einem Berechnungsbereich zusammengefasst werden, wenn in den Büros die gleichen Anforderungen an den Wartungswert der Beleuchtungsstärke $\overline{E}_m$ = 500 lx, Höhe der Nutzebene h_{Ne} = 0,8 m, Betriebszeit t_B = 2346 h ($8^{00}-17^{00}$, 5 Tage Woche) und einer relativen Abwesenheit der Nutzer C_A = 0,3 gelten. Darüber hinaus kann es sinnvoll sein, den Einfluss raumgeometrischer Zusammenhänge einzelner Berechnungsbereiche durch Vorgabe typischer Kennwerte vereinfacht zu charakterisieren:

- Faktor zur Berücksichtigung des Bereichs der Sehaufgabe k_A auf Grundlage der DIN EN 12464, vgl. Abschnitt 4.2.1
- Raumindex k, Raumwirkungsgrade η_R, vgl. Abschnitte 4.2 und 4.3.

Dies dient dazu, aufwendige geometrische Modellbildungen zu vermeiden bzw. Annahmen bei noch nicht feststehender endgültiger Raumaufteilung treffen zu können.

Die Nutzungsanforderungen können mit unterschiedlichen technischen Mitteln realisiert werden. Sind diese über den gesamten Bereich identisch oder ähnlich,

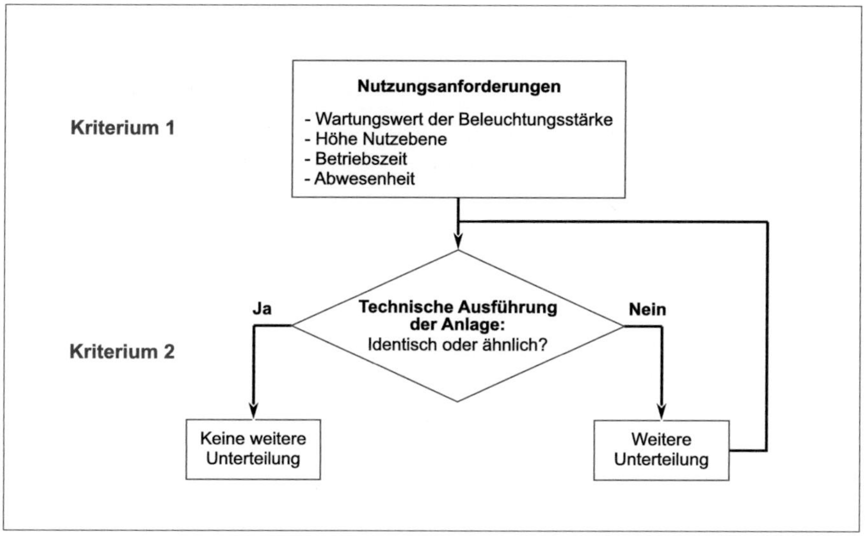

Abb. 4-6: Ablaufdiagramm zur Bestimmung der Berechnungsbereiche

ist keine weitere Bereichsteilung erforderlich. Weichen diese aber in wesentlichen energetischen Systemparametern voneinander ab, so empfiehlt es sich, weiter zu unterteilen. Werden beispielsweise in einem Bürobereich mit identischen Nutzungsanforderungen einige Teilbereiche mit Halogenbeleuchtung und andere mit Leuchtstofflampen ausgestattet, ist aufgrund der stark unterschiedlichen Lichtausbeuten der Leuchtmittel (Halogen etwa 20 lm/W, Leuchtstofflampen bis 90 lm/W) eine weitere Unterteilung sinnvoll. Entsprechend kann bei einer über den Berechnungsbereich variierenden Präsenzkontrolle vorgegangen werden.

Darüber hinaus empfiehlt es sich, Beleuchtungsanlagen, die zu unterschiedlichen Zeiten nach unterschiedlichen Nutzungsanforderungen betrieben werden, als separate Bereiche mit unterschiedlichen Nutzungsprofilen zu beschreiben. Die sich ergebenden Energiebedarfswerte sind anschließend zu überlagern. Als Beispiel sei hier ein Mehrzwecksaal angeführt, der tagsüber für Schulungszwecke mit stabförmigen Leuchtstofflampen beleuchtet wird, abends mittels einer Halogenbeleuchtung für repräsentative Zwecke genutzt wird. Die Trennung erscheint somit sowohl aufgrund der unterschiedlichen Nutzungsanforderungen als auch der technischen Ausführung der Anlage geboten.

Bei Tageslichteintrag sind in einzelnen Berechnungsbereichen die tageslichtversorgten Bereiche zu ermitteln (und zu bewerten). Näherungsweise wird davon ausgegangen, dass tageslichtabhängige Kontrollsysteme jeweils nur in dem tageslichtversorgten Bereich wirksam sind. Die Unterteilung eines Berechnungsbereiches in tageslicht- und nicht tageslichtversorgte Bereiche wird näher in Abschnitt 4.3.1 erläutert.

4.1.4 Allgemeine Randbedingungen

Zwecks vereinfachter Verfahrensanwendung werden im Folgenden allgemeine Randbedingungen hinsichtlich Wahl eines Bezugsklimas und hinsichtlich der Wahl von Standardreflexionsgraden für das Kunstlicht- und das Tageslichtmodell dargelegt.

Klimatische Randbedingungen

Die für thermische Modellbildung genutzten Test-Referenzjahre [4-3] enthalten keine lichttechnischen Größen. Über Umrechnungsmodelle [4-16] lassen sich aus den gemessenen strahlungsphysikalischen die lichttechnischen Größen bestimmen. Gemäß der in Tab. 4-1 zusammengestellten und in Abb. 4-7 dargestellten kumulierten horizontalen Jahresbelichtung der Klimazonen Deutschlands kommen die meteorologischen Randbedingungen des Standortes Frankfurt mit einer ermittelten Jahresbelichtung von 100,5 Mlxh dem Mittelwert aller TRY-Wetterstationen von 100,9 Mlxh am nächsten. Abb. 4-7 stellt ergänzend die monatliche Verteilung der Belichtung für den Standort Frankfurt dar.

Tab. 4-1: Zusammenstellung der aus den Strahlungsdaten der TRY-Wetterstationen errechneten jährlichen, horizontalen Belichtungen nach Diffus-, Direkt-, und Gesamtanteil

TRY-Wetterstation (Nummer des Wetterdatensatzes)	Belichtung [Mlxh/a]		
	Diffusanteil	Direktanteil	Gesamt
Augsburg (8)	61,3	42,4	103,7
Bremen (1)	52,3	37,5	89,8
Essen (3)	61,3	33,5	94,8
Frankfurt (6)	59,9	40,6	100,5
Freiburg (7)	61,3	44,7	106,0
Friedrichshafen (12)	59,7	51,4	111,0
Hannover (2)	56,7	32,3	89,0
Hof (11)	56,5	38,7	95,2
München (9)	60,0	43,8	103,8
Stötten (10)	58,7	52,8	111,5
Trier (4)	59,9	38,5	98,4
Würzburg (5)	59,0	47,1	106,1
Mittel	58,9	41,9	100,8

Der Einfluss der meteorologischen Randbedingungen unterschiedlicher Standorte auf die Tageslichtversorgung ist in [4-4] untersucht worden. Es wurde nur eine geringe Abhängigkeit von der in Abb. 4-7 dargestellten Jahresbelichtung festgestellt, so dass die Annahme nur eines repräsentativen Klimas – für den Standort Frankfurt – als gerechtfertigt erscheint.

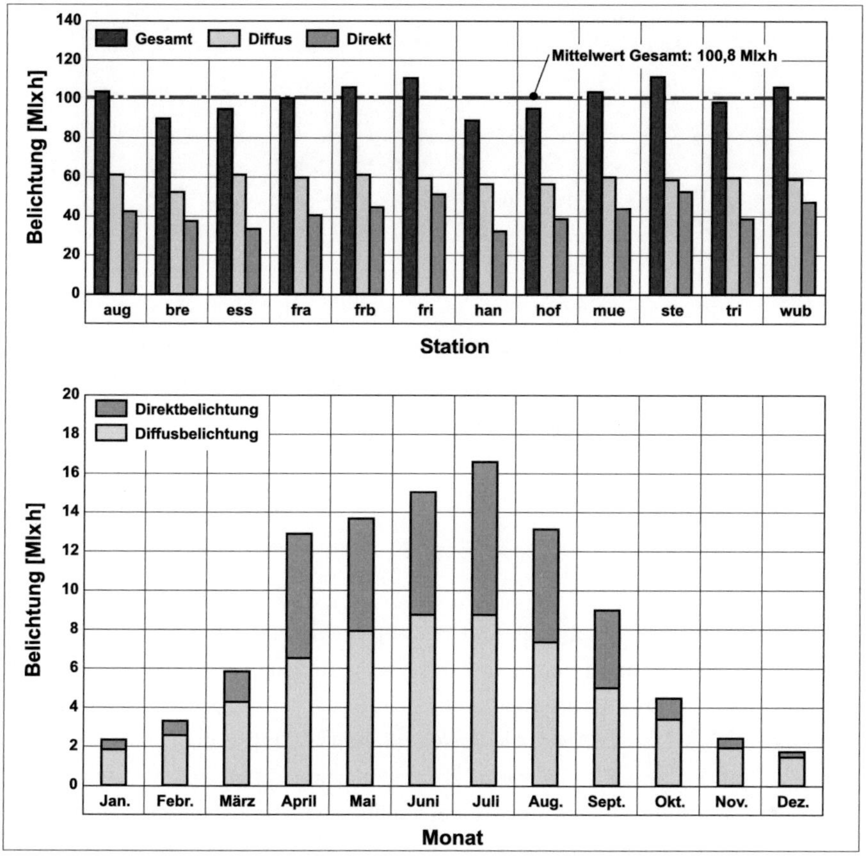

Jahresbelichtung

Monatsbelichtung

Abb. 4-7: Gegenüberstellung der aus den Strahlungsdaten der TRY-Wetterstationen errechneten jährlichen horizontalen Belichtungen nach Diffus-, Direkt- und Gesamtanteil (oben). Monatliche horizontale Belichtungen für den Standort Frankfurt (unten)

Reflexionsgrade

Die Beleuchtungsverhältnisse werden maßgeblich durch die Reflexionsgrade der Raumumschließungsflächen bestimmt. Der Lichtreflexionsgrad des Bodens und die Lichtreflexionsgrade von Verbauungen im Außenraum beeinflussen darüber hinaus zusätzlich die Tageslichtversorgung im Innenraum. In der gängigen Normungs- und Planungspraxis werden, wenn keine genaueren Angaben vorliegen, die in Tab. 4-2 angegebenen Standardwerte für die Lichtreflexionsgrade von Raumbegrenzungsflächen angesetzt. Da in der frühen Planungsphase meist keine detaillierten Angaben zu Anstrichen, Bodenbelägen und auch der Gestaltung der Inneneinrichtung, welche die mittleren Reflexionsgrade von Raumumschließungsflächen maßgeblich beeinflussen können, vorliegen, werden die in Tab. 4-2 aufgeführten Reflexionsgrade als allgemeine Randbedingung des Bewertungsverfahrens zugrunde gelegt. Die Werte sind somit sowohl Grundlage des Teilmodells zur Ermittlung der installierten elektrischen Anschlussleistung (vgl. Abschnitt 4.2) als auch des Teilmodells zur Bewertung der Tageslichtverhältnisse (vgl. Abschnitt 4.3).

Tab. 4-2: Angenommene Standardwerte für die Lichtreflexionsgrade von Raumbegrenzungsflächen und den Außenbereich

Raumbegrenzungsfläche	Lichtreflexionsgrad [-]
Boden	0,2
Wand	0,5
Decke	0,7
Außen (Boden und Verbauungen)	0,2

Soll im Gesamtverfahren oder dessen Teilmodellen der Einfluss anderer Reflexionsgradkombinationen bewertet werden, kann auf alternative (Teil-)Verfahren zurückgegriffen werden. Auf diese wird an entsprechender Stelle verwiesen.

4.2 Kunstlicht

Bei Bestandsanlagen lässt sich die installierte elektrische Anschlussleistung direkt durch eine Bauaufnahme oder durch Leistungsmessung der betrachteten Beleuchtungsstromkreise ermitteln und im Gesamtverfahren nach Gleichung (4-3) berücksichtigen. Die Auslegung von Neuanlagen erfolgt in der Lichtplanung in der Regel mit Fachplanungssoftware. Die heutzutage eingesetzten Algorithmen gestatten hierbei die Berechnung der Beleuchtungsverhältnisse für nahezu beliebig komplexe Raumgeometrien und Beleuchtungslösungen. In elektronischen Katalogen bereitgestellte Angaben zur Leistungsaufnahme der Beleuchtungssysteme bestehend aus Lampe und Betriebsgerät, ermöglichen die unmittelbare Bestimmung der Anschlussleistung. Fachplanungssoftware erfordert die detaillierte Eingabe dreidimensionaler Raumdaten sowie die genaue Spezifikation und Platzierung der Leuchten und ist daher in der frühen Planungsphase eher die Ausnahme. Mit Hilfe von Fachplanungssoftware ermittelte installierte Leistungen können aber dennoch analog der Berücksichtigung von Bestandsanlagen direkt ins Gesamtverfahren nach Gleichung (4-3) einfließen.
Vorläufer der heutigen Softwaregeneration stützten sich auf das so genannte Wirkungsgradverfahren zur überschlägigen Ermittlung der Anzahl der Leuchten bei einer bereitzustellenden mittleren Beleuchtungsstärke. Das Wirkungsgradverfahren ist im Wesentlichen tabellenbasiert und kann von Hand gerechnet werden. Hersteller von Leuchten stellen im Allgemeinen die zur Parametrierung erforderlichen Kennwerte bereit. Dieses Verfahren bietet somit im Rahmen der für diese Gesamtbewertungsmethodik erforderlichen Genauigkeit und der vorhandenen Datengrundlage eine Möglichkeit, die elektrische Anschlussleistung ohne den zum Teil erheblichen Aufwand einer o. g. Fachplanung zu ermitteln.

Im Folgenden wird zunächst das Wirkungsgradverfahren erläutert. Aufgrund neuer Anforderungen an die Beleuchtung von Arbeitsstätten gemäß DIN EN 12464 [4-11] ist eine Anpassung des Verfahrens erforderlich [4-23]. Das Wirkungsgradverfahren ermöglicht die Berücksichtigung vielfältiger Beleuchtungssysteme. Da deren Ausführung in der frühen Planungsphase zumeist nicht bekannt ist, werden Kennwerte typischer Beleuchtungssysteme ermittelt. Auf Basis dieser typischen Systeme ist aus dem Wirkungsgradverfahren ein Tabellenverfahren abgeleitet worden, das ohne die genaue Vorkenntnis beispielsweise einzelner Leuchten zur Anwendung kommen kann [4-23]. Die erforderliche Parametrierung und der Zusammenhang zwischen Aufwand und Genauigkeit sind vergleichend für das Tabellenverfahren, das angepasste Wirkungsgradverfahren und eine Fachplanung in Tab. 4-3 gegenübergestellt.

	Verfahren	Erforderliche Parametrierung	Zeitaufwand vs. Genauigkeit
1	Tabellenverfahren	Raumnutzung, Raumgeometrie, Beleuchtungsart, Lampentyp	+ geringer Zeitaufwand – mittlere Genauigkeit
2	Angepasstes Wirkungsgradverfahren	Raumnutzung, Raumgeometrie, Beleuchtungsart, Lampentyp, Leuchtentyp	– erhöhter Zeitaufwand + hohe Genauigkeit
3	Detaillierte Fachplanung	Detailliertes Raummodell und genaue Spezifikation des künstlichen Beleuchtungssystems	–– hoher Zeitaufwand ++ sehr hohe Genauigkeit

Tabelle 4-3: Gegenüberstellung möglicher Verfahren zur Ermittlung der elektrischen Anschlussleistung der Kunstlichtbeleuchtung [4-23]

4.2.1 Wirkungsgradverfahren

Bei der Ermittlung der Beleuchtungsverhältnisse auf einer Nutzebene ist neben des direkt von den Leuchten auf die Nutzebene gestrahlten Lichtstroms die Vielfachreflexion zwischen den Raumumschließungsflächen zu berücksichtigen. Eine genaue Berechnung dieser Vielfachreflexion kann beispielsweise mit so genannten »Radiosity« Algorithmen erfolgen. Diese errechnen die vollständige Leuchtdichteverteilung im Raum, aus der beliebige Beleuchtungsstärkeverteilungen, z. B. auf Nutzebenen, ermittelt werden können. Sie bieten sich somit zur detaillierten Analyse der Beleuchtungsverhältnisse an.

Planungspraktisch ist es oft jedoch schon ausreichend, die Anzahl der Lampen bzw. Leuchten zu bestimmen, die erforderlich ist, um eine gewünschte mittlere Beleuchtungsstärke $\overline{E}_m$ auf einer Nutzebene A zu erhalten. Die Wirkung eines von den Lampen in den Leuchten ausgestrahlten Lichtstroms ϕ auf den zur

Beleuchtung einer Nutzebene nutzbaren Lichtstrom ϕ_N kann durch den Beleuchtungswirkungsgrad

$$\eta_B = \frac{\phi_N}{\phi} = \frac{\bar{E} \cdot A}{\phi} \quad [-] \tag{4-8}$$

beschrieben werden. Die Ermittlung des erforderlichen Lichtstroms nach

$$\phi = \frac{\phi_N}{\eta_B} = \frac{\bar{E} \cdot A}{\eta_B} \quad [\mathrm{lm}] \tag{4-9}$$

für eine vorgegebene mittlere Beleuchtungsstärke wird als »Wirkungsgradverfahren« bezeichnet. Der Lichtstrom ϕ ist sodann durch eine entsprechende Lampen- bzw. Leuchtenzahl bereitzustellen.
Der Beleuchtungswirkungsgrad kann durch die Einzeleinflüsse, den Leuchtenbetriebswirkungsgrad η_{LB} und den Raumwirkungsgrad η_R beschrieben werden:

$$\eta_B = \eta_{LB} \cdot \eta_R \quad [-] \tag{4-10}$$

η_{LB} Leuchtenbetriebswirkungsgrad der eingesetzten Leuchte
η_R Raumwirkungsgrad.

Dies ermöglicht mittels η_R die unabhängige Beschreibung des Raumeinflusses auf die mittleren Beleuchtungsverhältnisse auf einer Nutzebene. Der Raumwirkungsgrad hängt ab von der Abstrahlcharakteristik und Positionierung der Leuchten im Raum, der Raumgeometrie, beschrieben durch den Raumindex k und den Reflexionsgraden der Raumumschließungsflächen. In Abhängigkeit der genannten Parametrierung können für die Abstrahlcharakteristik einzelner Leuchten die Raumwirkungsgrade nach vorgegebenen Verfahren ermittelt oder aus Tabellenwerken für typisierte Abstrahlcharakteristika entnommen werden [4-18]. Abb. 4-8 zeigt beispielhaft eine Auswahl unterschiedlicher Abstrahlcharakteristika von Leuchten (Lichtstärkeverteilungskurven). Abb. 4-9 zeigt für eine ausgewählte Leuchte exemplarisch den Raumwirkungsgrad in Abhängigkeit des Raumindex.
Der Raumindex ist gemäß Abb. 4-10 definiert als

$$k = \frac{a_R \cdot b_R}{h \cdot (b_R + a_R)} \tag{4-11}$$

a_R Raumtiefe [m]
b_R Raumbreite [m]
h Differenz aus den Höhen der Pendelebene der Leuchte h_{Pe} und der Nutzebene h_{Ne} [m].

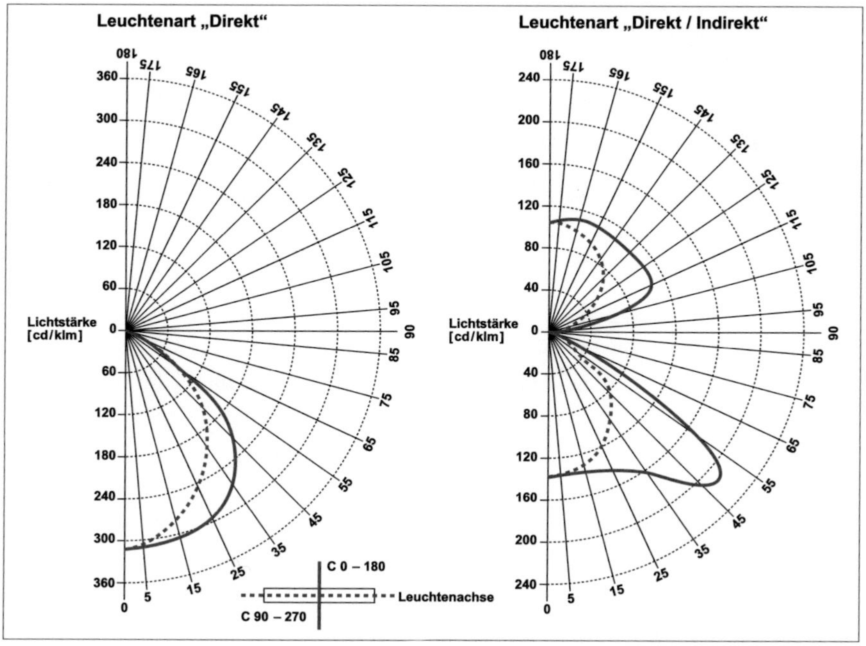

Abb. 4-8: Exemplarische Darstellung von Lichtstärkeverteilungskurven ausgewählter Leuchten

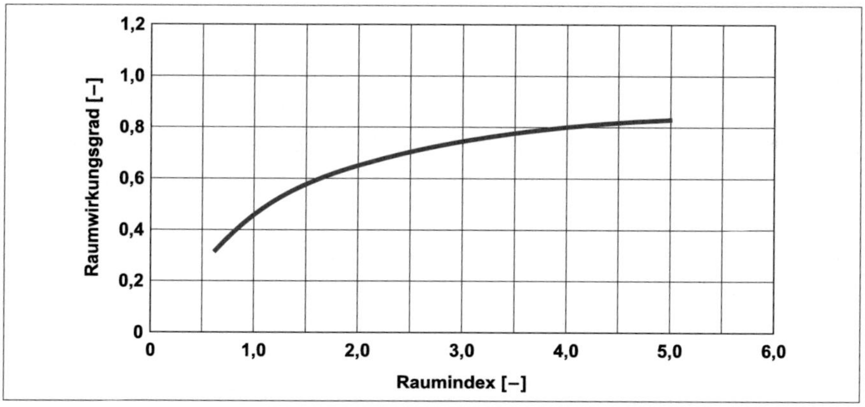

Abb. 4-9: Exemplarische Darstellung des Raumwirkungsgrades einer direkt/indirekt Leuchte in Abhängigkeit des Raumindex für Standardreflexionsgrade nach Tab. 2

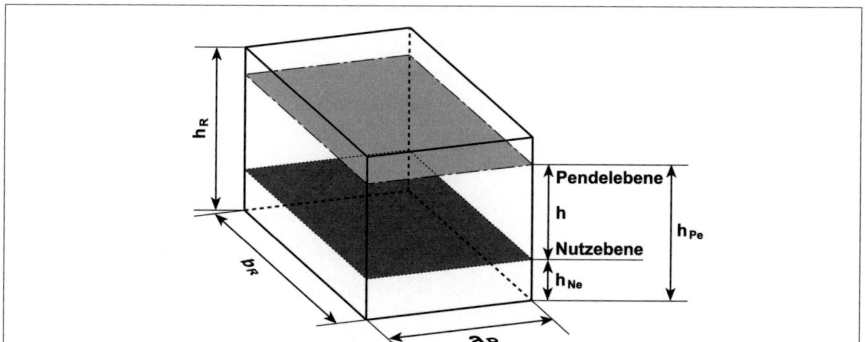

Abb. 4-10: Schematische Darstellung zur Bestimmung der Höhe h

Raumtyp 1	Raumtyp 2	Raumtyp 3	Raumtyp 4	Raumtyp 5
sehr schmal	schmal	kompakt	ausgedehnt	sehr ausgedehnt
z. B. Flur	z. B. Einzelbüro	z. B. Gruppenbüro	z. B. Konferenzraum	z. B. Halle
	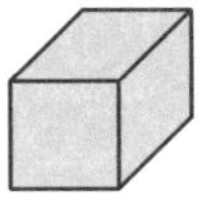	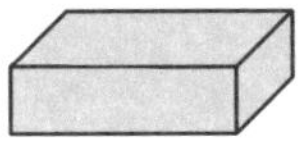	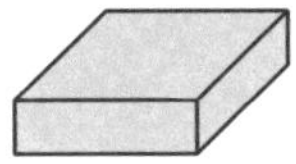	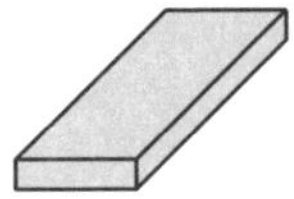
k = 0,69	k = 0,98	k = 1,91	k = 2,86	k = 4,40

Abb. 4-11: Darstellung unterschiedlicher Raumgeometrietypen und zugehöriger Raumindizes

Exemplarisch sind in Abb. 4-11 Raumindizes für unterschiedliche Raumtypen dargestellt. Für schmale, lange Räume (beispielsweise Flure) ergeben sich niedrige Raumindizes. Für weite Raumgeometrien (beispielsweise Hallen) stellen sich dagegen höhere Raumindizes ein. Aufgrund der erhöht wirksamen Absorption des von den Leuchten emittierten Lichtstroms an den Raumumschließungsflächen sind Raumwirkungsgrade für niedrige Raumindizes bei gleichem Leuchtentyp und gleichen Raumreflexionsgraden kleiner als für große Raumindizes. Leuchten mit einem hohen Direktlichtanteil weisen höhere Raumwirkungsgrade auf als Leuchten mit höheren Indirektanteilen. Des Weiteren erhöhen größere Raumreflexionsgrade den Raumwirkungsgrad. Ein weiter, heller Raum mit Leuchtentypen, die einen hohen Direktlichtanteil aufweisen, benötigt daher einen geringeren Lichtstrom und damit eine geringere installierte elektrische Anschlussleistung für dieselbe mittlere Beleuchtungsstärke wie ein schmaler dunkler Raum mit Leuchten, die einen hohen Indirektanteil aufweisen.
Aus dem nach Gleichung (4-9) ermittelten Lampenlichtstrom ϕ ergibt sich die installierte elektrische Leistung gemäß

$$P_0 = \frac{\phi}{\eta_S}. \tag{4-12}$$

P_0 Elektrische Anschlussleistung für die Kunstlichtbeleuchtung eines Raumes [W].

Hierbei stellt η_S die Systemlichtausbeute des Systems aus Lampe und Betriebsgerät dar:

$$\eta_S = \frac{\eta_L}{f_{VG}}. \tag{4-13}$$

η_S Systemlichtausbeute des eingesetzten Leuchtmittels mit Vorschaltgerät [lm/W]

η_L Lichtausbeute des eingesetzten Leuchtmittels ohne Berücksichtigung des Vorschaltgerätes [lm/W]

f_{VG} Faktor zur Berücksichtigung der Vorschaltgeräteart [–].

Die Bestimmung der installierten elektrischen Leistung mit Hilfe des Wirkungsgradverfahrens ergibt sich somit zu

$$P_0 = \frac{\overline{E} \cdot A}{\eta_S \cdot \eta_{LB} \cdot \eta_R} \quad (4\text{-}14)$$

Hieraus ergibt sich direkt die auf die Nutzebene bezogene installierte elektrische Anschlussleistung

$$p_0 = \frac{P_0}{A} \quad (4\text{-}15)$$

Das Wirkungsgradverfahren ist beschränkt auf quaderförmige Räume. η_L, η_S und η_{LB} sind Herstellerangaben zu entnehmen.

4.2.2 Angepasstes Wirkungsgradverfahren

Aus der gültigen DIN EN 12464 »Beleuchtung von Arbeitsstätten« ergibt sich der Bedarf, das Wirkungsgradverfahren bezüglich zweier neuer Bewertungskonzepte

- des »Wartungswertes der Beleuchtungsstärke« und
- des »Bereichs der Sehaufgabe«

anzupassen.

Wartungswert der Beleuchtungsstärke

Die DIN EN 12464 bezieht sich nicht mehr wie vormals die DIN 5035 [4-9] auf die Nennbeleuchtungsstärke, sondern auf den so genannten Wartungswert der Beleuchtungsstärke $\overline{E}_m$. Dieser berücksichtigt den Rückgang des Lichtstroms durch Alterung und Verschmutzung und darf in den definierten Wartungszyklen nicht unterschritten werden [4-25]. Abb. 4-12 illustriert exemplarisch einen derartigen Wartungszyklus. Wartungswerte der Beleuchtungsstärke für unterschiedliche Nutzungsanforderungen sind in DIN EN 12464 dokumentiert. Betragsmäßig entsprechen diese Werte weitestgehend den vormals genutzten Nennbeleuchtungsstärken (z. B. Büros: 500 lx). Der Einfluss der Abnahme des Lichtstroms wird nun aber über so genannte Wartungsfaktoren *WF* berücksichtigt. Der Wartungsfaktor ist definiert als das Verhältnis vom Wartungswert zum Anfangswert der Beleuchtungsstärke. Aus Detailinformationen zum geplanten Wartungszyklus, zu erwartender Raumverschmutzung etc. ist für Beleuchtungsanlagen ein Wartungsplan zu erstellen. Fehlen zur Erstellung des Wartungsplans erforderliche Detailinformationen oder sind vereinfachte Projektierungen durchzuführen, wird ein Wartungsfaktor von 0,67 empfohlen. Eine neue Beleuchtungsanlage ist daher beispielsweise für eine Büroraumsituation mit einem Anfangswert von 500 lx/0,67 = 746 lx im Bereich der Sehaufgabe zu installieren.

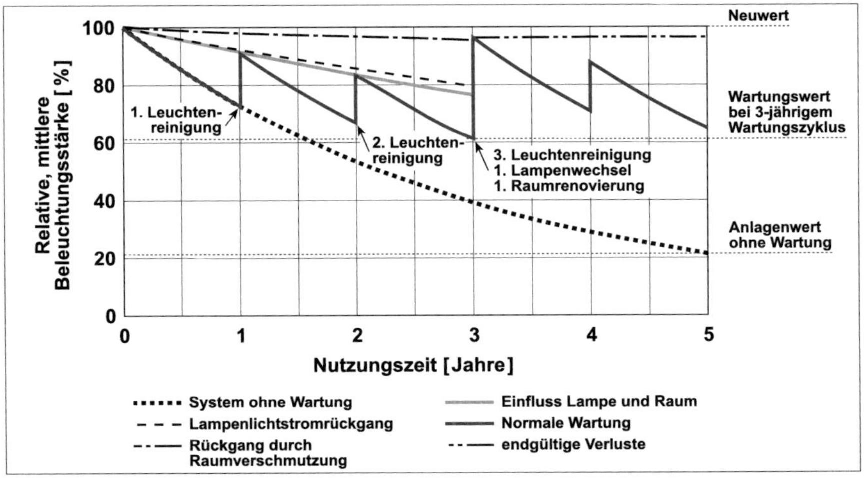

Abb. 4-12: Exemplarischer Wartungszyklus einer Beleuchtungsanlage

Bereich der Sehaufgabe, Minderungsfaktor k_A

Nach DIN EN 12464-1 liegen Anforderungen an die Wartungswerte der Beleuchtungsstärke lediglich für den Bereich der Sehaufgabe A_m und den unmittelbaren Umgebungsbereich A_U vor. Vormals war nach DIN 5035 im Allgemeinen im gesamten Raum, d. h. auf der gesamten Fläche A, die Nennbeleuchtungsstärke E_{Nenn} einzuhalten.
Die Wartungswerte der Beleuchtungsstärke werden gemäß Abb. 4-13 unterschiedlichen Teilgrundflächen A_m und A_U in einem Raum zugeordnet [4-23].

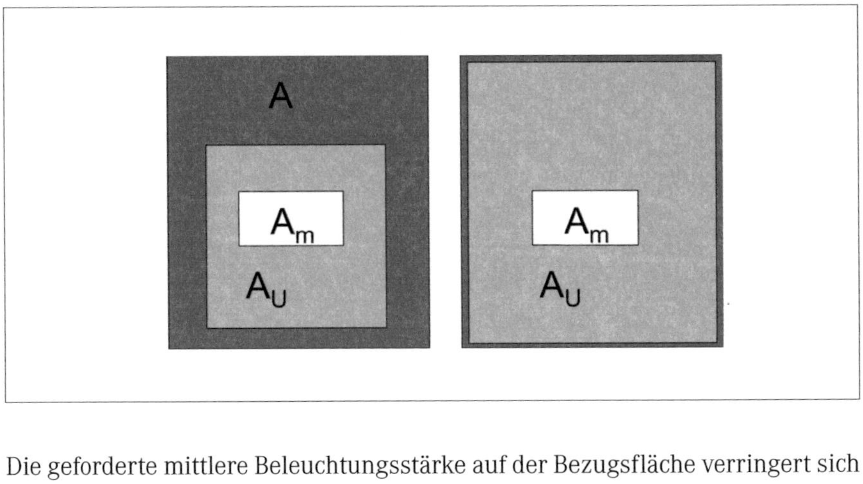

Abb. 4-13: Darstellung von Raumbereichen mit unterschiedlichen Beleuchtungsanforderungen (links). Darstellung zur vereinfachten Annahme der Raumbereiche (rechts)

Die geforderte mittlere Beleuchtungsstärke auf der Bezugsfläche verringert sich somit auf einen mit den zugeordneten Flächenanteilen gewichteten Mittelwert.

Dementsprechend kann ein Minderungsfaktor k_A zur Berücksichtigung des Bereichs der Sehaufgabe definiert werden:

$$k_A = \frac{\bar{E}_m \cdot A_m + \bar{E}_U \cdot A_U}{\bar{E}_m \cdot A} \tag{4-16}$$

In einer Näherung wird davon ausgegangen, dass der Umgebungsbereich A_U dem Anteil an der Grundfläche des Raumes A entspricht, der nicht zu dem Bereich der Sehaufgabe A_m gehört. Somit ergibt sich eine vereinfachende Handhabung:

$$k_A = \frac{\bar{E}_m \cdot A_m + \bar{E}_U \cdot (A - A_m)}{\bar{E}_m \cdot A} \tag{4-17}$$

Als Anteil des Sehaufgabenbereichs A_m an der Grundfläche des Raumes A wird ein Raumbelegungsfaktor bf definiert:

$$\mathrm{bf} = \frac{\mathrm{A_m}}{\mathrm{A}} \tag{4-18}$$

Für den Minderungsfaktor k_A ergibt sich nun:

$$k_A = bf + (1 - bf) \cdot \frac{\bar{E}_u}{\bar{E}_m} \tag{4-19}$$

So kann mit Hilfe von Orientierungswerten für die Raumbelegung und der für die in diesem Raum empfohlenen Wartungswerte der Beleuchtungsstärke der Minderungsfaktor k_A einfach bestimmt werden. Für unterschiedliche Raumnutzungen können vereinfachte Typtabellenwerte bereitgestellt werden.
Der Minderungsfaktor k_A führt tendenziell zu einer leicht konservativen Abschätzung, da der Umgebungsbereich A_U der Differenz aus Raumgrundfläche A und Fläche der Sehaufgabe A_m gleichgesetzt wird. k_A ist somit geringfügig höher als sich nach genauer Bewertung ergeben würde.

Anpassung des Wirkungsgradverfahren

Das Bewertungskonzept des »Wartungswertes der Beleuchtungsstärke« findet nun über den Wartungsfaktor WF Eingang in das Wirkungsgradverfahren. Der Einfluss des Bereichs der Sehaufgabe wird über den Minderungsfaktor k_A berücksichtigt. Die elektrische Anschlussleistung lässt sich somit wie folgt ermitteln:

$$\mathrm{p_0} = \frac{\mathrm{k_A} \cdot \bar{\mathrm{E}}_\mathrm{m}}{\mathrm{WF} \cdot \eta_\mathrm{S} \cdot \eta_\mathrm{LB} \cdot \eta_\mathrm{R}} \,. \tag{4-20}$$

4.2.3 Tabellenverfahren

Das Tabellenverfahren soll eine überschlägige Ermittlung der installierten elektrischen Anschlussleistung ohne Zuhilfenahme weiterer externer Informationen, wie z. B. von Leuchtenkatalogen, ermöglichen. Eine überschlägige Abschätzung der installierten elektrischen Leistung wird in Abhängigkeit der Parameter

- Wartungswert der Beleuchtungsstärke
- Beleuchtungsart
- Lampentyp inklusive Betriebsgerät
- Minderungsfaktor Bereich der Sehaufgabe
- Raumgeometrie

ermöglicht. Es werden die Standardreflexionsgrade der Raumumschließungsflächen gemäß Tab. 4-2 zu Grunde gelegt. Das Tabellenverfahren basiert auf dem zuvor diskutierten Wirkungsgradverfahren. Die elektrische Anschlussleistung ergibt sich gemäß:

$$p_0 = \bar{E}_m \cdot p_{lx} \cdot k_A \cdot k_L \cdot k_R \,. \tag{4-21}$$

Hierbei sind

p_{lx} auf 1 lx bezogene spezifische elektrische Anschlussleistung [W/(m²lx)],

k_L Korrekturfaktor Lampenart [–],

k_R Korrekturfaktor zur Berücksichtigung des Einflusses der Raumauslegung [–].

Der Wartungswert der Beleuchtungsstärke $\bar{E}_m$ und der Minderungsfaktor zur Berücksichtigung des Bereichs der Sehaufgabe k_A werden unverändert gegenüber dem angepassten Wirkungsgradverfahren berücksichtigt. Sie können für typische Nutzungsanforderungen tabellarisch vorgegeben werden. Die Parameter p_{lx}, k_L und k_R werden aus einer Parametrierung der Wirkungsgradverfahren durch drei Referenzbeleuchtungssysteme ermittelt.

Hierzu wird zunächst eine Klassifizierung von Leuchten durch die mit ihnen zu realisierenden Hauptbeleuchtungsarten vorgenommen. DIN 5040 [4-10] gibt eine entsprechende Klassifizierung für fünf Beleuchtungsarten vor. Als Unterscheidungskriterium dient der relative Lichtstrom in den unteren Halbraum φ_u. Es wird unterschieden nach den Beleuchtungsarten »direkt«, »überwiegend direkt«, »direkt/indirekt«, »überwiegend indirekt« und »indirekt«. Gemäß Tab. 4-4 wird die Klassifizierung auf die drei Gruppen »direkt«, »direkt/indirekt« und »indirekt« zusammengefasst. Die Klassifizierungen »überwiegend direkt« und »überwiegend indirekt« werden daher vereinfachend den anderen drei Beleuchtungsarten zugeschlagen.

Beleuchtungsart nach DIN 5034	Relativer Lichtstrom in den unteren Halbraum φ_u gemäß Definition nach [4-10]	Zuordnungsintervalle φ_u zu den Klassen
A: direkt	0,9 ... 1	0,7 ... 1
C: direkt/indirekt	0,4 ... 0,6	0,1 ... 0,7
E: indirekt	0 ... 0,1	0,0 ...0,1

Tab. 4-4: Vereinfachte Klassifizierung von Beleuchtungsanlagen in Anlehnung an DIN 5040 [4-10]

Aus diesen drei Beleuchtungsarten werden jeweils repräsentative Leuchten ausgewählt, deren Raumwirkungsgrade in Abhängigkeit des Raumindex in Tab. 4-5 zusammengefasst und in Abb. 4-14 dargestellt sind. Zusätzlich sind Tab. 4-5 die Reziprokwerte der Raumwirkungsgrade zu entnehmen.

Raumwirkungsgrad η_R

Beleuchtungsart	Raumindex k									
	0.6	0,8	1	1.25	1.5	2	2.5	3	4	5
direkt	0,48	0,59	0,67	0,76	0,82	0,89	0,94	0,98	1,02	1,05
direkt/indirekt	0.31	0.39	0.46	0.52	0.57	0.65	0.7	0.74	0.79	0.83
indirekt	0,17	0,23	0,29	0,36	0,41	0,48	0,53	0,57	0,62	0,65

Tab. 4-5: Raumwirkungsgrade repräsentativer Leuchten für die Beleuchtungsarten »direkt«, »direkt/indirekt« und »indirekt« in Abhängigkeit vom Raumindex k für Standardreflexionsgrade

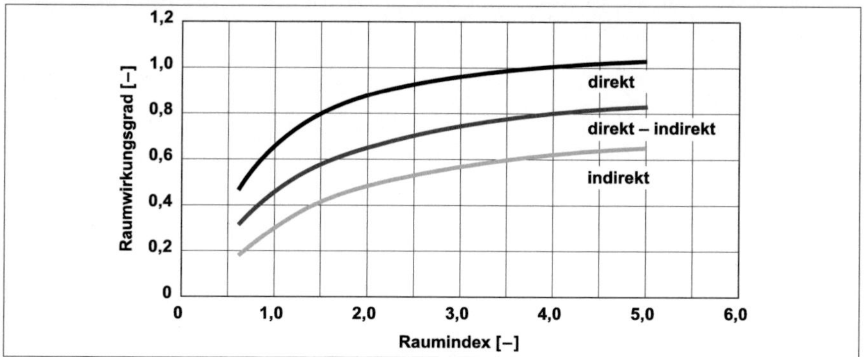

Abb. 4-14: Raumwirkungsgrade repräsentativer Leuchten für die Beleuchtungsarten »direkt«, »direkt/indirekt« und »indirekt« in Abhängigkeit des Raumindex k für Standardreflexionsgrade

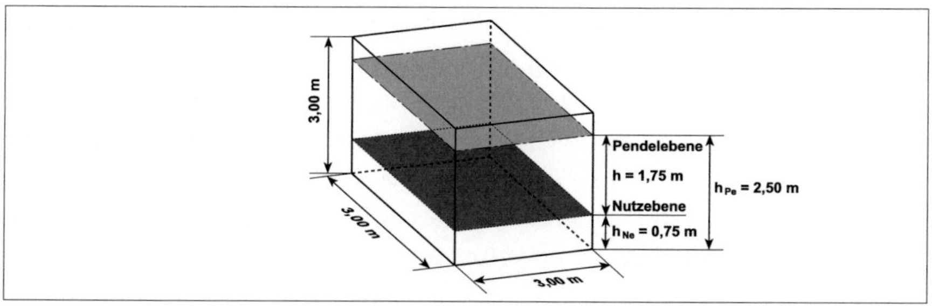

Abb. 4-15: Darstellung des genutzten Referenzraumes zur Parametrierung des Tabellenverfahrens

Die drei Beleuchtungssysteme werden nun gemäß Tab. 4-6 für repräsentative Systemlichtausbeuten $\eta_{S,rep}$ und Leuchtenbetriebswirkungsgrade $\eta_{LB,rep}$ für den in Abb. 4-15 dargestellten Referenzraum ausgelegt. Hierbei werden stabförmige Leuchtstofflampen mit EVGs mit einer Systemlichtausbeute $\eta_{S,rep}$ = 80 lm/W angenommen. Für die Leuchtengruppen wurden folgende Leuchtenbetriebswirkungsgrade angesetzt:

- »direkt«: 0,7
- »direkt-indirekt«: 0,8
- »indirekt«: 0,75.

Nach Gleichung (4-11) ergeben sich Raumindizes von k = 0,67 für »direkt« und k = 0,86 für »direkt/indirekt« und »indirekt«. Die zugehörigen Raumwirkungsgrade $\eta_{R,rep}$ lassen sich dann unmittelbar aus Tab. 4-5 bestimmen. Der Wartungsfaktor wird nach ZVEI-Empfehlung [4-25] standardmäßig zu WF_{rep} = 0,67 angesetzt.

Für diese repräsentativen Beleuchtungslösungen enthält die rechte Spalte von Tab. 4-6 die sich einstellenden auf 1 lx bezogenen elektrischen Anschlussleistungen p_{lx} gemäß

$$p_{lx} = \frac{1}{WF_{rep} \cdot \eta_{S,rep} \cdot \eta_{LB,rep} \cdot \eta_{R,rep}} \quad . \tag{4-22}$$

Tab. 4-6: Parametrierung des angepassten Wirkungsgradverfahrens zur Ermittlung von p_{1lx} des Tabellenverfahrens für die drei repräsentativen Beleuchtungsarten

Beleuchtungsart	Angesetzter Wartungsfaktor	Systemlichtausbeute	Leuchtenbetriebswirkungsgrad	Raumwirkungsgrad	reziproker Raumwirkungsgrad	Ermittelte elektrische Anschlussleistung bezogen auf die Raumfläche und den Wartungswert der Beleuchtungsstärke
	WF_{rep}	$\eta_{S,rep}$	$\eta_{LB,rep}$	$\eta_{R,rep}$	$1/\eta_{R,rep}$	p_{1lx}
	[-]	[lm/W]	[-]	[-]	[-]	[W/(m²lx)]
direkt	0,67	80	0,7	0,52	1,93	0.05
direkt/ indirekt	0,67	80	0,8	0,41	2,43	0.06
indirekt	0,67	80	0,75	0,25	4,03	0.10

Von den drei Referenzbeleuchtungssystemen abweichende Lampenarten inkl. Betriebsgeräten und Raumgeometrien werden nun durch die Korrekturfaktoren k_L und k_R in Gleichung (4-21) berücksichtigt. Die Korrekturfaktoren der Lampenart k_L sind aus einer Querschnittsauswertung gebräuchlicher Lampen nach [4-19] abgeleitet. Für variierende Raumindizes ergibt sich k_R durch Normierung der Kehrwerte der in Tab. 4-5 zusammengestellten und in Abb. 4-14 dargestellten

Raumwirkungsgrade η_R auf die jeweiligen reziproken Raumwirkungsgrade $1/\eta_{R,rep}$ des Referenzraumes nach Tab. 4-6. Die sich so ergebenden Werte von k_R sind Tab. 4-8 und Abb. 4-16 zu entnehmen. Die Ermittlung der auf 1 lx bezogenen elektrischen Anschlussleistung p_{1lx} wurde durch eine Querschnittsauswertung unterschiedlicher Beleuchtungssysteme mit einer Fachplanungssoftware validiert. Es ergab sich im Mittel eine gute Übereinstimmung [4-23]. Abb. 4-17 stellt beispielhaft für die Beleuchtungsart »direkt/indirekt« die installierte elektrische Anschlussleistung für unterschiedliche Verfahrensparameter dar.

Lampenart		Faktor
Glühlampen		6
Halogenglühlampen		5
Leuchtstofflampen kompakt	mit EVG	1,2
	mit VVG	1,4
	mit KVG	1,5
Metallhalogendampf-Hockdruck mit KVG		1
Natriumdampf-Hockdruck mit KVG		0,8
Quecksilberdampf-Hochdruck mit KVG		1,7

Tab. 4-7: Korrekturfaktor k_L zur Berücksichtigung verschiedener Lampenarten

Beleuchtungsart	Raumindex k											
	0,6	0,7	0,8	0,9	1	1,25	1,5	2	2,5	3	4	5
direkt	1,08	0,97	0,89	0,82	0,77	0,68	0,63	0,58	0,55	0,53	0,51	0,48
direkt/indirekt	1,33	1,17	1,06	0,97	0,90	0,79	0,72	0,64	0,58	0,56	0,53	0,53
indirekt	1,46	1,25	1,08	0,95	0,85	0,69	0,60	0,52	0,47	0,44	0,41	0,41

Tab. 4-8: Korrekturfaktor k_R zur Berücksichtigung des Raumeinflusses in Abhängigkeit vom Raumindex k

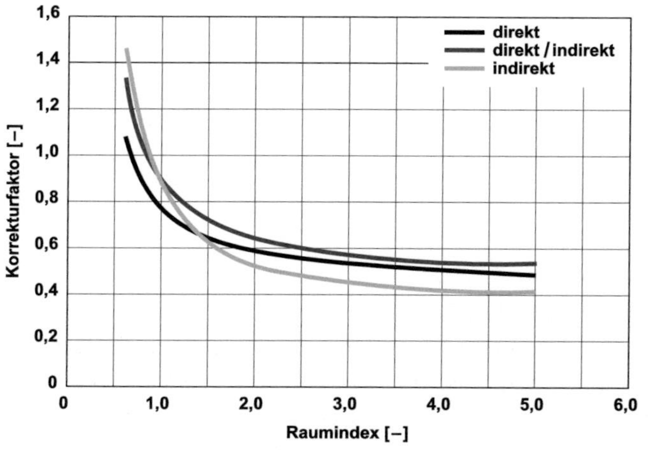

Abb. 4-16: Korrekturfaktor k_R zur Berücksichtigung des Raumeinflusses in Abhängigkeit vom Raumindex k

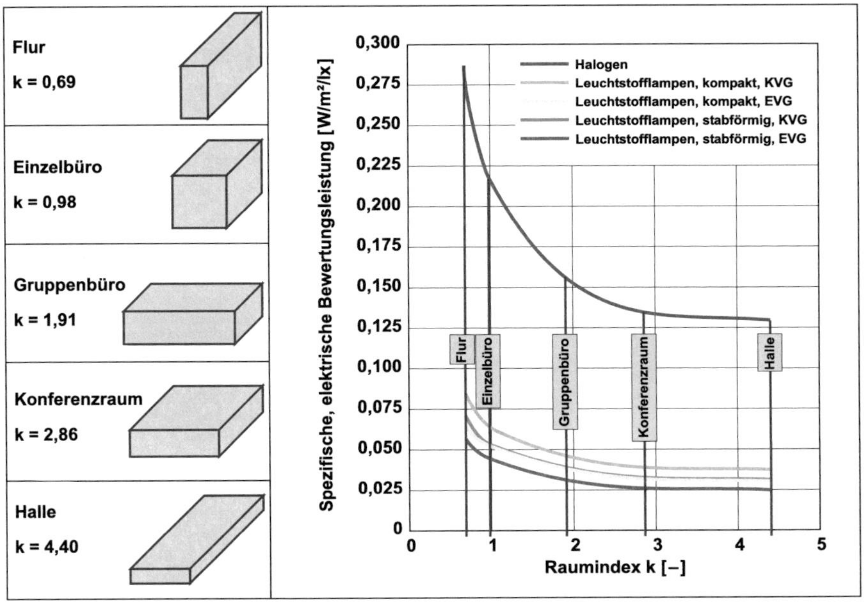

Abb. 4-17: Elektrische Anschlussleistung p_{lx} ermittelt nach dem Tabellenverfahren für die Beleuchtungsart »direkt/indirekt« verschiedener Beleuchtungslösungen in Abhängigkeit beispielhafter Raumgeometrien parametriert über den Raumindex k

4.2.4 Belegung: Präsenzdetektion

Die Abschaltung der Beleuchtung in Zeiten der Abwesenheit der Nutzer bietet energetische Einsparpotenziale. Es wird mit der so genannten relativen Abwesenheit C_A ein relatives energetisches Einsparpotenzial definiert. $C_{Prä,kon}$ beschreibt die Effizienz der Beleuchtungskontrollsysteme, dieses Potenzial auszunutzen. Der Teilbetriebsfaktor zur Berücksichtigung der Präsenz ergibt sich somit zu

$$F_{Prä} = 1 - C_A \cdot C_{Prä,kon} \tag{4-23}$$

$C_{Prä,kon}$ beschreibt zugleich die manuelle und die automatische Präsenzerfassung. Der Teilbetriebsfaktor stellt in den Gleichungen (4-5), (4-6) und (4-7) ein direktes Maß der Wirkung der Präsenzerfassung auf den Energiebedarf dar. C_A kann in Abhängigkeit des Raumtyps und der Nutzung vorgegeben werden. Automatische Präsenzdetektionssysteme nutzen vorhandene Potenziale im Allgemeinen gut aus, so dass für $C_{Prä,kon}$ Werte zwischen 0,9 bis 0,95 angemessen erscheinen. Manuelle Betätigung ist dagegen eher konservativ mit geringeren Werten abzuschätzen. Zur Ermittlung statistisch gut abgesicherter Angaben sollten zukünftig ggf. weiterführende Detailuntersuchungen an Anlagen im Betrieb sowohl in Bezug auf die Abwesenheit als auch das Schaltverhalten der Nutzer durchgeführt werden.

4.3 Tageslicht

Zur Beschreibung des Einflusses von Tageslicht auf den Nutzenergiebedarf für Beleuchtung sind zunächst diejenigen Berechnungsbereiche auszuweisen, die ausreichend vom Tageslicht profitieren. Anschließend ist das verfügbare Tageslicht in diesen Bereichen zu quantifizieren. Die Quantifizierung stützt sich in einem ersten Schritt auf eine Bewertung der Tageslichtverhältnisse auf Grundlage des planungspraktisch eingeführten Tageslichtquotienten. Unter Berücksichtigung der lichttechnischen Fassadeneigenschaften erfolgt sodann eine Korrelation des Tageslichtquotienten mit einer Maßzahl zur Beschreibung des jährlichen energetischen Einsparpotenzials durch Tageslichtnutzung: der relativen, jährlichen Nutzbelichtung. Um die internen Wärmegewinne durch Beleuchtung im monatlichen Gesamtbilanzierungsverfahren verrechnen zu können, werden die Jahreswerte mittels Verteilungsschlüsseln auf monatliche Werte umgerechnet. Die Modelle werden entsprechend für vertikale Fassaden und Dachoberlichter dargestellt. Unterschiedliche Arten von tageslichtabhängigen Beleuchtungskontrollsystemen werden abschließend behandelt.

4.3.1 Tageslichtversorgte Bereiche

Die tageslichtversorgten Teile eines Berechnungsbereiches sind in Abhängigkeit der relevanten Raum- und Fassadenparameter sowohl für vertikale Fassaden als auch für Dachoberlichter festzulegen. Hierbei sind Bereichsgrenzen im Sinne einer für die Sehanforderungen ausreichenden natürlichen Beleuchtung zu definieren. Gemäß Abb. 4-18 wird generell von Tageslichtbereichen, die einzelnen Fassadenöffnungen zugeordnet sind, ausgegangen. Mögliche Schnitte der Tageslichtbereiche mit Raumumschließungsflächen und Überschneidungen mit anderen Tageslichtbereichen sind zu berücksichtigen. Für die Tageslichtbereiche werden dann, wie in den Abschnitten 4.3.2. bis 4.3.4 dargestellt wird, die Tageslichtverhältnisse berechnet. Die Berechnung der Tageslichtverhältnisse ist auf die hier erläuterte Bereichsbildung abgestimmt.

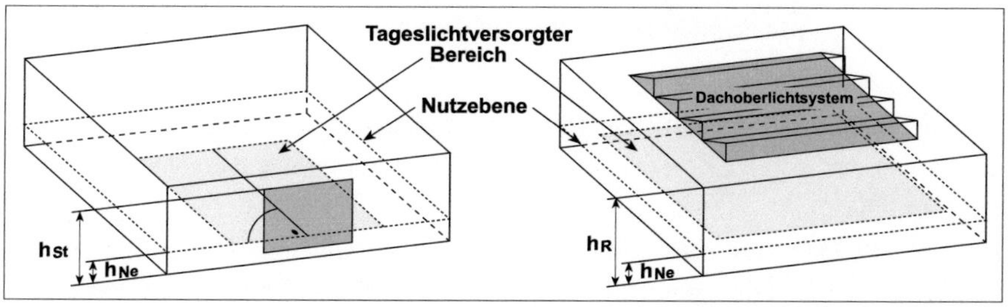

Abb. 4-18: Konzeptionelle Zuordnung der tageslichtversorgten Bereiche zu Vertikalfassaden und Dachoberlichtfassaden

Vertikale Fassaden

Auf Grundlage existierender Verfahren [4-22], Erfahrungs- und Rechenwerte [4-7] wird der durch vertikale Fassaden tageslichtversorgte Bereich über die Differenz aus Sturzhöhe h_{St} und Höhe der Nutzebene h_{Ne} definiert. Die Tiefe des Bereiches ergibt sich zu

$$a_{TL,max} = 2{,}5\ (h_{St} - h_{Ne}). \tag{4-24}$$

Der Faktor 2,5 definiert beispielsweise bei einer gewöhnlichen Fassadenauslegung mit einer Sturzhöhe von 2,8 m und einer Höhe der Nutzebene von 0,8 m eine Tiefe des tageslichtversorgten Bereichs von 5 m. Darüber hinaus ist die Breite des tageslichtversorgten Bereichs zu definieren. Da, wie in Abb. 4-19 dargestellt, auch seitlich von Fenstern in einem Grenzbereich im Allgemeinen noch ausreichende Tageslichtverhältnisse anzutreffen sind, sollte die Breite des tageslichtversorgten Bereiches die Breite des Fensters überschreiten. In Abb. 4-20 ist zu jeder Seite des Fensters ein Randstreifen von einem Viertel der Tiefe des tageslichtversorgten Bereichs hinzuaddiert. Dieser Bereich ist auch entsprechend in Abb. 4-19 gekennzeichnet. Reichen Fassadenöffnungen, wie in Abb. 4-20 dargestellt, über die ganze Fassadenbreite, kann diese somit als Breite des tageslichtversorgten Bereiches angesetzt werden. Durch diese so geartete Festlegung der Tiefe und Breite des tageslichtversorgten Bereichs werden häufig realisierte Raumformate als vollständig tageslichtversorgt betrachtet.

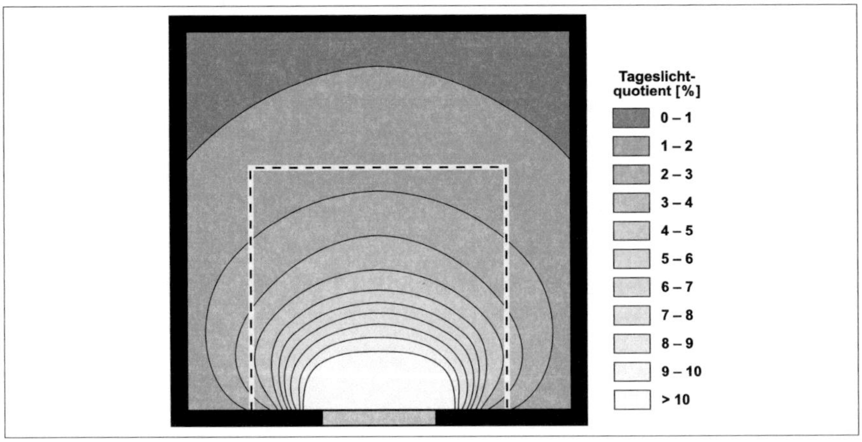

Abb. 4-19: Mittels eines Lichtplanungsprogramms [4-15] errechnete Tageslichtquotientenverteilung in einem Beispielraum. Der nach dem Bewertungsverfahren als tageslichtversorgt zu betrachtende Bereich ist gekennzeichnet

Abb. 4-21 zeigt die Auswirkung unterschiedlicher Sturz- und Brüstungshöhen bei konstanter Höhe der Nutzebene auf die Abmessungen des tageslichtversorgten Bereichs:

- Da als Referenzhöhe die Nutzebene festgelegt ist, werden transparente Fassadenbereiche, die darunter liegen, nicht berücksichtigt. Diese Fassadenbereiche sind für die Beleuchtung der Nutzebene im Allgemeinen zu vernachlässigen, da durch sie keine Direktlichtkomponente auf der Nutzebene wirksam wird und ihr Beitrag zur Diffusbeleuchtung im Raum über Interreflexionen gering ist. Der Effekt wird im Allgemeinen durch dunkle Fußböden verstärkt.

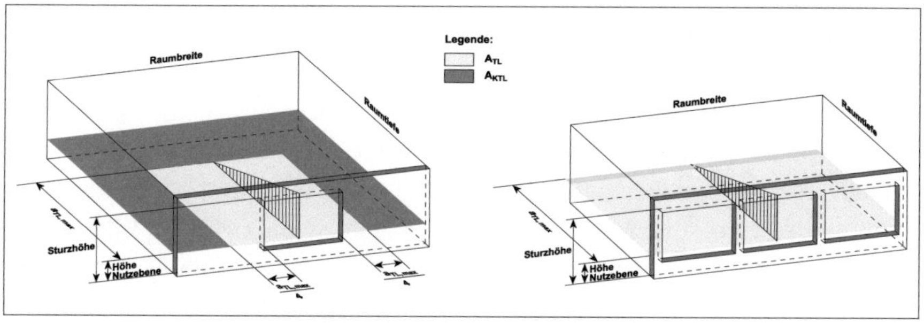

Abb. 4-20: Tageslichtversorgter Bereich bei Fenster, das nur einen Teilbereich der Fassade abdeckt (links). Berechnungsbereich und tageslichtversorgter Bereich deckungsgleich (rechts)

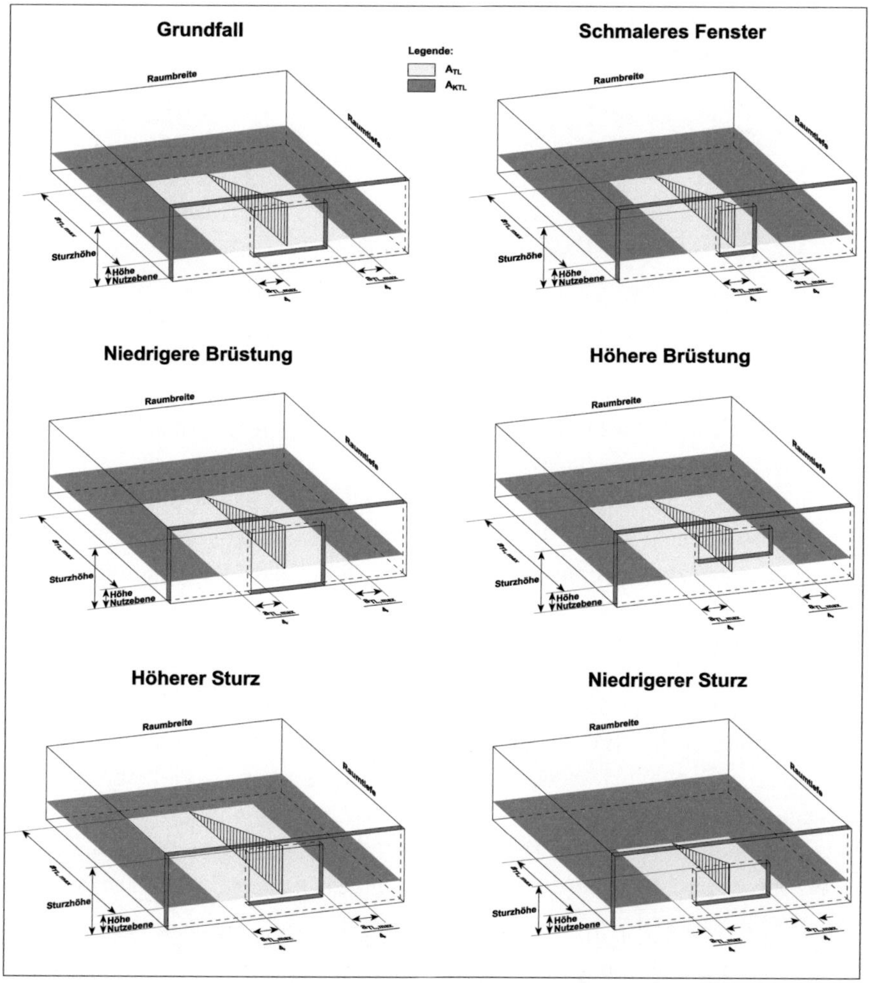

Abb. 4-21: Illustration des Einflusses der Fensterbreite und der Sturz- und Brüstungshöhe auf den tageslichtversorgten Bereich

- Die Tiefe des in den Raum eindringenden Tageslichts hängt maßgeblich von der Oberkante des Fensters, der Sturzhöhe h_{St}, ab.
- Bei schmalen Fenstern und/oder sehr hoch in der Fassade platzierten Fenstern kann es zu augenscheinlich überproportional großen tageslichtversorgten Bereichen kommen. Es sei an dieser Stelle angemerkt, dass die eigentliche Tageslichtversorgung selbst hiermit jedoch nicht automatisch steigt. Die Tageslichtversorgung wird flächengewichtet in Abhängigkeit des realen Fensterflächenanteils bestimmt (vgl. Abschnitt 4.3.3) und ist damit bei kleinen Fassadenöffnungen und großen tageslichtversorgten Bereichen entsprechend klein. Darüber hinaus sind dies Extremfälle, die planungspraktisch von geringer Relevanz sind. Auch sind Anforderungen an die Größe und Positionierung von Fenstern in Aufenthaltsräumen zu beachten [4-1] [4-8].

Abb. 4-22: Illustration der Zuschlagsregel; nicht tageslichtversorgter Bereich bei einer Bereichstiefe von mehr als dem 1,25-fachen der Tiefe des tageslichtversorgten Bereichs (links), bei weniger als der 1,25-fachen Tiefe (rechts)

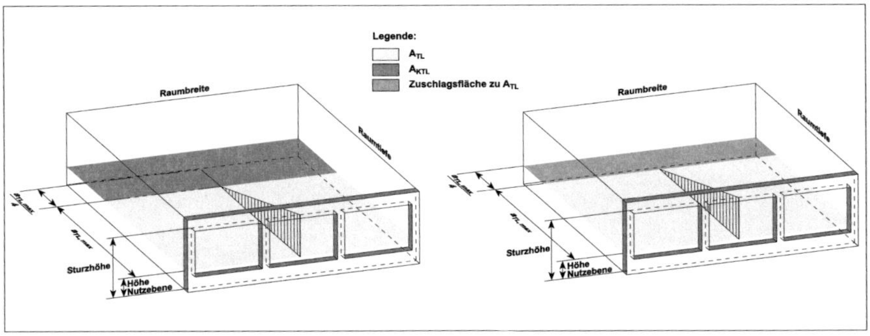

Um unverhältnismäßig kleine Bereiche, die nicht tageslichtversorgt sind, zu vermeiden, bietet sich die Einführung einer Zuschlagsregel an. Empfohlen werden Bereichstiefen, die bis zum 1,25-fachen der berechneten, maximalen Tiefe des tageslichtversorgten Bereichs betragen, dem tageslichtversorgten Bereich zuzuschlagen. Diese Regel ist in Abb. 4-22 illustriert. Ergibt sich beispielsweise bei einem 5 m tiefen Raum eine Tiefe des tageslichtversorgten Bereichs von 4 m, kann der tageslichtversorgte Bereich bis an die Rückwand ausgedehnt werden.

Dachoberlichter

Berechnungsbereiche unterhalb gleichmäßig auf der Dachfläche verteilter Dachoberlichter sind im Allgemeinen als tageslichtversorgt aufzufassen. Bei einzeln angeordneten Dachoberlichtern und an Grenzen von Bereichen mit gleichmäßig verteilten Dachoberlichtern sind wiederum angrenzende Bereiche hinzuzuziehen, die noch zusätzlich vom Tageslicht profitieren. Hier kann näherungsweise empfohlen werden, diejenigen angrenzenden Bereiche zu betrachten, die den Abstand von

$$a_{TL,max} \leqq h_R - h_{Ne} \qquad (4\text{-}25)$$

einhalten. Sich aufgrund dieser Regel exemplarisch einstellende tageslichtversorgte Bereiche sind Abb. 4-23 zu entnehmen. Dies entspricht somit einem Winkelbereich von 45° unterhalb von Dachoberlichtern, der noch zusätzlich als tageslichtversorgt angenommen werden kann.

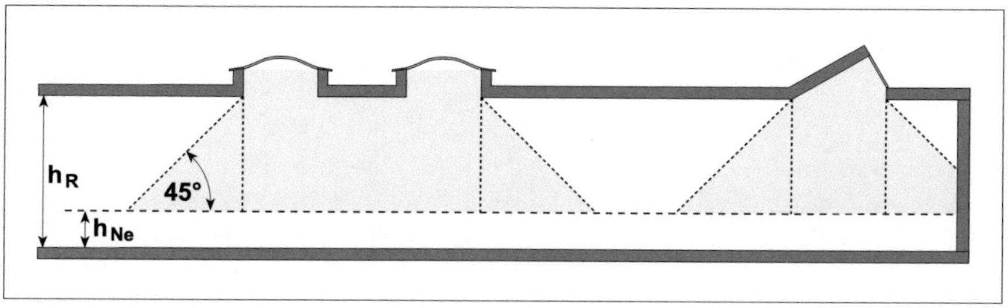

Abb. 4-23: Illustration tageslichtversorgter Bereiche für Dachoberlichtlösungen

Tageslichtversorgte Bereiche: Überschneidung mit Raumumschließungsflächen und gegenseitige Durchdringung

In der Vielzahl planungspraktisch zu bewertender Fälle sind Räume einseitig belichtet, so dass die tageslichtversorgten Bereiche, wie zuvor dargestellt, unmittelbar bestimmt werden können. Bei bestimmten Raumgeometrien und Fassadenanordnungen kann es jedoch durch die geometrische Zuordnung der tageslichtversorgten Bereiche zu einzelnen transparenten Fassadenflächen zu Überschneidungen mit den Raumumschließungsflächen kommen. Bei mehreren transparenten Fassadenflächen und damit mehreren tageslichtversorgten Bereichen in einem Berechnungsbereich können sich darüber hinaus tageslichtversorgte Bereiche gegenseitig durchdringen. Die Flächen sind daher gegen die Raumumschließungsfläche zu schneiden und gegeneinander zu verrechnen, damit die Flächenbilanz im betrachteten Berechnungsbereich stimmig ist. Da sich die Beleuchtungsverhältnisse in den Überschneidungsbereichen real überlagern und damit verbessern, sind Vorrangregeln zur Bewertung der Tageslichtverhältnisse festzulegen. Hierbei empfehlen sich zwei unterschiedliche Vorgehensweisen:

1. Überlagerung der Tageslichtquotienten in den sich überlappenden tageslichtversorgten Bereichen mit anschließender Korrelation mit der relativen Nutzbelichtung.
2. Auswahl der größten relativen Nutzbelichtung der sich überschneidenden tageslichtversorgten Bereiche. Hierdurch setzt sich der am besten tageslichtversorgte Bereich durch.

Abb. 4-24 illustriert exemplarisch die beiden Vorgehensweisen.

Tageslichtversorgte Bereiche der jeweiligen transparenten Fassadenflächen	Vorgehensweise 1: Überlagerung der Tageslichtquotienten [%] in den Überschneidungsbereichen	Vorgehensweise 2: Bereich mit größerer relevanter Nutzbelichtung setzt sich durch $H_{N,rel,1} > H_{N,rel,6} > H_{N,rel,5} = H_{N,rel,3}$ $H_{N,rel,2} > H_{N,rel,4}$

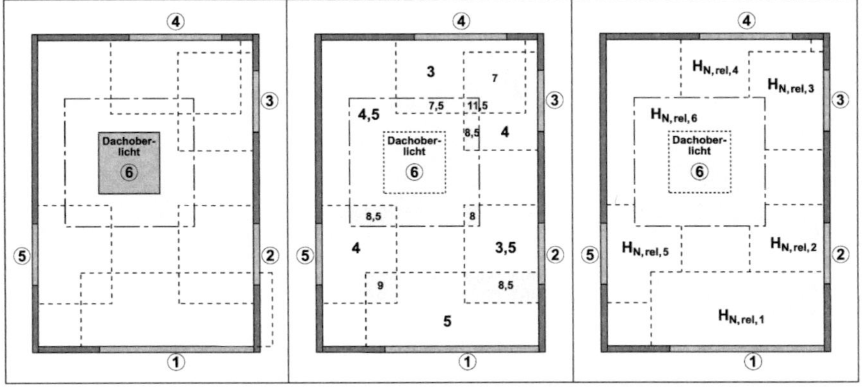

Abb. 4-24: Illustration der Überlagerung und Durchdringung tageslichtversorgter Bereiche

Nach Vorgehensweise 1 kann es zu weiteren zu bewertenden Teilflächen mit variierendem Tageslichtquotienten kommen. Auch können Tageslichtquotienten in fensterfernen Bereichen höher sein als in fensternahen Bereichen. Nach Vorgehensweise 2 übersteigt die Anzahl der zu betrachtenden Flächenelemente mit unterschiedlichen relativen Nutzbelichtungen die Anzahl der transparenten Fassadenflächen nicht. In den Überschneidungsbereichen wird die Tageslichtversorgung dafür jedoch leicht gegenüber Vorgehensweise 1 unterschätzt. Da

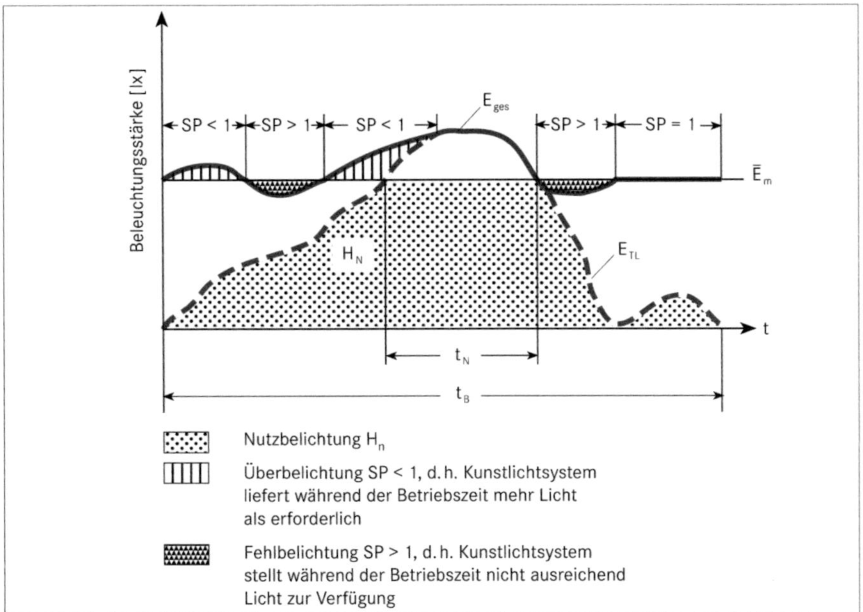

Abb. 4-25: Schematische Darstellung der Begriffe der Nutzungszeit, der Nutzbelichtung und des Systempotenzials anhand eines typischen Tagesverlaufs der Beleuchtungsstärke in Anlehnung an [4-17]

die Tageslichtversorgung bei vertikalen Fassaden jeweils in Bereichsmitte (parallel zur Fassade) bestimmt wird (vgl. Abschnitt 4.3.3) und Überschneidungen tendenziell in tiefen Raumbereichen vorkommen, erscheint die Näherung nach Vorgehensweise 2 als besser geeignet. Die Ermittlung der geometrischen Zusammenhänge und die Auslegung der definierten Regeln kann von Hand erfolgen. Eine Bereitstellung entsprechender Algorithmen in Softwareprogrammen zur Berechnungsmethode ist jedoch leicht möglich und sollte helfen, die Verfahrensanwendung stark zu vereinfachen.

4.3.2 Generelle Methodik zur Bestimmung des Teilbetriebsfaktors Tageslicht F_{TL}

Die Wirkung des Tageslichts auf den Energiebedarf kann methodisch durch zwei signifikante Einflüsse beschrieben werden.

- Zum einen ist mittels der relativen Nutzbelichtung $H_{N,rel}$ der Anteil der natürlichen Belichtung an der erforderlichen Belichtung im zu bewertenden Bereich während der Betriebszeit quantifizierbar. Diese stellt ein energetisches Einsparpotenzial dar: Bei ausreichendem natürlichen Licht ist kein Kunstlichteinsatz erforderlich.
- Zum anderen kann durch tageslichtabhängige Beleuchtungskontrolle – manuell oder automatisch – dieses Potenzial erschlossen werden. Die Ausnutzung des Potenzials $H_{N,rel}$ durch das Beleuchtungskontrollsystem wird durch eine zweite Kenngröße – das so genannte Systempotenzial SP – erfasst [4-17]. SP beschreibt einen Ausnutzungsgrad.

Dies führt unmittelbar zum Teilbetriebsfaktor Tageslicht

$$F_{TL} = 1 - H_{N,rel} \cdot SP. \qquad (4\text{-}26)$$

F_{TL} berücksichtigt in Gleichung (5) zeitanteilig das Tageslicht an möglichen Energieeinsparungen. Die Definition von $H_{N,rel}$ und die vereinfachte Ermittlung von $H_{N,rel}$ für vertikale Fassaden und Dachoberlichter werden in diesem und den Abschnitten 4.3.3 bis 4.3.5 dargestellt. Auf die Parametrierung von SP wird in Abschnitt 4.3.6 eingegangen.

Die relative Nutzbelichtung ist wie folgt definiert [4-8]:

$$H_{N,rel} = \frac{H_N}{\bar{E}_m t_A} \cdot 100 \ [\%] \qquad (4\text{-}27)$$

$H_{N,rel}$ Relative Nutzbelichtung [%]

H_N Nutzbelichtung [lxh]

Hierbei ist die Nutzbelichtung gemäß Abb. 4-25 nach

$$H_N = \int_{t=0}^{t=t_B} E_{TL} \cdot dt\,[lxh] \quad \text{wobei} \quad E_{TL} = \begin{cases} E_{TL} & \text{für } E_{TL} < \overline{E}_m \\ \overline{E}_m & \text{sonst} \end{cases} \qquad (4\text{-}28)$$

E_{TL} Beleuchtungsstärke durch Tageslicht [lx]

in einem gegebenen Punkt durch Integration der Beleuchtungsstärke E_{TL} aufgrund Tageslicht über den Betrachtungszeitraum t_B zu ermitteln. Die Nutzbelichtung gibt somit den Belichtungsanteil an, der von einem künstlichen Beleuchtungssystem zum Erreichen der für die Erfüllung der Sehaufgabe erforderlichen Belichtung, der Nennbelichtung, nicht beigesteuert werden muss. Hierbei wird von einer idealen (d. h. gedimmten) Anpassung an die natürlichen Beleuchtungsverhältnisse ausgegangen. Eine entsprechende Bewertungsgröße steht mit der relativen Nutzungszeit t_N zur Bewertung von Ein/Aus – Beleuchtungskontrollsystemen zur Verfügung. Da derartige Systeme aufgrund geringer Nutzerakzeptanz nur noch selten eingesetzt werden, werden sie hier nicht weiter diskutiert. Es sei lediglich auf die Definition in DIN 5034 [4-8] verwiesen.

Die relative Nutzbelichtung hängt von den Umgebungs- und Raumparametern, den klimatischen Randbedingungen und den eingesetzten Fassadensystemen sowie dem Betrieb derselben ab. Darüber hinaus ist sie abhängig vom Wartungswert der Beleuchtungsstärke und somit von den Nutzungsanforderungen. $H_{N,rel}$ variiert zwischen 0 und 1, d. h. von keiner bis zur vollständigen Deckung der erforderlichen Belichtung durch Tageslicht. Dementsprechend ergibt sich der Teilbetriebsfaktor F_{TL} bei Annahme eines idealen Kontrollsystems (SP = 1) zu 1, was keiner Reduktion der Betriebszeit der Beleuchtungsanlage entspricht, bzw. zu 0, was den vollständigen Verzicht auf den Kunstlichteinsatz beschreibt.

Das Integral nach Gleichung (4-28) kann objektbezogen durch Messungen unter realen Himmeln [4-13] oder in der Planung mittels detaillierter Simulationsverfahren für die interessierenden Raummodelle und Betrachtungszeiträume ausgewertet werden [4-4]. Aufgrund der erforderlichen zeit- und kostenintensiven lichttechnischen Berechnungen ist dies im Rahmen des hier erläuterten Bewertungsverfahrens keine geeignete Vorgehensweise. Alternativ bietet sich die Ermittlung der relativen Nutzbelichtungen auf Basis einer Korrelation der für unterschiedliche Raum- und Fassadenkonfigurationen errechneten relativen Nutzbelichtungen gegen geeignete Maßzahlen an. Als Bezugsgröße wird hier der Tageslichtquotient gewählt:

$$D = \frac{E_{Innen}}{E_{Aussen}}\,[\%] \qquad (4\text{-}29)$$

E_{Innen} Beleuchtungsstärke Innen [lx]

E_{Aussen} Beleuchtungsstärke Außen für den unverbauten, bedeckten Himmel [lx]

Die Wahl des Tageslichtquotienten empfiehlt sich aus mehreren Gründen:

- Der Tageslichtquotient stellt das Verhältnis der Innenbeleuchtungsstärke zur Außenbeleuchtungsstärke, ermittelt für den unverbauten bedeckten Himmel, dar. Er ist somit eine lage- und klimaunabhängige Bewertungsgröße und beschreibt näherungsweise den Einfluss baulicher Größen wie Umgebungs- und Raumparameter und der Fassadengeometrie (Anordnung und Abmessung) auf die natürlichen Raumbeleuchtungsverhältnisse.
- In unseren Breiten erscheint der Tageslichtquotient aufgrund der überwiegend bedeckten Himmelszustände (unter 40 % Sonnenscheinwahrscheinlichkeit im Jahresmittel) als eine geeignete Größe zur genäherten Beschreibung der Tageslichtversorgung von Innenräumen.
- Er ist als einfache Maßzahl in der Planungspraxis breit eingeführt und wird häufig zur Beschreibung der Tageslichtverhältnisse herangezogen. Bereits früher sind Korrelationen des Tageslichtquotienten mit Maßzahlen, die das energetische Einsparpotenzial durch Tageslicht charakterisieren, durchgeführt worden. Diese Verfahren gestatteten bis dato zwar noch keine Berücksichtigung komplexerer Sonnen- und/oder Blendschutzsysteme, sind jedoch generell bekannt.

Bei vertikalen Fassaden wird darüber hinaus zusätzlich mit maßgeblichen Fassadenparametern korreliert.
Da der Tageslichtquotient orientierungsunabhängig ist, ist der Einfluss der Orientierung auf die Beleuchtungsverhältnisse als Fassadeneigenschaft zu spezifizieren (vgl. Abschnitte 4.3.3 und 4.3.4). Abb. 4-26 enthält eine prinzipielle Darstellung des Korrelationsansatzes. Bei besserer baulicher Ausführung, daher eines größeren Tageslichtquotienten, steigt die relative Nutzbelichtung bei unveränderter Ausführung des Fassadensystems. Bei gegebener baulicher Ausführung, d. h. festem Tageslichtquotienten, steigt die relative Nutzbelichtung mit besserer Ausführung des Fassadensystems. Ab einer gewissen Größe des Tageslichtquotienten sind Sättigungseffekte festzustellen; die relative Nutzbelichtung steigt nur noch langsam. Ein deutliches Mehr an Tageslicht, führt daher nur noch zu einer geringfügigen Erhöhung des energetischen Einsparpotenzials. Ergänzend sei auf die Abhängigkeit des Ansatzes vom Wartungswert der Beleuchtungsstärke hingewiesen. Sinkt diese, ist eine insgesamt geringere Nennbelichtung am Nachweisort erforderlich. Bei konstanter Tageslichtversorgung steigt somit mit geringerem Wartungswert der Beleuchtungsstärke die relative Nutzbelichtung an.
Aufgrund der erforderlichen umfangreichen Simulationsrechnungen, die als Grundlage für die Ermittlung der Zusammenhänge dienen, werden in der hier entwickelten Bewertungsmethodik zunächst nur Abhängigkeiten für die beiden am häufigsten anzutreffenden Fassadentypen, d. h. vertikale Fassaden und

Dachoberlichter, abgeleitet. Anders geneigte Flächen sollten daher einem der beiden Fälle zugeordnet werden. Alternativ kann der im Folgenden beschriebenen Korrelationsansatz auch für andere Fassadenneigungen verfolgt werden. Gemäß Abb. 4-2 lassen sich die relativen Nutzbelichtungen auch mit externen Simulationsverfahren bestimmen und dann im Gesamtbewertungsverfahren berücksichtigen.

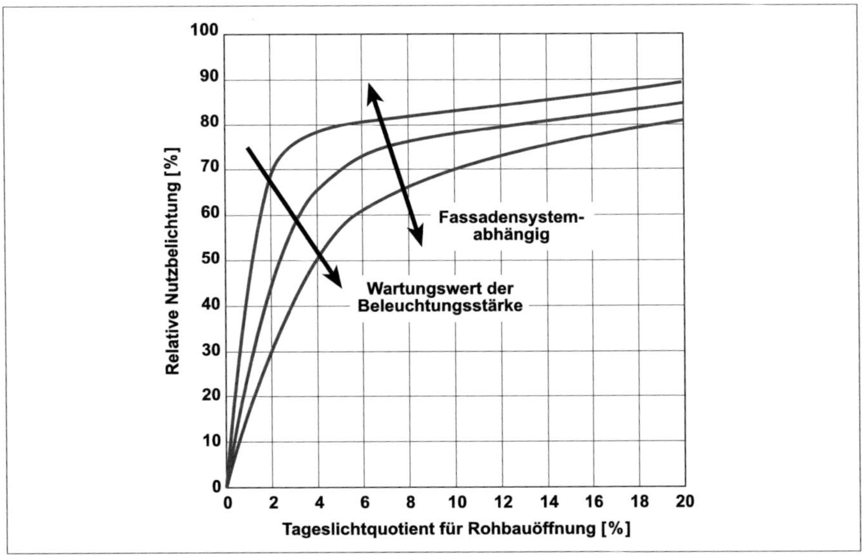

Abb. 4-26: Prinzipielle Darstellung der Korrelation des Tageslichtquotienten, der Fassadeneigenschaften und des Wartungswertes der Beleuchtungsstärke mit der relativen Nutzbelichtung

4.3.3 Vertikale Fassaden

Die Schritte zur Bestimmung der relativen Nutzbelichtung für vertikale Fassaden sind Abb. 4-27 zu entnehmen. In Stufe A wird zunächst gemäß Abschnitt 4.3.1 der tageslichtversorgte Bereich bestimmt. Für diesen Bereich ist in Stufe B der Tageslichtquotient für die Rohbauöffnung D_{RB} zu ermitteln. Der Bezug des Tageslichtquotienten auf die Rohbauöffnung ermöglicht die unabhängige Bewertung und Optimierung baulicher und fassadentechnischer Einflüsse. Da bei vertikalen Fassaden in den tageslichtversorgten Bereichen ein starker (exponentieller) Abfall der natürlichen Beleuchtungsverhältnis über die Raumtiefe vorzufinden ist, ist die Wahl des Nachweisortes des Tageslichtquotienten bedeutsam. In Anlehnung an DIN 5034 wird der mittlere Tageslichtquotient auf einer Achse parallel zur Fassade in Bereichsmitte (Raummitte), wie in Abb. 4-28 dargestellt, bestimmt [4-7]. Auf Grundlage der baulichen Bewertung der Raumbeleuchtungsverhältnisse durch den Tageslichtquotienten erfolgt in den Stufen C bis F die Korrelation mit den Fassadeneigenschaften zur relativen, jährlichen Nutzbelichtung $H_{N,rel}$. Die Fassade wird getrennt für das Zeitintervall nach dem Zustand

»Sonnenschutz nicht aktiviert« t_{Sna} und dem Zustand »Sonnenschutz aktiviert« t_{Sa} bewertet. Über entsprechende Verteilungsschlüssel werden sodann in Stufe G die jährlichen Werte in monatliche Werte umgerechnet.

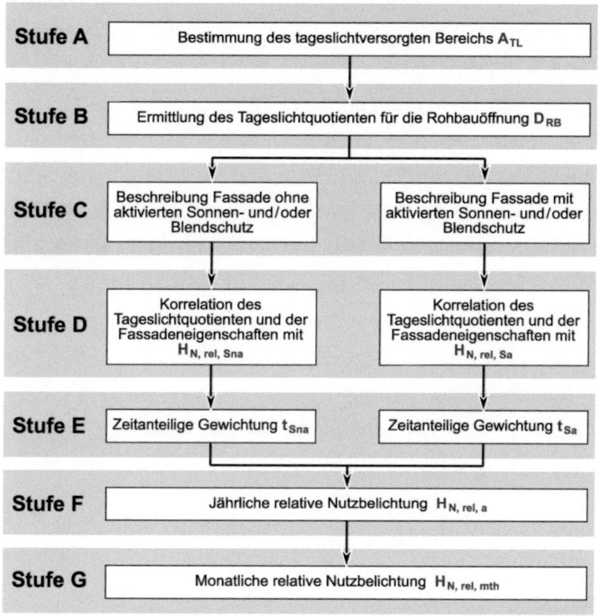

Abb. 4-27: Ablaufdiagramm zur Bestimmung der relativen Nutzbelichtung für vertikale Fassaden

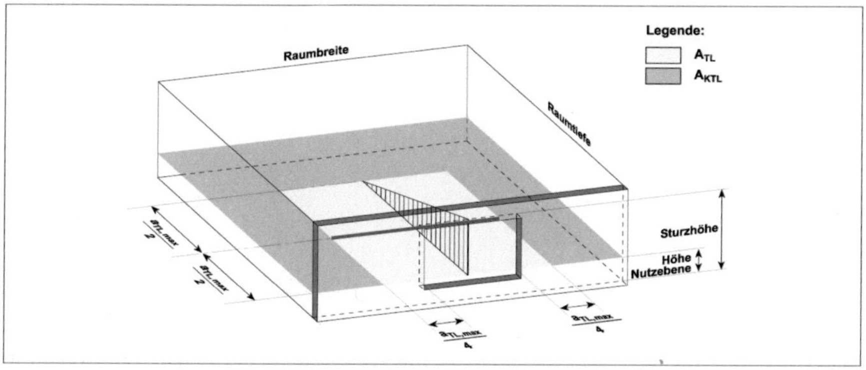

Abb. 4-28: Darstellung des Nachweisortes zur Bestimmung des Tageslichtquotienten

Einfaches Modell zur Bestimmung des Tageslichtquotienten

Detaillierte Berechnungsmethoden ermöglichen die Bestimmung des Tageslichtquotienten für beliebige Raumgeometrien und Reflexionsgrade der Raumumschließungsflächen. Sie erfordern jedoch im Allgemeinen eine große Anzahl Eingabeparameter sowie teilweise detaillierte licht- und simulationstechnische Kenntnisse. Dies lässt derartige Methoden für eine breite Anwendung im Rahmen der hier betrachteten Bewertungsmethodik als zu komplex erscheinen.

Es wurde daher ein einfaches Modell zur Ermittlung des Tageslichtquotienten am beschriebenen Nachweisort in Abhängigkeit im Allgemeinen vorliegender Parameter entwickelt [4-7]. Dies wurde auf die Anforderungen des Gesamtnachweisverfahrens abgestimmt. Es liegen die Standardreflexionsgrade gemäß Tab. 4-2 zugrunde. Verbauungen und Auskragungen werden analog zum thermischen Modell berücksichtigt. Das Modell wurde durch Regression der mit einem Lichtberechnungsprogramm [4-24] errechneten Tageslichtquotienten gegen geometrische Maßzahlen gewonnen und basiert auf etwa 800 betrachteten Variationen. Soll die Wirkung abweichender Reflexionsgrade oder die genaue Betrachtung von Verbauungssituationen Eingang in die Bewertung finden, kann der Tageslichtquotient mit Alternativverfahren – vgl. Verfahrensschnittstelle gemäß Abb. 4-2 – bestimmt werden. Um zur Bestimmung der Nutzbelichtung $H_{N,rel}$ in den Stufen C bis G nach Abb. 4-27 herangezogen werden zu können, muss der Tageslichtquotient dann ebenfalls auf der Bereichsmittelachse für die Rohbauöffnung gemäß Abb. 4-28 bestimmt werden.

Der Tageslichtquotient nach dem einfachen Modell ergibt sich aus der Regression zu

$$D_{RB} = (4{,}13 + 20{,}0 \cdot I_{Tr} - 1{,}36 \cdot I_{Rt}) \cdot I_V \quad [\%] \tag{4-30}$$

mit:
- I_{Tr} Transparenzindex,
- I_{Rt} Raumtiefenindex,
- I_V Verbauungsindex.

Es gilt die Nebenbedingung $I_{Tr} >= 0{,}068 \cdot I_{Rt} - 0{,}2065$. Ansonsten ist D_{RB} zu Null zu setzen. Der Transparenzindex

$$I_{Tr} = \frac{A_{RB}}{A_{TL}} \quad [-] \tag{4-31}$$

A_{RB} Fläche der Rohbauöffnung [m²]

beschreibt das Verhältnis von der Fläche der Rohbauöffnung zur tageslichtversorgten Teilfläche. In Abschnitt 4.3.1 wurde darauf verwiesen, dass bei bestimmten Geometrien der Fassadenöffnung geringe Rohbauöffnungsflächen augenscheinlich große tageslichtversorgte Bereiche bedingen können. Der Transparenzindex kompensiert diesen Effekt. Kleine Rohbauöffnungsflächen bei großen tageslichtversorgten Bereichen resultieren in kleinen Transparenzindizes, was sich nach Gleichung (4-30) in relativ kleinen Tageslichtquotienten ausdrückt. Der Raumtiefenindex

$$I_{Rt} = \frac{a_{TL}}{h_{St} - h_{Ne}} \quad [-] \tag{4-32}$$

setzt die Bereichstiefe a_{TL} ins Verhältnis zur Differenz aus Sturzhöhe h_{St} und Höhe der Nutzebene h_{Ne}. Gekoppelt an die Bereichsbildung nach Abschnitt 4.3.1,

Gleichung (4-24) kann er Werte von 2,5 nicht übersteigen. Höhere Raumtiefenindizes bedingen kleinere Tageslichtquotienten gegenüber niedrigen Raumtiefenindizes, da die Nachweisachse (halbe Bereichstiefe) sich weiter von der Fassade entfernt.

Fall		Raumparameter				Fassadenparameter, transparenter Teil**						
		Breite	Tiefe	Höhe	Fläche, die vom Tageslicht profitiert*	Breite	Höhe	Brüstungshöhe	Sturz	Fensterflächenanteil	ansetzbarer Fensterflächenanteil***	ansetzbare transparente Fläche
Nr	Hauptvariation				A_{TL}							A_r
		[m]	[m]	[m]	[m²]	[m]	[m]	[m]	[m]	[%]	[%]	[m²]
1		3,6	3,6	3,0	12,96	2,15	2,0	0,85	0,15	40	40	4,3
2	Raumtiefe	3,6	4,8	3,0	17,28	2,15	2,0	0,85	0,15	40	40	4,3
3		3,6	7,2	3,0	18,0	2,15	2,0	0,85	0,15	40	40	4,3
4		4,8	3,6	3,0	17,28	2,85	2,0	0,85	0,15	40	40	5,7
5		4,8	4,8	3,0	23,04	2,85	2,0	0,85	0,15	40	40	5,7
6	Raumbreite	7,2	3,6	3,0	25,92	4,3	2,0	0,85	0,15	40	40	8,6
7		7,2	4,8	3,0	34,56	4,3	2,0	0,85	0,15	40	40	8,6
8		7,2	7,2	3,0	36,0	4,3	2,0	0,85	0,15	40	40	8,6
9		3,6	3,6	2,7	12,96	2,3	1,7	0,85	0,15	40	40	3,9
10		3,6	4,8	2,7	17,28	2,3	1,7	0,85	0,15	40	40	3,9
11		3,6	7,2	2,7	18,0	2,3	1,7	0,85	0,15	40	40	3,9
12		7,2	7,2	2,7	36	4,6	1,7	0,85	0,15	40	40	7,8
13	Raumhöhe	3,6	3,6	3,3	12,96	2,25	2,1	0,85	0,35	40	40	4,73
14		3,6	4,8	3,3	17,28	2,25	2,1	0,85	0,35	40	40	4,73
15		3,6	7,2	3,3	18,0	2,25	2,1	0,85	0,35	40	40	4,73
16		7,2	7,2	3,3	36,0	4,5	2,1	0,85	0,35	40	40	9,45
17		3,6	3,6	3,0	12,96	1,5	1,8	1,0	0,2	25	25	2,7
18		3,6	4,8	3,0	17,28	1,5	1,8	1,0	0,2	25	25	2,7
19		3,6	7,2	3,0	18,0	1,5	1,8	1,0	0,2	25	25	2,7
20		7,2	7,2	3,0	36,0	3	1,8	1,0	0,2	25	25	5,4
21	Fensterflächenanteil	3,6	3,6	3,0	12,96	3,25	2,0	0,85	0,15	60	60	6,5
22		3,6	4,8	3,0	17,28	3,25	2,0	0,85	0,15	60	60	6,5
23		3,6	7,2	3,0	18,0	3,25	2,0	0,85	0,15	60	60	6,5
24		7,2	7,2	3,0	36,0	6,5	2,0	0,85	0,15	60	60	13
25		3,6	3,6	3,0	12,96	3,6	3,0	0,0	0,0	100	73	7,92
26		3,6	4,8	3,0	17,28	3,6	3,0	0,0	0,0	100	73	7,92
27		3,6	7,2	3,0	18,0	3,6	3,0	0,0	0,0	100	73	7,92
28	Fensterposition	7,2	7,2	3,0	36,0	7,2	3,0	0,0	0,0	100	73	15,84
29		3,6	4,8	3,0	17,28	2,15	2,0	0,0	1,0	40	24	2,58
30		3,6	4,8	3,0	17,28	2,15	2,0	1,0	0,0	40	40	4,3

* Raumtiefen bis maximal 5 m werden angesetzt
** horizontal jeweils mittig zentriert
*** Fensterflächen werden erst ab einer Brüstungshöhe von 0,8 m angesetzt

Tab. 4-9: Für das einfache Tageslichtquotientenmodell betrachtete Varianten des unverbauten Raumes

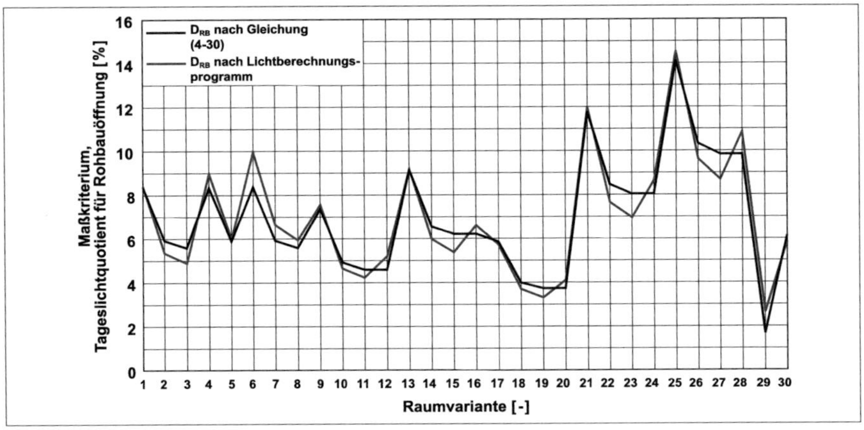

Abb. 4-29: Vergleich des mittels eines Lichtberechnungsprogramms errechneten Tageslichtquotienten mit dem als Funktion von I_{Tr} und I_{Rt} bestimmten Tageslichtquotienten für die Rohbauöffnung D_{RB} für die 30 untersuchten Fälle des unverbauten Raumes

Die in der Regression betrachteten Varianten des unverbauten Raumes (d.h. Verbauungsindex $I_V = 1$) sind in Tab. 4-9 zusammengestellt. Abb. 4-29 enthält zum Vergleich eine Gegenüberstellung der mit dem Lichtberechnungsprogramm ermittelten Tageslichtquotienten und der mit der Regressionsgleichung (4-30) bestimmten Tageslichtquotienten. Abb. 4-30 stellt die Regressionsebene parametriert durch I_{Tr} und I_{Rt} des unverbauten Raumes dar. Der Transparenzindex ist gegenüber dem Raumtiefenindex der deutlich signifikantere Verfahrensparameter. Bei jeweils ansonsten unveränderten Parametern wird der Tageslichtquotient D_{RB} mit wachsender Rohbauöffnung und wachsender Differenz $h_{Sturz} - h_{Ne}$ größer. D_{RB} verringert sich dagegen mit größerer vom Tageslicht versorgter Fläche und größerer Raumtiefe. Somit erscheint der gewählte Ansatz generell als plausibel. Für Kombinationen von großen Raumtiefenindizes I_{Rt} und kleinen Transparenzindizes I_{Tr} kann der Tageslichtquotient D_{RB} negative Werte annehmen (schwarz gekennzeichneter Bereich in Abb. 4-30). Die Nebenbedingung der Gleichung (4-30) ist daher zu beachten.

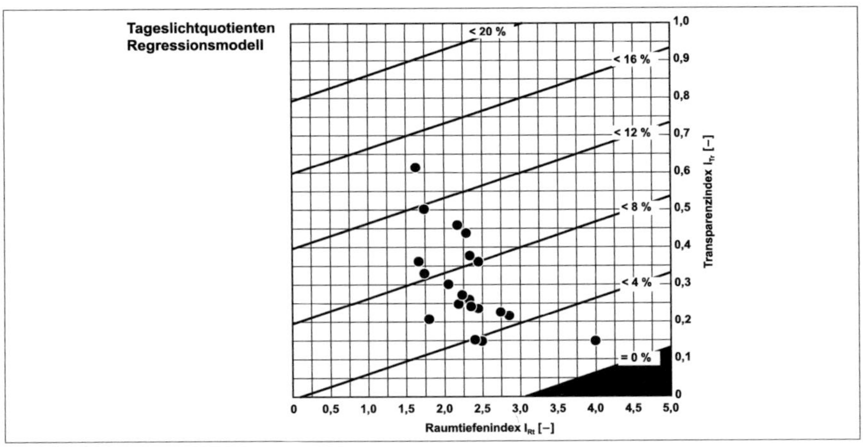

Abb. 4-30: Regressionsebene. Errechneter Tageslichtquotient aufgetragen über der mit I_{Tr} und I_{Rt} parametrierten Regressionsebene. Die Indexpaare (I_{Tr}, I_{Rt}) der betrachteten 30 Fälle des unverbauten Raumes sind eingetragen. Datenpunkte können einander verdecken

Der Verbauungsindex I_V berücksichtigt die Verringerung des durch die Fassade eindringenden Lichtstroms aufgrund

- linearer Verbauungen
- horizontaler und vertikaler Auskragungen
- Innenhöfen und Atrien
- Glasdoppelfassaden.

Abb. 4-31 illustriert eine Auswahl von Simulationsmodellen. Neben der Darstellung von zwei unverbauten Raumsituationen nach Tab. 4-9 sind ausgewählte Modelle dargestellt, die der Bestimmung des Einflusses von Verbauungen zu Grunde liegen. Die geometrische Parametrierung, für welche die Regression durchgeführt wurde, ist Abb. 4-32 zu entnehmen. Sie erfolgt analog zum thermischen Modell (vgl. Kapitel 2) für lineare Verbauungen, horizontale und vertikale Auskragungen. Für Innenhöfe, Atrien und für Glasdoppelfassaden geht sie über diejenige des thermischen Modells hinaus.

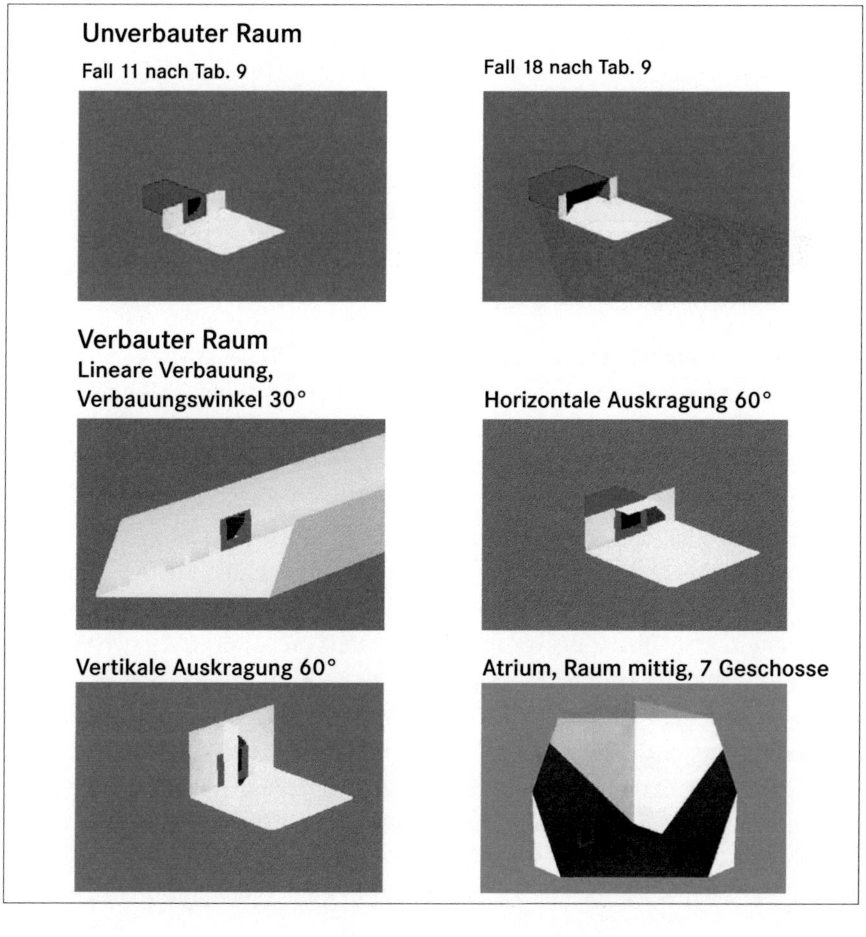

Abb. 4-31: Auswahl zugrunde liegender Simulationsmodelle des unverbauten und verbauten Raumes

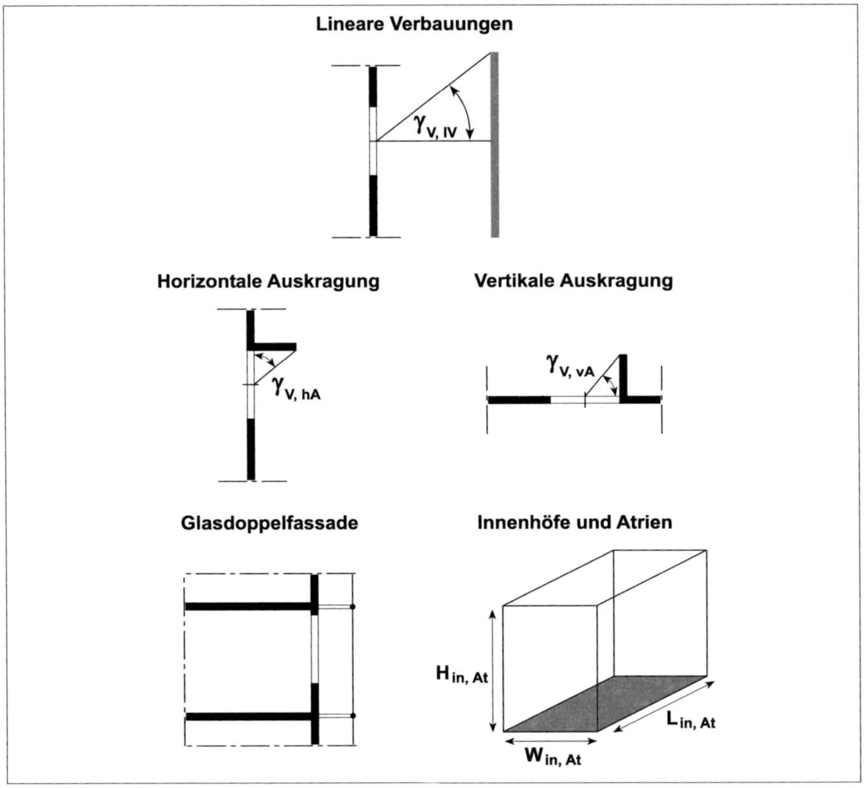

Abb. 4-32: Geometrische Parametrierung der Verbauung für den Verbauungsindex

Fassadenzustandsbezogene Modellierung

Lichttechnisch wie energetisch sind im Allgemeinen mit deaktiviertem und aktiviertem Sonnen- und/oder Blendschutz gemäß der beispielhaften Darstellung in Abb. 4-33 zwei Fassadenzustände zu unterscheiden. Die Wirkung auf den Energiebedarf wird durch die anteiligen Betriebszeiten der jeweiligen Fassadenzustände beschrieben.

Die Betriebszeiten des Sonnen- und/oder Blendschutzes hängen von den über Tages- und Jahresgang variierenden Anforderungen ab, die Solareinstrahlung durch die Fassade zu kontrollieren und die Leuchtdichten auf der Fassadeninnenseite zwecks Blendungsvermeidung zu reduzieren. Neben Art der Kontrolleinrichtung und der Parametrierung derselben (z. B. ab welchen Schwellwerten der Sonnenschutz aktiviert, bzw. wieder deaktiviert wird) spielen gerade aus lichttechnischer Sicht individuelle Nutzerpräferenzen eine wesentliche Rolle. Das individuelle Empfinden von Beleuchtungssituationen variiert und wird auch durch weitere Einflüsse wie die Gestaltung des Arbeitsplatzes (z. B. Orientierung des Bildschirms zur Fassade) beeinflusst. So nehmen Nutzer teilweise höhere Fassadenleuchtdichten als empfohlen in Kauf, um eine Durchsicht nach

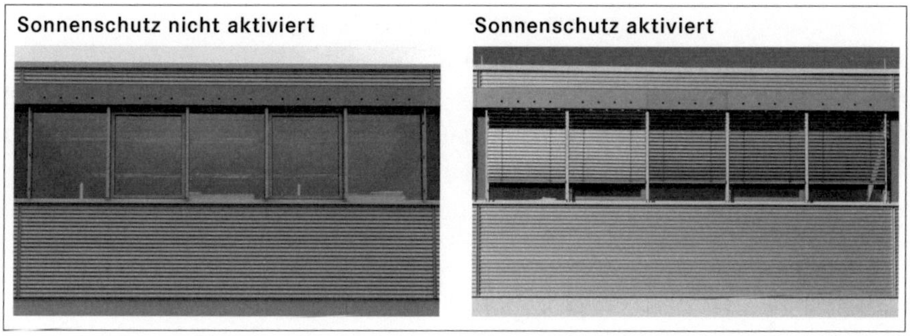

Abb. 4-33: Photografische Darstellung der unterschiedenen Fassadenzustände

Außen beibehalten zu können. Darüber hinaus hat auch die Art des Sonnen- und/oder Blendschutzes selbst Einfluss. Einige lichtlenkende Systeme, wie verspiegelte Lamellenbehänge, müssen über Steuerkennlinien exakt dem Stand der Sonne nachgeführt werden, da sie ansonsten weder als Sonnen- noch als Blendschutz effizient arbeiten. Das komplexe Zusammenspiel zwischen Kontrollsystem, Eingriff des Nutzers nach individuellen Präferenzen und der Ausführung der Fassadensysteme wird erst ansatzweise verstanden. Hier sind zukünftig weitere objektbezogene Untersuchungen wünschenswert, aus denen dann erweitert statistisch abgesicherte Modelle entwickelt werden können.

Für genäherte und gemittelte Betrachtungen existieren dennoch Empfehlungen. Nach DIN 5034 wird der Sonnen- und/oder Blendschutz aktiviert, sobald die Fassade besonnt wird. Das Modell deckt sich mit häufig getroffenen Annahmen bezüglich der thermisch-energetisch motivierten Aktivierungen der Sonnenschutzeinrichtungen. Die Betriebszeiten des Blend- und Sonnenschutzes auf jährlicher Basis sind in Abb. 4-34 für eine Südfassade bei Schaltschwellen der Direktstrahlung auf der Fassade von 50 W/m² und Gesamtbestrahlungsstärken von jeweils 150 W/m² und 200 W/m² gegenübergestellt. Bei der Ermittlung der

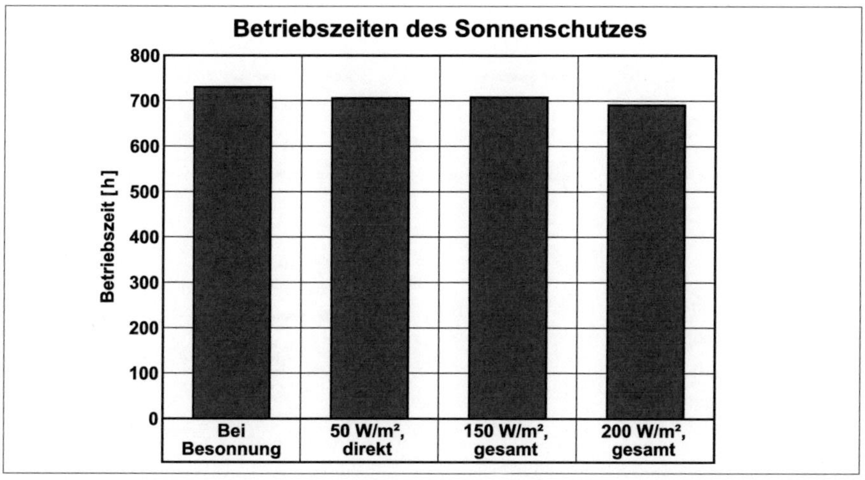

Abb. 4-34: Gegenüberstellung der jährlichen Betriebszeiten des Sonnen- und/ oder Blendschutzes einer südorientierten, vertikalen Fassade für unterschiedliche Kontrollstrategien

Betriebszeiten wurde von den klimatischen Bedingungen für den Standort Frankfurt ausgegangen (vgl. Abschnitt 4.1.3). Es zeigt sich, dass die Betriebszeiten des Blend- und Sonnenschutzes für alle vier Betriebsarten in etwa gleich groß sind. Es kann in den betrachteten Modellen somit von ähnlichen lichttechnisch und thermisch motivierten Aktivierungen des Sonnen- bzw. Blendschutzes ausgegangen werden. Tab. 4-10 enthält die Zusammenstellung der kumulierten, jährlichen Zeiten und der jeweiligen relativen Anteile an der Gesamtbetriebszeit, zu denen eine vertikale Fassade (Arbeitszeiten Montag bis Freitag von 8^{00} bis 17^{00}) besonnt und nicht besonnt ist.

Tab. 4-10: Zusammenstellung der kumulierten, jährlichen Zeiten und der jeweiligen relativen Anteile an der Gesamtbetriebszeit, während derer eine vertikale Fassade bei Arbeitszeiten Montag bis Freitag von 8^{00} bis 17^{00} besonnt und nicht besonnt ist

Orientierung	Ohne Besonnung (Sonnenschutz nicht aktiviert)		Mit Besonnung (Sonnenschutz aktiviert)	
	t_{Sna}	rel. Anteil	t_{Sa}	rel. Anteil
	[h]	[–]	[h]	[–]
Nord	2316	0,99	30	0,01
Ost	1928	0,82	418	0,18
Süd	1617	0,69	729	0,31
West	2006	0,86	340	0,14

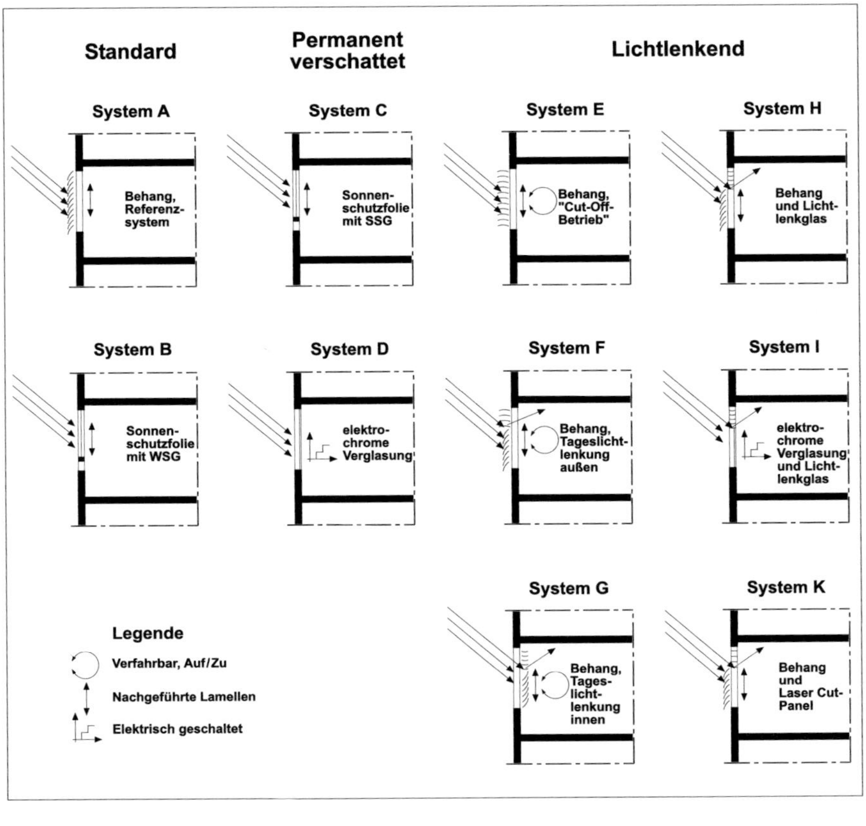

Abb. 35: Unterschiedliche fassadentechnische Lösungen eines Beispielraumes

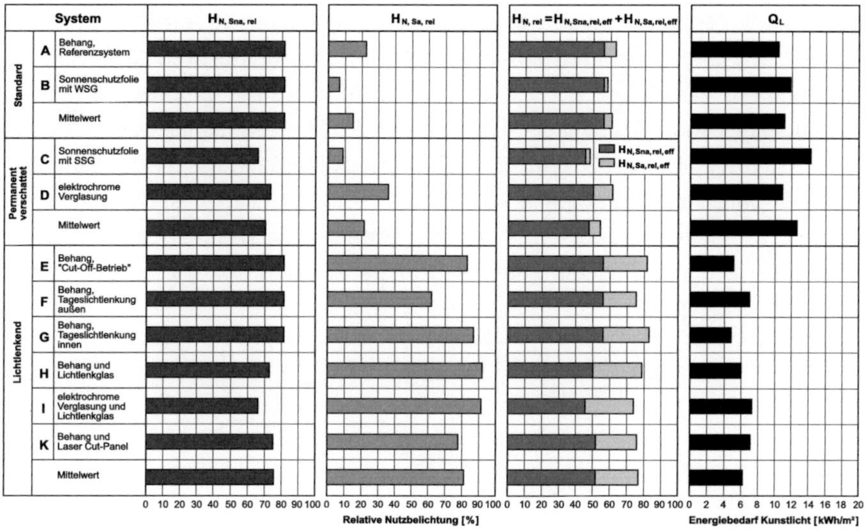

Abb. 4-36: Gegenüberstellung der relativen, jährlichen Nutzbelichtungen $H_{N,Sna,rel}$, $H_{N,Sa,rel}$ und $H_{N,rel}$ der einzelnen Fassadensysteme A bis K für einen südorientierten Beispielraum. $H_{N,rel}$ setzt sich aus $H_{N,Sna,rel,eff}$ und $H_{N,Sa,rel,eff}$ zusammen. Gegenüberstellung der Energiebedarfswerte der einzelnen Fassadensysteme A bis K für einen Beispielraum

Korrelation des Tageslichtquotienten und der Fassadeneigenschaften mit der relativen Nutzbelichtung

Der Einfluss unterschiedlicher fassadentechnischer Lösungen nach Abb. 4-35 auf die relative, jährliche Nutzbelichtung und den Kunstlichteinsatz ist für einen südorientierten Beispielraum mit einer installierten elektrischen Anschlussleistung von 12 W/m² in Abb. 4-36 dargestellt. Die relative Nutzbelichtung ist getrennt nach den Zeitintervallen aufgetragen, während welcher der Sonnenschutz nicht aktiviert ist und während welcher der Sonnenschutz aktiviert ist. Folgendes wird ersichtlich:

- Der Einfluss des Fassadenzustands mit nicht aktiviertem Sonnenschutz ist aufgrund des zeitlich häufigeren Vorkommens dominant.
- Lichtlenkende Fassadenkomponenten tragen zu einem merklichen Anstieg der relativen Nutzbelichtung und damit zu einem geringeren Energiebedarf für Kunstlicht gegenüber konventionellen Fassadenkomponenten bei.

Dieses Verhalten unterstreicht das Erfordernis einer fassadenzustandsbezogenen Betrachtung in Abhängigkeit der jeweils signifikanten Fassadenparameter.
Die in Abb. 4-36 dargestellten Zusammenhänge gelten für einen Beispielraum und damit für einen festen Tageslichtquotienten. Das Bewertungsverfahren soll es jedoch ermöglichen, wie bereits erläutert, den Einfluss unterschiedlicher fassadentechnischer Lösungen bei variierenden Raum- und Fassadenöffnungsparametern zu quantifizieren. Hierzu bietet sich an, funktionale Abhängigkeiten der relativen Nutzbelichtung vom Tageslichtquotienten und den Fassadeneigenschaften mittels Regression abzuleiten. Zur Ermittlung des Regressionsmodells

sind detaillierte Simulationen unterschiedlicher Raumkonfigurationen mit einem Lichtberechnungsprogramm für verschiedene fassadentechnische Lösungen durchgeführt worden [4-4]. Variierende Außenleuchtdichteverteilungen werden anhand von Himmelsmodellen, die auf stündlichen Messdatensätzen basieren, berücksichtigt. Abb. 4-37 stellt einen derart ermittelten Zusammenhang der relativen jährlichen Nutzbelichtung $H_{N,rel}$ in Abhängigkeit des Tageslichtquotienten für einen Standardsonnenschutz (System A nach Abb. 4-35) bei einem Wartungswert der Beleuchtungsstärke von 300 lx dar.

Abb. 4-37: Korrelationsabhängigkeit der relativen, jährlichen Nutzbelichtung vom Tageslichtquotienten für das System A (Behang, Referenzsystem) bei einem Wartungswert der Beleuchtungsstärke von 300 lx für einen südorientierten Beispielraum. Datenpunkte: Ermittelte relative, jährliche Nutzungszeiten und relative, jährliche Nutzbelichtungen. Die Datenpunkte fallen zum Teil zusammen. Kurve: Mittels kleinster Quadrateschätzung aus den Datenpunkten gewonnene Regressionsfunktionen

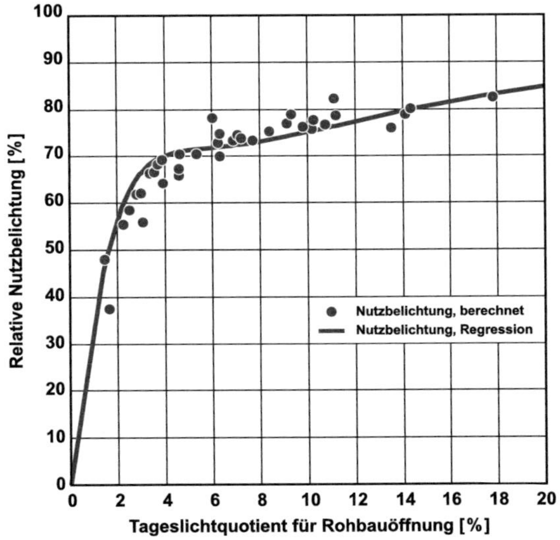

Das Verfahren ist zur Ermittlung der relativen Nutzbelichtungen $H_{N,rel,Sna}$ für den Zustand, dass der Sonnenschutz deaktiviert ist und $H_{N,rel,Sa}$ für den Zustand aktivierten Sonnenschutzes zu erweitern. $H_{N,rel}$ ergibt sich zu

$$H_{N,rel} = H_{N,rel,Sna} \cdot t_{Sna} + H_{N,rel,Sa} \cdot t_{Sa}. \qquad (4\text{-}33)$$

Für das Betriebszeitintervall t_{Sna}, d. h. zu Zeiten nicht aktivierten Sonnenschutzes, lassen sich analytische Zusammenhänge für $H_{N,rel,Sna}$ in Abhängigkeit

- des Tageslichtquotienten für die Rohbauöffnung D_{RB}
- der Orientierung der Fassade [Süd, West, Nord, Ost]
- des Wartungswerts der Beleuchtungsstärke $\overline{E}_m$
- des effektiven Transmissionsgrads der Fassade $\tau_{eff,Sna}$

ableiten. Die Funktionenschar ist wie folgt definiert:

$$H_{N,rel,Sna} = a_1 \left[\frac{2}{1+e^{-1,5 \cdot D_{RB} \cdot \tau_{eff,Sna,j} \cdot a_3}} - 1 \right] + a_2 \left[\frac{2}{1+e^{-0,5 \cdot D_{RB} \cdot \tau_{eff,Sna,j} \cdot a_3}} - 1 \right]. \qquad (4\text{-}34)$$

wobei der effektive Transmissionsgrad wie folgt beschrieben wird

$$\tau_{eff,Sna} = \tau_{D65,Sna} \cdot k_1 \cdot k_2 \cdot k_3. \qquad (4\text{-}35)$$

Die Abhängigkeit vom Wartungswert der Beleuchtungsstärke wird über die Parameter a_1 und a_2 erfasst. Der Parameter a_3 beschreibt die Orientierungsabhängigkeit. Bauliche Einflüsse werden durch den Tageslichtquotienten für die Rohbauöffnung D_{RB} separat von den fassadentechnischen Einflüssen, beschrieben durch den effektiven Transmissionsgrad $\tau_{eff,Sna}$ berücksichtigt. Abbildung 4-37 zeigt eine exemplarische Funktionenschar für eine südorientierte Fassade für einen Wartungswert der Beleuchtungsstärke von $\bar{E}_m$ = 500 lx. Bei einer Lichttransmission $\tau_{D65,Sna}$ = 0,74, einem Minderungsfaktor für Rahmen und Versprossung k_1 = 0,7, einem Minderungsfaktor für Verschmutzung k_2 = 0,9 und einem Minderungsfaktor für diffusen Lichteinfall auf die Fassade k_3 = 0,85 ergibt sich eine effektive Transmission von $\tau_{eff,Sna,j}$ = 0,40. Für einen Tageslichtquotienten eines Beispielraumes in Raummitte (Bereichsmitte) von 5 %, stellt sich somit eine relative, jährliche Nutzbelichtung von $H_{N,rel,Sna}$ = 0,71 ein.

Parameter	Wartungswert der Beleuchtungsstärke		
	300 lx	500 lx	750 lx
a_1	0,89	0,58	0,26
a_2	0,10	0,40	0,70

Tab. 4-11: Parametrierung von Gleichung (4-34) in Abhängigkeit des Wartungswertes der Beleuchtungsstärke

Parameter	Orientierung		
	Süd	Ost/West	Nord
a_3	1	0,85	0,75

Tab. 4-12: Parametrierung von Gleichung (4-34) in Abhängigkeit der Orientierung

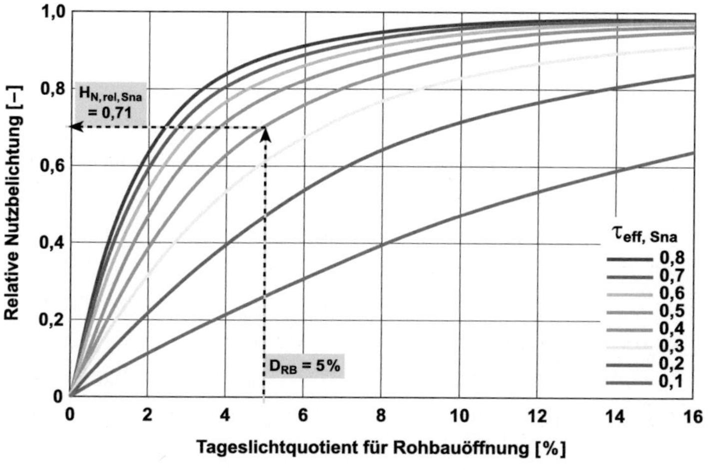

Abb. 4-38: Beispielhafte Funktionenschar zur Ermittlung des Tageslichtversorgungsfaktors $H_{N,rel,Sna}$ in Abhängigkeit von D_{RB} und $\tau_{eff,Sna}$ nach Gleichung (4-34) für $\bar{E}_m$ = 500 lx und Südorientierung. Beispielhafte Ermittlung von $H_{N,rel,Sna}$ für D_{RB} = 5 %

Für das Betriebszeitintervall t_{Sna}, d. h. zu Zeiten aktivierten Sonnenschutzes, werden ein pauschaler, einfacher Ansatz und ein detaillierter kennwertbezogener Ansatz zur Bestimmung von $H_{N,rel,SA}$ verfolgt. Die Orientierung wird bei beiden Ansätzen über die zeitliche Gewichtung nach Gleichung (4-32) berücksichtigt.

Im pauschalen Ansatz ist eine Berücksichtigung der Abhängigkeit von der baulichen Situation, beschrieben durch den Tageslichtquotienten, nicht vorgesehen. Zur pauschalen Klassifizierung von $H_{N,rel,Sa}$ wird eine Betrachtung von drei Gruppen in Abhängigkeit der Spezifikation des Sonnen- und/oder Blendschutzes vorgeschlagen:

- Sonnen- und/oder Blendschutz ohne genauere Spezifikation: $H_{N,rel,Sa} = 0{,}15$
- Automatisch betriebene Sonnen- und/oder Blendschutzsysteme, wie beispielsweise tageslichtabhängig rückziehbare Sonnen- und/oder Blendschutzsysteme. Lamellenbehänge, bei denen nach dem Herunterfahren die Lamellen automatisch wieder geringfügig geöffnet werden, so dass die Lichttransmission gegenüber dem vollständig geschlossenen Behang erhöht ist: $H_{N,rel,Sa} = 0{,}4$
- lichtlenkende Systeme: $H_{N,rel,Sa} = 0{,}6$.

Der detaillierte Ansatz stellt einen Zusammenhang lichttechnischer Kennwerte von Sonnen- und/oder Blendschutzeinrichtungen mit der relativen Nutzbelichtung $H_{N,rel,Sa}$ her. Der Ansatz basiert auf folgender genereller Beobachtung [4-4]. Bei aktiviertem Sonnenschutz und ähnlichem, gerichtetem, hemisphärischem Lichttransmissionsgrad stellt sich bei hauptsächlich diffus transmittierenden Sonnenschutzsystemen wie System A (Behang, Referenzsystem) eine bessere Raumausleuchtung ein als bei klaren Sonnenschutzsystemen wie bei den Systemen B (Sonnenschutzfolie mit WSG) und C (Sonnenschutzfolie mit SSG), die auf transparenten Folien basieren. Dies ist auf die bessere Transmission in den oberen, raumseitigen Viertelraum zurückzuführen, wodurch über die Decke mehr Licht in raumtiefe Bereiche gelangen kann.

Da somit tendenziell bereits vom Fassadensystem auf die Raumausleuchtung geschlossen werden kann, ergibt sich die Möglichkeit einer Korrelation des zu charakterisierenden Fassadensystems mit den Kenngrößen, welche die Raumausleuchtung beschreiben. Die beobachteten Effekte werden in einem neuen raumunabhängigen Fassadenkennwertsystem berücksichtigt, dieses beschreibt die effektive auf einen Jahreszeitraum bezogene Transmission von Lichtmengen (zeitlich integrale Lichtströme) in Abhängigkeit der raumseitigen Abstrahlcharakteristik (oberer und unterer Viertelraum), der realen klimatischen Bedingungen und der Systemeinbaulage (Orientierung). Unter den spezifizierten Einbaubedingungen und klimatischen Randbedingungen ergeben sich je Fassadenkomponente bei aktiviertem Sonnenschutz der effektive Lichttransmissionsgrad bezüglich des unteren Viertelraumes $\tau_{eff,u,Sa}$ und der effektive Lichttransmissionsgrad bezüglich des oberen Viertelraumes $\tau_{eff,o,Sa}$ gemäß Abb. 4-39. Diese addieren sich zum effektiven Lichttransmissionsgrad

$$\tau_{eff,ges,Sa} = \tau_{eff,u,Sa} + \tau_{eff,o,Sa}. \tag{4-36}$$

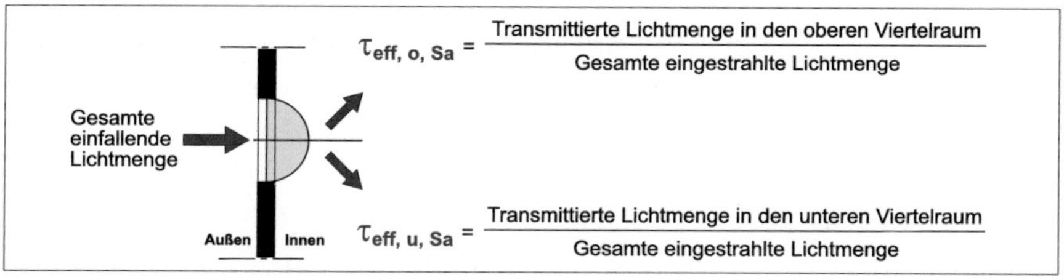

Abb. 4-39: Zur Definition von $\tau_{eff,o,Sa}$ und $\tau_{eff,u,Sa}$

Der Verhältniswert

$$v_{Sa} = \frac{\tau_{eff,o,Sa}}{\tau_{eff,u,Sa}} \tag{4-37}$$

stellt einen Verteilungsschlüssel dar, der die Verteilung der effektiv transmittierten Lichtmengen durch ein Fassadensystem mit aktiviertem Sonnen- und/oder Blendschutz in den oberen und unteren Viertelraum beschreibt. Für ausgewählte Systeme ist der für die in Abb. 4-35 zusammengefassten Fassadenlösungen ermittelte Zusammenhang zwischen effektiven Transmissionsgrad $\tau_{eff,ges,Sa}$, dem Verteilungsschlüssel v_{Sa} und der relativen Nutzbelichtung $H'_{N,rel,Sa}$ für einen festen Tageslichtquotienten eines Referenzraumes in Abb. 4-40 dargestellt.

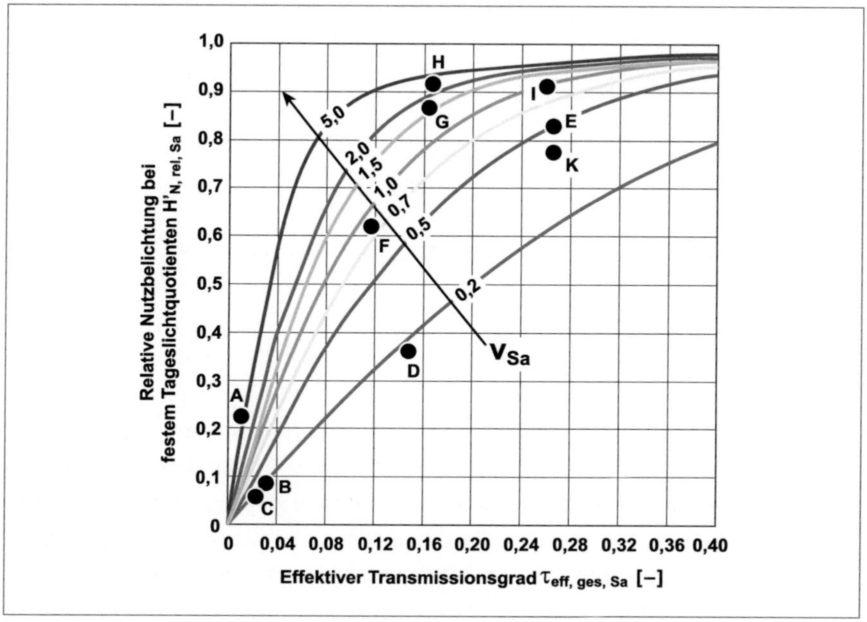

Abb. 4-40: Abhängigkeit der relativen Nutzbelichtung $H'_{N,rel,Sa}$ zu Zeiten aktivierten Sonnenschutzes von $\tau_{eff,ges,Sa}$ und v_{Sa} für einen Referenzraum (d. h. fester Tageslichtquotient)

Mit steigendem Verteilungsschlüssel steigt die relative Nutzbelichtung bei konstantem effektiven Lichttransmissionsgrad. Lichtlenkende Fassadenelemente, die einen besonders hohen Anteil des Lichtstroms in den oberen Viertelraum und damit über Decke und Wände in tiefere Raumbereiche umlenken, weisen ausgeprägt höhere Verteilungsschlüssel und damit auch deutlich größere relative Nutzbelichtungen auf als transparente Sonnen- und/oder Blendschutzsystem. Bei transparenten Systemen ist die Umverteilung des Lichtstroms von fassadennahen Bereichen in tiefere Raumbereiche gering ausgeprägt.
Effektive Lichttransmissionsgrade können beispielsweise über Jahressimulationen oder genähert mittels Zusammenhängen, die in der DIN EN 13363 [4-14] gefasst sind, bestimmt werden. Bei der genauen Ermittlung über Simulationsrechnungen ist die zeitlich und räumlich variierende – auf dem Fassadenelement wirkende – Außenleuchtdichteverteilung zu berücksichtigen. Ebenfalls sind spezielle Kontrolleinrichtungen wie die sonnenstandsabhängige Nachführung des Lamellenwinkels zu beachten. Aus Simulationen der effektiven Lichttransmissionsgrade, die raumseitig eine richtungsaufgelöste Darstellung der Lichttransmission gemäß Gleichung (4-36) ermöglichen, können zugleich die Verteilungsschlüssel einzelner Systeme ermittelt werden. Aus exemplarischen Rechnungen (vgl. Abb. 4-40) ermittelt, lassen sich näherungsweise Verteilungsschlüssel für unterschiedliche Fassadenkomponententypen gemäß Tab. 4-13 angeben. Werden Fassadensysteme aus flächenanteilig verschiedenen Fassadenkomponenten zusammengesetzt, können auch $\tau_{eff,ges,Sa}$ und v_{Sa} aus den Einzelkomponenten flächenanteilig zusammengesetzt werden.

Tab. 4-13: Anhaltswerte des Verteilungsschlüssels v_{Sa} für verschiedene Fassadenkomponententypen

Fassadenkomponententyp		v_{SA}
Klarverglasung inkl. Wärmeschutz- und Sonnenschutzverglasung, transparente Sonnenschutzsysteme (Folien).		0,2
Näherungsweise ideal streuende Gläser, Markisen, textile blickdichte Rollos		0,9
Lamellenbehänge, Standard	Geschlossen	2
	45°	0,7
Lichtlenkende Lamellenbehänge (hochglanzverspiegelt, hochglanzbeschichtet) und Lichtlenkgläser		1,5

Die Zusammenhänge zur Ermittlung der relativen Nutzbelichtung $H_{N,rel,Sa}$ nach Abb. 4-40 gelten für einen festen Tageslichtquotienten. Unter der trivialen Annahme, dass für einen Tageslichtquotienten von Null auch die relative Nutzbelichtung Null ist, können in Abhängigkeit der relativen Nutzbelichtungen $H'_{N,rel,Sa}$ (bei betrachteten festen Tageslichtquotienten) genähert Zusammenhänge in Form einer Funktionsschar gemäß Abb. 4-41 bestimmt werden. Die dargestellten Zusammenhänge gelten für einen Wartungswert der Beleuchtungsstärke von 500 lx. Entsprechende Funktionsscharen sind für $\overline{E}_m$ = 300 lx und $\overline{E}_m$ = 750 lx definiert. Bei wachsendem Tageslichtquotienten steigt somit $H_{N,rel,Sa}$, wobei bei Tageslichtquotienten von etwa 4–5% Sättigungseffekte zu konstatieren sind. Bei stark verschattenden Systemen (kleiner effektiver Transmissionsgrad und kleiner Verteilungsschlüssel) können auch großflächige Rohbauöffnungen, die sich in großen Werten von D_{RB} ausdrücken, zu keinen großen Energieeinsparpotenzialen mehr führen.

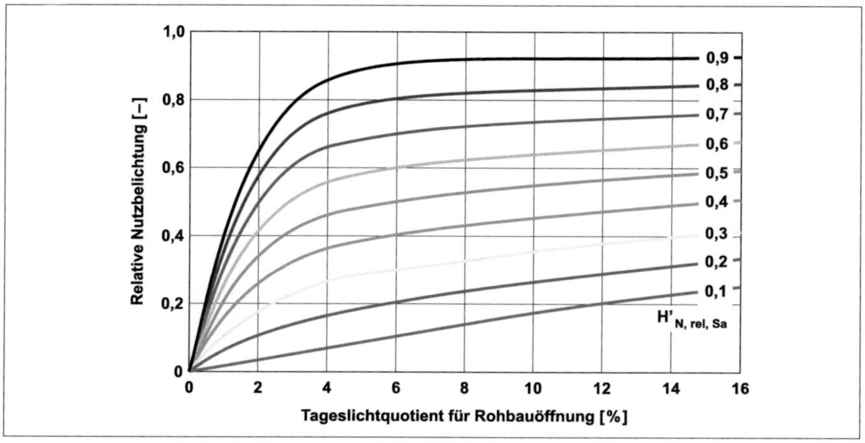

Abb. 4-41: Relative Nutzbelichtung $H_{N,rel,Sa}$ bei aktiviertem Sonnen- und/ oder Blendschutz in Abhängigkeit der relativen Nutzbelichtung $H'_{N,rel,Sa}$ bei einem Wartungswert der Beleuchtungsstärke von 500 lx

4.3.4 Dachoberlichter

Die Bewertung der Tageslichtversorgung durch Dachoberlichter wird in den wesentlichen Schritten analog zu der Bewertung vertikaler Fassaden durchgeführt. Abb. 4-42 fasst die Schritte zur Bestimmung der relativen Nutzbelichtung zusammen. In Stufe A wird zunächst gemäß Abschnitt 4.3.1 der tageslichtversorgte Bereich bestimmt. Die Tageslichtverhältnisse in diesem Bereich sind wiederum über den Tageslichtquotienten zu bewerten (Stufe B). Hierzu wird auf ein existierendes einfaches Verfahren zur Bestimmung des mittleren Tageslichtquotienten auf der Nutzebene zurückgegriffen. Ungleich der Behandlung vertikaler Fassaden lassen sich bei Dachoberlichtlösungen deutlich gleichmäßigere Beleuchtungsverhältnisse erzielen, so dass der mittlere Tageslichtquotient auf der Nutzebene als Bewertungskriterium herangezogen wird. Da bei Dachoberlichtlösungen der Einsatz von Sonnen- und/oder Blendschutzsystemen die Ausnahme darstellt, wird dieser vereinfachend – im Gegensatz zur Behandlung von vertikalen Fassaden – bei der Modellbildung nicht berücksichtigt. Bei der Beschreibung der Fassadeneigenschaften kann zwischen Lichtkuppeln, Lichtbändern und Shedoberlichtern unterschieden werden. Die Korrelation mit der jährlichen relativen Nutzbelichtung erfolgt in Stufe C. Über entsprechende Verteilungsschlüssel wird sodann in Stufe D der Jahreswert in monatliche Werte umgerechnet. Bei Dachoberlichtern wird die Korrelation auf den Tageslichtquotienten, der bereits das Fassadensystem (d. h. die Verglasungseigenschaften) mitberücksichtigt, bezogen. Analog vertikaler Fassaden wäre auch hier ein Bezug auf den Tageslichtquotienten für die Rohbauöffnung darstellbar gewesen. Da das im Folgenden kurz beschriebene Verfahren zur Ermittlung des Tageslichtquotienten die Verglasungseigenschaften mit einbezieht und bereits seit langem eingeführt ist, wurde auf eine Umarbeitung desselben verzichtet.

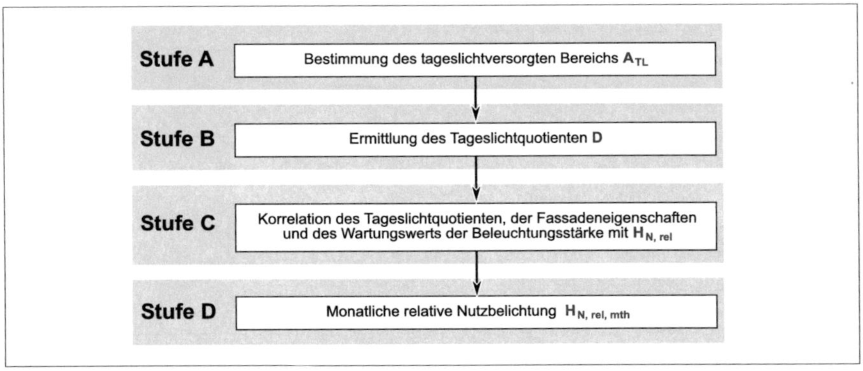

Abb. 4-42: Ablaufdiagramm zur Bestimmung der relativen Nutzbelichtung für Dachoberlichter

Tageslichtquotient

Das auf Arbeiten von Rattunde [4-21] basierende Tabellenverfahren der DIN 5034-3 ermöglicht die Bestimmung des Tageslichtquotienten für Lichtkuppeln und geometrisch unterschiedlich ausgebildete und orientierte Shedoberlichter. In [4-6] erfolgt eine Verfahrenserweiterung für Lichtbänder. Bewertbare Dachoberlichtvarianten sind beispielhaft in Abb. 4-43 dargestellt. Das Verfahren basiert auf dem für die Auslegung von künstlichen Beleuchtungsanlagen entwickelten und bereits unter Abschnitt 4.2 vorgestellten Wirkungsgradverfahren. In Abhängigkeit der Ausbildung der Dachoberlichter (Geometrie und Reflexionsgrade) sind daher unterschiedliche Raumwirkungsgrade in den Berechnungen anzusetzen. Es wird die Analogie zwischen Dachoberlichtern und einer direktstrahlenden Leuchte in der Decke gebildet. Die Methodik nach DIN 5034 gestattet die Berücksichtigung weiterer über die Standardreflexionsgrade nach Tab. 4-2 hinausgehender Reflexionsgradkombinationen.

Ermittlung der relativen Nutzbelichtung

Das Verfahren geht von ideal diffusen Verglasungen aus, wie sie in Dachoberlichtern zumeist eingesetzt werden. Es bietet somit die Möglichkeit, bei bekannten Beleuchtungsstärken auf der Lichteintrittsfläche über den Tageslichtquotienten unmittelbar die Innenbeleuchtungsstärken zu ermitteln. Der Tageslichtquotient

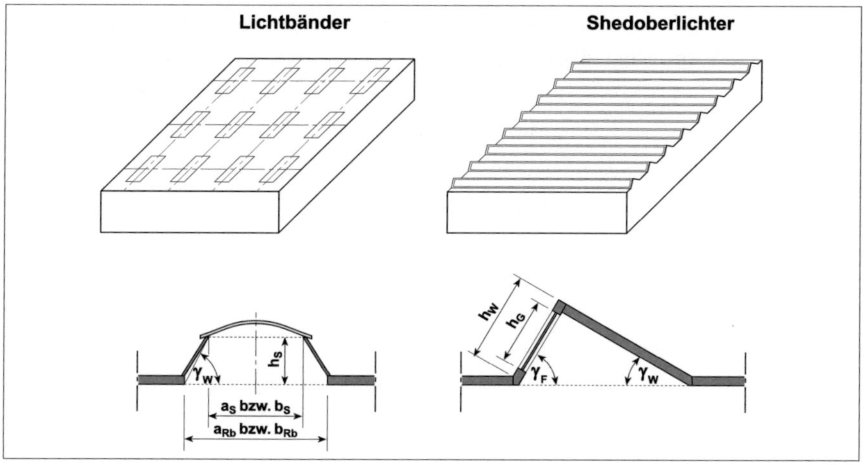

Abb. 4-43: Beispielhafte mit dem Verfahren bewertbare Dachoberlichtlösungen [4-6]

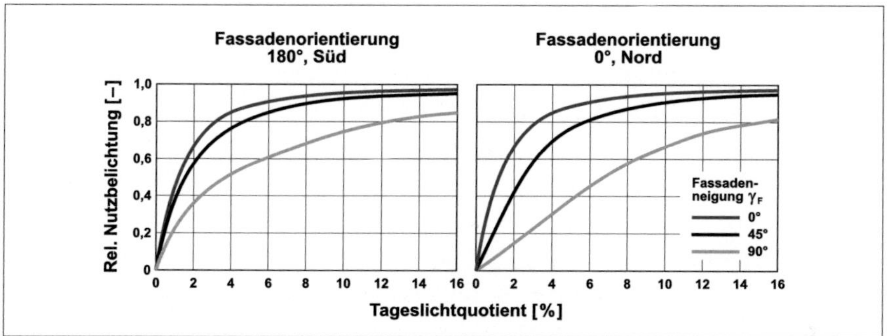

Abb. 4-44: Korrelation des Tageslichtquotienten D mit der relativen Nutzbelichtung $H_{Nutz,rel}$ für Fassadenorientierung 0° (Nord) und 180° (Süd) und unterschiedliche Fassadenneigungen für Dachoberlichter bei $\bar{E}_m$ = 500 lx

kann nur bei Diffusverglasung auch für Außenbeleuchtungsstärken, die sich aufgrund anderer – d. h. nicht ideal bedeckter – Himmelzustände einstellen, zur Bestimmung der Innenbeleuchtungsverhältnisse genutzt werden. Bei Lichtkuppeln und Lichtbändern stellen Klarverglasungen die Ausnahme dar. Bei dem möglichen Einsatz von Klarverglasungen in Shedoberlichtern wird das in den Raum eintretende Licht häufig zunächst an den Oberflächen der Shedkonstruktionen gestreut. Darüber hinaus sind Shedoberlichter im Allgemeinen nach Norden orientiert, wodurch fast ausschließlich Diffuslicht in den Raum eindringt. Das Verfahren wird daher im Folgenden genähert auch für Klarverglasungen genutzt.

Verschieden orientierte und geneigte Lichteintrittsflächen von Shedoberlichtern werden unterschiedlich belichtet. Die Abhängigkeiten zwischen relativer Nutzbelichtung $H_{N,rel}$ und dem Tageslichtquotienten D werden daher jeweils für unterschiedliche Orientierungen und Neigungen angegeben [4-6]. Die Abhängigkeit der relativen Nutzbelichtung vom Wartungswert der Beleuchtungsstärke $\bar{E}_m$ wird analog der Betrachtung vertikaler Fassaden berücksichtigt. In Abb. 4-44 werden für ausgewählte Fassadenorientierungen und -neigungen die Abhängigkeiten der relativen Nutzbelichtungen $H_{N,rel}$ vom Tageslichtquotienten D für einen Wartungswert der Beleuchtungsstärke von $\bar{E}_m$ = 500 lx dargestellt.

4.3.5 Monatliches Verfahren

Saisonale Unterschiede der internen Wärmegewinne durch Beleuchtung sind an die variierenden Tageslichtverhältnisse gekoppelt. In Abstimmung mit der erforderlichen thermischen Bilanzierung sind diese auf monatlicher Basis bereitzustellen. Verfahrenstechnisch könnten die dargestellten Korrelationen der relativen Nutzbelichtung mit dem Tageslichtquotienten auch auf monatlicher Basis durchgeführt werden, was die Methodik jedoch erheblich verkomplizieren würde. Alternativ können die jährlichen, relativen Nutzbelichtungen $H_{N,rel}$ über Verteilungsschlüssel, die dem saisonal variierenden Tageslichtangebot Rechnung tragen, berücksichtigt werden.

Abb. 4-45 zeigt exemplarisch für ausgewählte Fassadensysteme nach Abb. 4-35 die monatliche Verteilung der relativen Nutzbelichtung. In den strahlungsreichen Monaten nutzen lichtlenkende Systeme das zur Verfügung stehende Direktlicht deutlich besser aus. Dagegen zeigen Fassadensysteme mit konventionellen Sonnen- und/oder Blendschutzbehängen wie stark schließende Lamellenbehänge oder Sonnenschutzverglasungen mit Sonnenschutzfolie ein weniger saisonal ausgeprägtes Verhalten. In der strahlungsreichen Jahreszeit reduzieren diese Systeme den Lichteintrag vergleichsweise stark.

Diese unterschiedlichen saisonalen Verteilungen werden entsprechend der in Abb. 4-46 dargestellten Verteilungsschlüssel berücksichtigt. Bei lichtlenkenden Systemen wird in Abhängigkeit der Orientierung abermals zwischen der Himmelsrichtung Süd und den Himmelsrichtungen Ost/West abgestuft. Südorientierte Fassaden erhalten mehr für die effiziente Lichtlenkung erforderliche Direktstrahlung als Ost/West orientierte Fassaden. Das saisonale Verhalten ist daher bei südorientierten Fassaden mit Lichtlenkung ausgeprägter.

Das Modell der Dachoberlichter berücksichtigt, wie erläutert, keinen Sonnen- und oder Blendschutz. Intensitätsreiches Direktlicht gelangt daher bei vielen Lösungen relativ ungemindert in die Räume. Die monatliche Umverteilung bei Dachoberlichtern orientiert sich daher an den Verteilungsschlüsseln von lichtlenkenden, vertikalen Fassaden, die das Direktlicht ebenfalls gut ausnutzen.

4.3.6 Tageslichtabhängige Beleuchtungskontrolle

Die relative Nutzbelichtung ist eine Bewertungsgröße für das theoretisch zu erreichende Einsparpotenzial elektrischer Beleuchtungsenergie unter Einhaltung

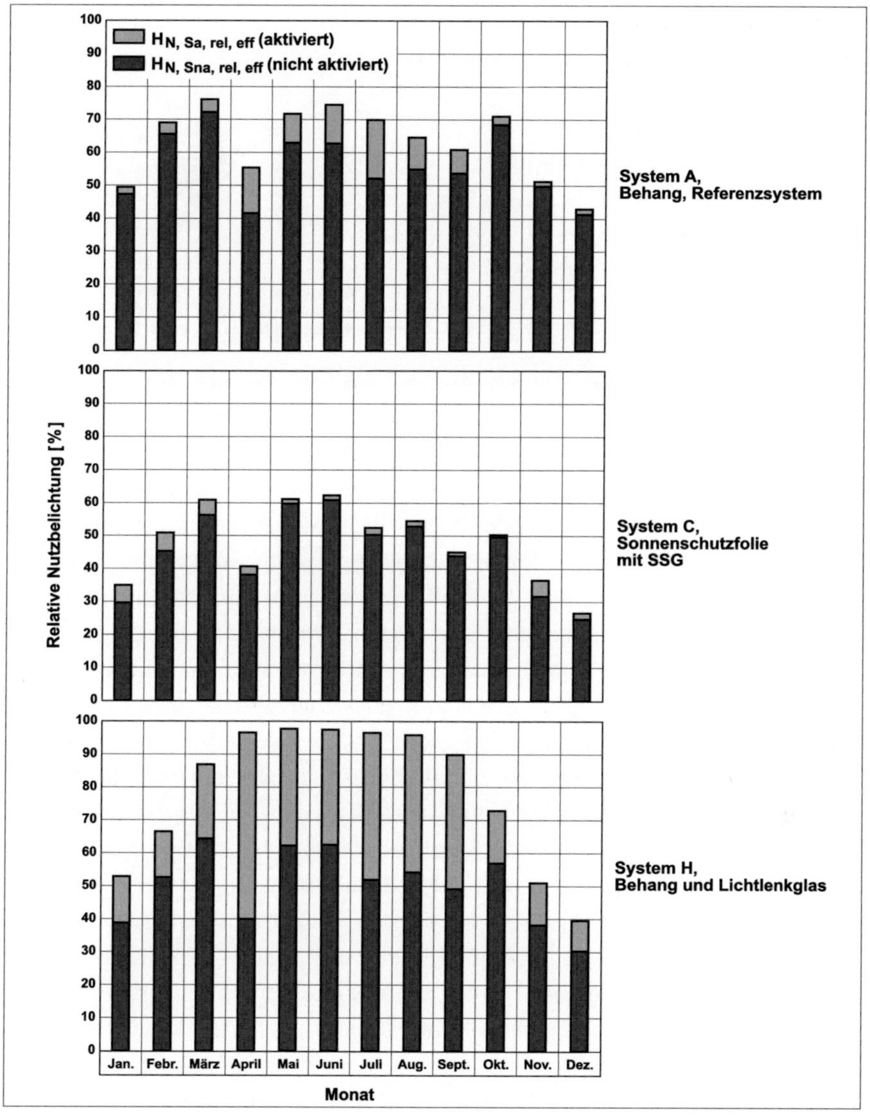

Abb. 4-45: Gegenüberstellung der effektiven, relativen, monatlichen Nutzbelichtung für einen Wartungswert der Beleuchtungsstärke von 500 lx (nach den Anteilen Sonnenschutz aktiviert, Sonnenschutz nicht aktiviert) für die Systeme A (Behang, Referenzsystem), C (Sonnenschutzfolie mit SSG) und H (Behang und Lichtlenkglas) gemäß Abb. 4-35

der Anforderungen an das Beleuchtungsniveau am Nachweisort (z. B. E_m = 500 lx in Büros). Mit einer idealen Konstantlichtregelung kann dieses Potenzial ausgeschöpft werden. Bei realen Beleuchtungssystemen sind allerdings Verlustleistungen der Betriebsgeräte und Verluste durch nicht ideales Regelverhalten zu berücksichtigen. Knoop [4-17] führt hierzu, wie bereits in Abb. 4-25 dargestellt, den Begriff des »Systempotenzials« SP ein. Das Systempotenzial beschreibt die Ergänzung der natürlichen Beleuchtungsverhältnisse durch das künstliche Beleuchtungssystem zum geforderten Wartungswert der Beleuchtungsstärke. SP wird auf die Betriebszeit der Beleuchtungsanlage bezogen. Der Einfluss der

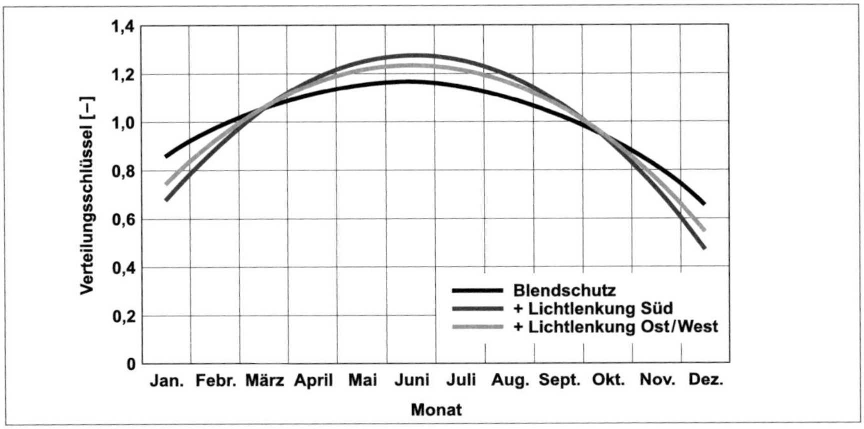

Abb. 4-46: Monatlicher Verteilungsschlüssel für die relative jährliche Nutzbelichtung für vertikale Fassaden

tageslichtabhängigen Kontrolle, beschrieben durch SP, ist nach Gleichung (4-26) eine wesentliche Verfahrensgröße, da sie das energetische Einsparpotenzial durch Tageslicht erschließt. Für automatische Regelkreise wie Konstantlichtregelungen, aber auch einfache Kontrollsysteme, die bei ausreichendem Tageslicht das Kunstlicht lediglich automatisch abschalten, lässt sich das energetische Verhalten gut abschätzen. Messtechnisch ermittelte Systempotenziale marktgängiger tageslichtabhängiger Beleuchtungskontrollsysteme liegen im Wertebereich zwischen 0,7 und 0,9.

Wird die Beleuchtungsanlage manuell betrieben – es sind daher keine elektronischen Beleuchtungskontrollsysteme vorhanden – kann SP als der energetisch wirksame Einfluss des manuellen Schaltverhaltens aufgefasst werden. Hierbei handelt es sich um eine statistische Größe, da das reale Nutzerverhalten neben dem präferierten Beleuchtungsniveau stark in Abhängigkeit weiterer Einflussgrößen schwankt, wie Blendungs- und Kontrastempfinden, Gestaltung des Arbeitsplatzes, Art und Lage der Tageslichtöffnung, Alter des Nutzers, Nutzungsgewohnheiten, etc. So wird beispielsweise häufig der Effekt konstatiert, dass morgens bei Arbeitsbeginn und noch schwacher Tageslichtversorgung das Kunstlicht angeschaltet wird. Steigt im Laufe des Tages das natürliche Beleuchtungsniveau schnell erheblich über das des Kunstlichts, wird der Betrieb desselben nicht mehr wahrgenommen. Die Anlage wird nicht wieder abgeschaltet und trägt zu einem unnötigen Energiebedarf bei. Systempotenziale bei rein manuellem Betrieb werden daher in der Regel deutlich konservativer abgeschätzt. Bezüglich der Modellierung der Nutzereinflüsse gibt es allerdings noch Unsicherheiten, die zukünftig durch weitere Untersuchungen zu differenzierteren Werten für SP bei manuellem Schaltverhalten führen sollten.

Daneben liegt in der Führungsgröße $\overline{E}_m$ (Sollwert) der Beleuchtungsregelkreise ggf. zukünftig weiter zu erschließendes Potenzial. Es wird allgemein davon ausgegangen, dass bei Tageslicht die gleiche horizontale Beleuchtungsstärke bereit zu stellen ist, wie bei der künstlichen Beleuchtung. Kontrollsysteme werden entsprechend ausgelegt. Untersuchungen zeigen jedoch auf, dass in Abhängigkeit der Sehaufgabe oftmals die vertikale Beleuchtungsstärke für das Hellempfinden in Sehbereichen verantwortlich ist. Bei seitlich belichteten Räumen weist das Tageslicht eine Lichtrichtung auf, die im Vergleich zu konventionellen künstlichen Beleuchtungssystemen (Hauptlichteinfallsrichtung von oben) relativ höhere vertikale Beleuchtungsstärken und niedrigere horizontale Beleuchtungsstärken aufweist. Die akzeptierten horizontalen Beleuchtungsstärken durch Tageslicht sind somit oftmals niedriger [4-20]. Das zu berücksichtigende Einsparpotenzial kann sich daher bei Tageslicht durch eine Herabsetzung der Führungsgröße des Kontrollsystems der horizontalen Beleuchtungsstärke $\overline{E}_m$ ausdrücken. Die DIN 5035 trug diesem Umstand vormals durch die Definition tageslichtorientierter, fensternaher Bereiche Rechnung, in denen statt beispielsweise 500 lx nur 300 lx bereitzustellen waren. Zu Nachtzeiten bedingt dies jedoch eine relativ geringe Beleuchtungsstärke, da das künstliche Beleuchtungssystem auf nur 300 lx ausgelegt ist. Die Bereitstellung geringerer Beleuchtungsstärken sollte somit nur über Kontrollsysteme erfolgen, die von einem höheren installierten Beleuchtungsniveau herunterschalten oder herunterdimmen.

Literaturverzeichnis zu Kapitel 4

[4-1] Arbeitsstättenrichtlinie ASR 7/1: Sichtverbindung nach Außen. Arbeitsschutz 4/1976, Kohlhammer Verlag, Stuttgart (1976), S. 130.

[4-2] BildscharbV: Bildschirmarbeitsverordnung: Verordnung über Sicherheit und Gesundheitsschutz bei der Arbeit an Bildschirmgeräten. Bundesgesetzblatt, Teil 1 (1996), S. 1841.

[4-3] Blümel, K.; Hollan, E.; Kähler, M.; Perter, R.; Jahn, A.: Entwicklung von Testreferenzjahren (TRY) für Klimaregionen der Bundesrepublik Deutschland. Bundesministerium für Forschung und Technologie, Forschungsbericht T 86-051 (1986).

[4-4] de Boer, J.: Tageslichtbeleuchtung und Kunstlichteinsatz in Verwaltungsbauten mit unterschiedlichen Fassaden, Dissertation, Universität Stuttgart, Fraunhofer IRB Verlag, Stuttgart (2004).

[4-5] de Boer, J.; Aydinli, S.; Cornelius, W.; Jakobiak, R.; Krebs, P.; Rosemann, A.; Schmits P.W.: Die Ermittlung des Energiebedarfs für Beleuchtungszwecke, Die DIN V 18599 Teil 4: Nutz- und Endenergiebedarf für Beleuchtung. Licht (2006), H.1/2.

[4-6] de Boer, J.; Cornelius, W.; Wössner, S.: Ein einfaches Modell zur Ermittlung des Endenergiebedarfs für Beleuchtungszwecke in Räumen mit Dachoberlichtern. gi Gesundheits-Ingenieur 126 (2005), H. 3, S. 113–123.

[4-7] de Boer, J.; Erhorn, H.: Ein einfaches Modell zur Klassifizierung der Tageslichtversorgung von Innenräumen mit vertikalen Fassaden. gi Gesundheits-Ingenieur 125 (2004), H. 6, S. 281–295.

[4-8] DIN 5034: Tageslicht in Innenräumen. Beuth Verlag, Berlin.

[4-9] DIN 5035: Beleuchtung mit künstlichem Licht. Beuth Verlag, Berlin.

[4-10] DIN 5040 Leuchten für Beleuchtungszwecke; Beuth Verlag GmbH; 1976

[4-11] DIN EN 12464-1: Beleuchtung von Arbeitsstätten, Teil 1, Arbeitsstätten in Innenräumen. Beuth Verlag, Berlin (2003).

[4-12] DIN EN 410: Glas im Bauwesen. Bestimmung des Lichttransmissionsgrades, direkter Sonnenenergietransmissionsgrad, Gesamtenergiedurchlaßgrad, UV-Transmissionsgrad und damit zusammenhängende Glasdaten. Beuth Verlag, Berlin (1991).

[4-13] Ehling, K.: Tageslichtsysteme: Lichttechnische Bewertung und Wirtschaftlichkeit. Dissertation, Technische Universität Berlin, VDI Verlag GmbH, Düsseldorf (2000).

[4-14] DIN EN 13363: Sonnenschutzeinrichtungen in Kombination mit Verglasungen – Berechnung der Solarstrahlung und des Lichttransmissionsgrades. Beuth Verlag, Berlin (2005).

[4-15] Dirksmöller, M.; Erhorn, H.: Adeline 3.0 – Dokumentation. Fraunhofer-Institut für Bauphysik, Stuttgart (1999).

[4-16] Heibel, B.: Verfahren zur Bestimmung von Kunstlichteinschaltzeiten. Dissertation, Universität Gesamthochschule Kassel (1998).

[4-17] Knoop, T.: Tageslichtabhängige Beleuchtungssysteme auf der Basis von Installationsbussen; Dissertation, Technische Universität Berlin, VDI Verlag GmbH, Düsseldorf (1998).

[4-18] LiTG-Publikation Nr. 3.5; Projektierung von Beleuchtungsanlagen nach dem Wirkungsgradverfahren; 1988

[4-19] Osram, Lichtprogramm 2004/2005 (2004).

[4-20] Petry, K.: Zur Bewertung der Mindestbeleuchtungsstärke und der Nutzungszeit von tageslichtorientierten Arbeitsplätzen mit Hilfe des Kontrastwiedergabefaktors und der äquivalenten Kugelbeleuchtungsstärke. Dissertation, Technische Hochschule Darmstadt (1984).

[4-21] Rattunde, R.: Optimierung der Tageslichtbeleuchtung großer Räume durch Oberlichter unter Berücksichtigung des zur Verfügung stehenden Tageslichtes. Dissertation Technische Universität Berlin (1980).

[4-22] Reglementation Thermique 2000, Annexe N° 1 A L'Arrêté Portant Approbation Des Methodes de Calcul Th-C et Th-E, Methode de Calcul Th-C. CSTB, Paris, Internetseite unter www.rt2000.net (2004).

[4-23] Rosemann, A.; de Boer, J.; Aydinli, S.; Krebs, P.; Schmits, P.W.: Verfahren zur Ermittlung der elektrischen Bewertungsleistung für Kunstlichtanlagen, Erläuterungen zur DIN-V 18599-4. Erscheint in Licht (2006), H.3.

[4-24] Ward Larson, G.; Shakespeare, R.: Rendering with Radiance. Morgan Kaufmann, San Francisco (1998).

[4-25] ZVEI-Leitfaden zur DIN EN 12464-1, ZVEI, Frankfurt (2005).

Nina Weiß | Johann Reiß

5 Beispielhafte Berechnung

In diesem Kapitel sollen die Effekte, die in den vorigen Kapiteln beschrieben wurden, anhand eines beispielhaften Gebäudes verdeutlicht werden. Bei dem Beispielgebäude, welches in Abb. 5-1 dargestellt ist, handelt es sich um ein Bürogebäude mit 11 oberirdischen Geschossen, einem Technikgeschoss (11. OG) und einem unterirdischen Kellergeschoss.

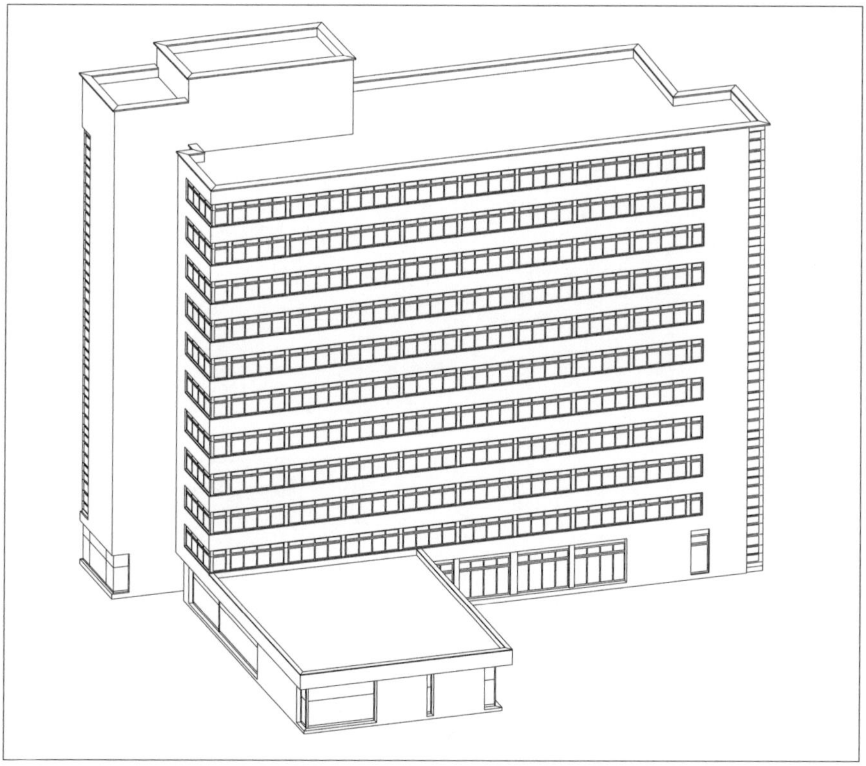

Abb. 5-1: Isometrie des Beispielgebäudes mit Blick aus Südosten

Der Aufbau der Obergeschosse eins bis zehn ist identisch. Wie aus Abb. 5-2 ersichtlich ist, befinden sich hier Einzel-, Gruppen- und Großraumbüros mit je einer Teeküche pro Geschoss. Außerdem befinden sich in allen oberirdischen Geschossen Sanitärzellen sowie Verkehrsflächen bestehend aus Fluren, Aufzügen, Treppenhäusern und einer Geschosslobby. In Abb. 5-3 ist das Erdgeschoss dargestellt. Hier gibt es neben den Verkehrsflächen eine Kantine mit separatem

Speisezimmer, einen Küchenbereich, ein Sitzungszimmer, einen Personalraum für die Küche, ein Hausmeisterbüro und ein Stuhllager. Im Kellergeschoss sind neben dem Treppenhaus und den Aufzügen nur Lager-, Werkstatt- und Technikräume platziert . Im Technikgeschoss im 11. OG befinden sich außer dem Treppenhaus noch die Aufzugsüberfahrt und das Rückkühlwerk für das Gebäude.

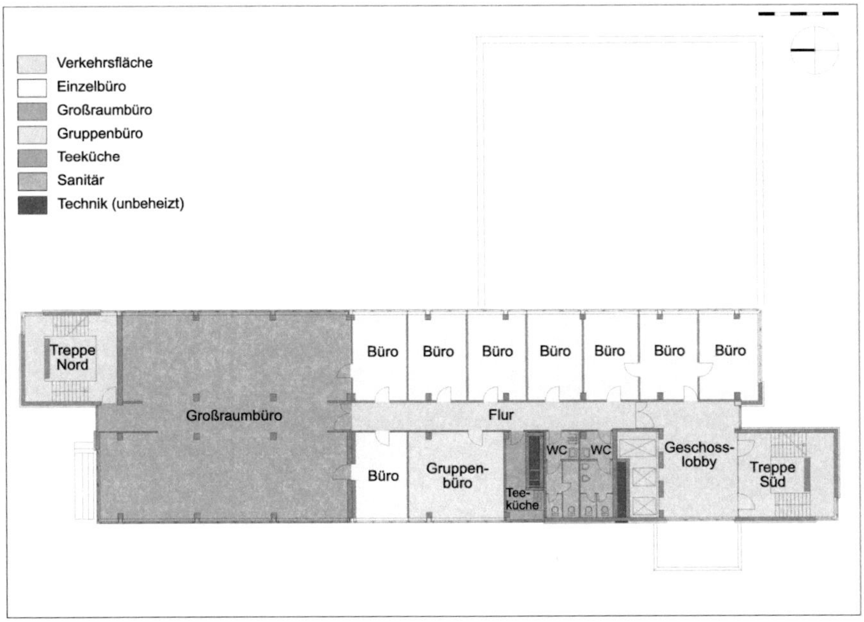

Abb. 5-2: Grundriss der Obergeschosse eins bis zehn

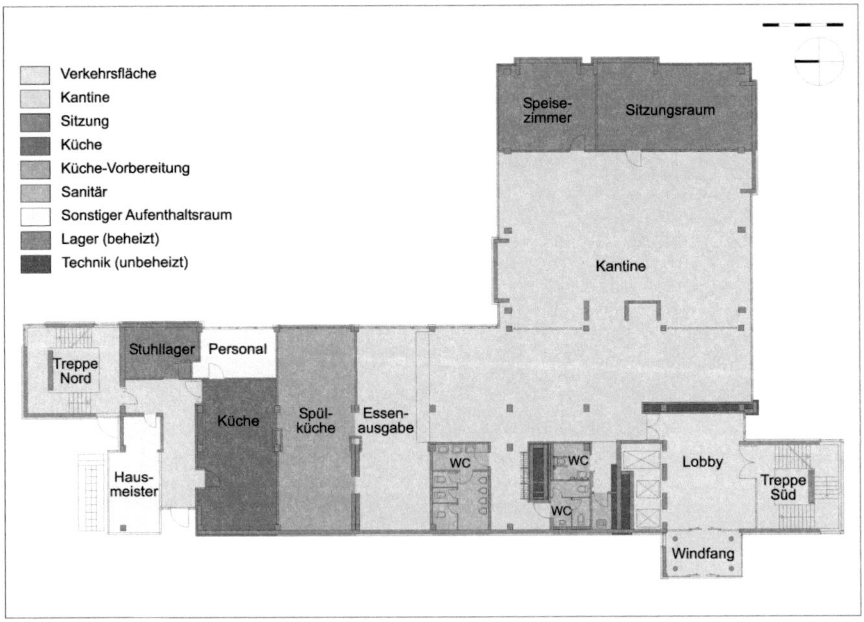

Abb. 5-3: Grundriss des Erdgeschosses

5.1 Konditionierung im Beispielgebäude

Das Gebäude wird von einer zentralen Heizungsanlage im Untergeschoss mit Wärme versorgt. Außerdem sind zwei RLT-Anlagen und eine Kältemaschine in den Kellerräumen sowie ein Rückkühlwerk im Dachgeschoss installiert.

Lüftung

Die meisten Räume im Beispielgebäude werden über die Fenster belüftet. Lediglich die Großraumbüros, die Kantine und die Küche werden über zentrale RLT-Anlagen versorgt. Dabei handelt es sich bei der RLT-Anlage für das Großraumbüro um eine Klimaanlage, in der die Zuluft konstant auf 17 °C temperiert wird, also gekühlt und erwärmt wird und zudem eine Befeuchtung der Zuluft stattfindet. In der RLT-Anlage für die Kantine und die Küche wird die Zuluft auf 18 °C erwärmt, jedoch nicht gekühlt.

Raumheizung

Außer den Kellerräumen und dem Technikgeschoss sind sämtliche Räume im Gebäude mit einer Raumheizung ausgestattet. In den Großraumbüros handelt es sich dabei um Unterflurkonvektoren in der Zuluft, in den restlichen Räumen sind Heizkörper vorhanden.

Raumkühlung

Die Großraumbüros werden über eine Kühldecke gekühlt und im Sitzungszimmer des Erdgeschosses ist ein Direktverdampfer vorhanden. Die übrigen Räume im Gebäude besitzen keine Raumkühlung.

Beleuchtung

In den Büros, dem Sitzungszimmer im EG, der Kantine und der Küche werden direkt/indirekt strahlende Leuchten eingesetzt, alle übrigen Räume haben ausschließlich direkt strahlende Beleuchtung. In den Büros und in der Küche sind stabförmige Leuchtstofflampen mit elektronischen Vorschaltgeräten (EVG) installiert, im Keller und im Dachgeschoss stabförmige Leuchtstofflampen mit verlustarmen Vorschaltgeräten (VVG). In den übrigen Räumen sind kompakte Leuchtstofflampen vorhanden, wobei in den Sanitärzellen, den Fluren und den Treppenhäusern VVGs vorhanden sind, in den Lobbybereichen, der Kantine und dem Sitzungsraum dagegen EVGs. In den Einzelbüros, dem Sitzungszimmer, sowie den Fluren und Treppenhäusern sind außerdem Präsenzmelder installiert.

Vom EG bis zum 10. OG werden außer den Sanitärzellen, den Aufzügen und den innenliegenden Fluren alle Räume mit Tageslicht versorgt. Die Büros und die Kantine verfügen zudem über ein tageslichtabhängiges Beleuchtungskontrollsystem, welches die Kunstlichtanlage dimmt und bei ausreichendem Tageslicht auch ausschaltet. In den Büros, der Küche und den Geschosslobbys ist außerdem ein lichtlenkender Behang angebracht, die Kantine und das Sitzungszimmer besitzen lediglich einen Blendschutz und die Treppenhäuser haben weder Sonnen- noch Blendschutz.

5.2 Zonierung

Bislang wurde das Gebäude stets als Einheit betrachtet. Im Nicht-Wohnungsbau ist es jedoch meist nicht möglich, eine einzige Nutzung für das ganze Gebäude zu definieren. So gibt es in dem hier betrachteten Bürogebäude nicht nur Büroräume, sondern auch eine Kantine, eine Küche, Sanitärzellen, Technikräume und andere Nutzungsbereiche. Somit viele verschiedene Zonen, die nicht mehr mit einem einzigen, homogenen Nutzungsprofil belegt werden können. Zudem werden nicht alle Räume gleich konditioniert. Aus diesem Grund ist es hier nicht mehr möglich, das Gebäude als Ganzes zu betrachten, sondern es muss den jeweiligen Nutzungen und Anforderungen entsprechend in Zonen unterteilt werden. Dabei wird jeder Nutzungsbereich einzeln bewertet und am Ende zum Gesamtgebäude aufsummiert.

5.2.1 Kriterien bei der Zonierung

Für die Bewertung werden alle Bereiche des Gebäudes betrachtet, die mindestens eine Art der Konditionierung aufweisen (heizen, kühlen, lüften, befeuchten und beleuchten). Eine Zone umfasst hierbei alle Räume mit einheitlichen Nutzungsrandbedingungen und einheitlicher Anlagentechnik. Zu den Nutzungsrandbedingungen zählen dabei die Raumlufttemperatur, die Nutzungszeit, die Betriebszeit für Heizung, Kühlung und Lüftung, der nutzungsbedingte Mindestaußenluftwechsel, die internen Lasten und die Anforderungen an die Beleuchtung.

5.2.2 Zonierung des Beispielgebäudes

Im Beispielgebäude ergeben sich von der Nutzungsart her zwölf verschiedene Nutzungsbereiche. Da es jedoch sowohl beheizte als auch unbeheizte Lagerräume gibt, ist die Nutzung »Lager« infolge der Konditionierung weiter zu unterteilen, so dass sich im Beispielgebäude die folgenden dreizehn Nutzungsbereiche ergeben:

1. Einzelbüros
2. Gruppenbüros
3. Großraumbüros
4. Sitzungsräume (separates Speisezimmer, Sitzungsraum)
5. Sanitärräume
6. Verkehrsflächen (Flure, Treppenhäuser, Aufzüge)
7. Kantine (Kantine und Essenausgabe)
8. Küche
9. Küche-Vorbereitung (Spülküche, Teeküche)
10. Lager, Technik beheizt (Stuhllager)
11. Lager, Technik unbeheizt (Schächte, Räume in DG und Keller)
12. Werkstatt (Kellerräume)
13. Sonstige Aufenthaltsräume (Personalraum und Hausmeisterbüro).

Praktikables Zusammenfassen

Das Ziel sollte sein, ein Gebäude mit so vielen Zonen wie nötig, aber so wenig wie möglich zu berechnen. Hierfür gilt es, die einzelnen Bereiche sinnvoll zusammenzufassen. Zonen, deren Anforderungen sich nur gering unterscheiden, können generell in einer gemeinsamen Zone zusammengefasst werden. Hierzu zählen beispielsweise Lager- und Verkehrsflächen. Findet ein erhöhter Luftwechsel zwischen zwei Zonen statt, so sind diese dagegen grundsätzlich in einer Zone zusammenzufassen. Die inneren Wärmequellen sind in diesem Fall aus den einzelnen Nutzungsprofilen zu mitteln und der Mindestluftwechsel ist nach sachlogischen Kriterien zu ermitteln.

Für das Beispielgebäude bedeutet dies, dass die Einzel- und Gruppenbüros in einer Zone zusammengefasst werden, da sie sich in Ihrer Nutzung kaum unterscheiden. Dieser Zone werden vereinfacht auch der Personalraum und das Hausmeisterbüro zugeschlagen, die durch ihren geringen Flächenanteil nur einen geringen Einfluss auf die Bewertung haben. Die Küche und die Spülküche werden ebenfalls zusammengefasst, das Stuhllager wird den Verkehrsflächen zugeschlagen und die Keller- und Dachgeschossräume werden zu einer unbeheizten Zone mit dem Profil »Nebenflächen ohne Aufenthaltsräume« zusammengefasst. Da das separate Speisezimmer die gleiche Konditionierung wie das Sitzungszimmer hat, wird es mit dem Sitzungsraum zusammengefasst. Die Teeküche wird vereinfacht den Büros zugeschlagen. Die Sanitärräume verfügen über eine Abluftanlage und bekommen durch Überströmöffnungen in den Türen die Zuluft aus den angrenzenden Bereichen, weshalb sie mit diesen Bereichen zusammenzufassen sind. Dies sind in den Obergeschossen die Flure und

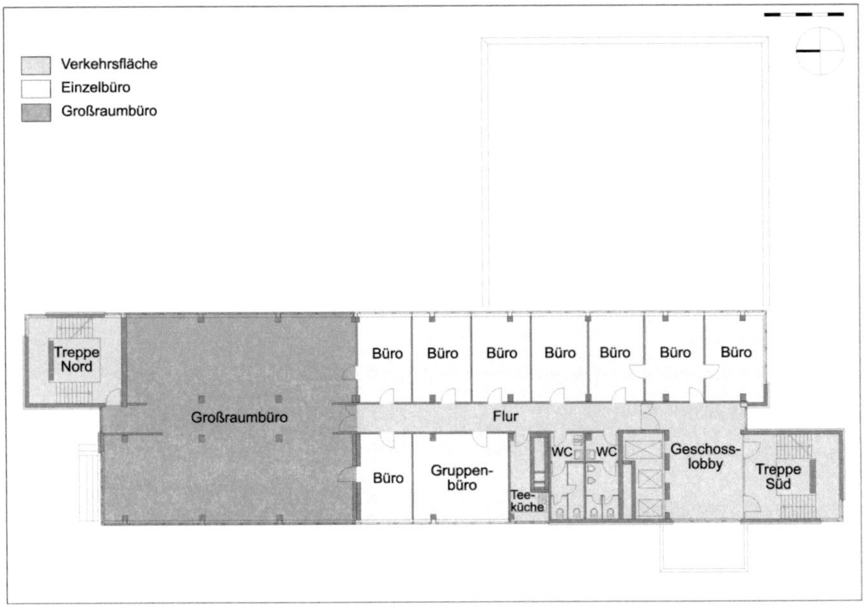

Abb. 5-4: Endgültige Zonierung des 1. bis 10. Obergeschosses

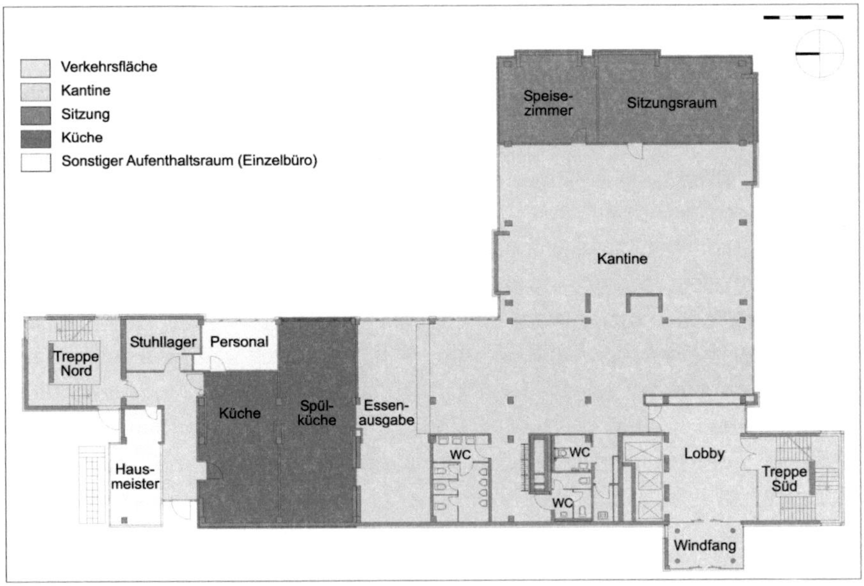

Abb. 5-5: Endgültige Zonierung des Erdgeschosses

im Erdgeschoss ist es die Kantine. Die internen Lasten sind hierfür zu mitteln. Da der Zugang zu den Sanitärräumen im EG nur über die Kantine erfolgt, wird für diese Sanitärräume der gleiche Nutzungszeitraum wie für die Kantine selbst angesetzt. Die RTL-Anlagen sind über diesen Zeitraum hinaus zwei Stunden länger in Betrieb. Der Zuluftvolumenstrom in diese Zone ermittelt sich jedoch nur aus dem nutzungsbedingten Mindestaußenluftvolumenstrom der Kantine.

Da der Abluftvolumenstrom der Kantine dem Zuluftvolumenstrom entspricht, erzeugt die zusätzliche Abluft über die WCs einen Unterdruck in der Kantine, der zur Geruchsvermeidung in der Kantine dient. Die notwendige Zuluft muss über Fenster- und Türöffnungen nachströmen. In den Obergeschossen werden nach analogem Schema die Sanitärräume mit den Fluren zusammengefasst. Auch hier erzeugt der Abluftventilator wieder einen Unterdruck, der zur Vermeidung von Geruchsübertragung in die Flure auch gewünscht ist.
Durch diese praktikable Zusammenfassung der einzelnen Nutzungsbereiche kann die Anzahl der Zonen von 13 auf sieben reduziert werden, die in Abb. 5-4 und 5-5 farblich hinterlegt sind.
Im Einzelnen sind dies folgende sieben Zonen mit entsprechendem Nutzungsprofil:

1. Einzelbüros Profil: Gruppenbüro (2 bis 6 Arbeitsplätze)
2. Großraumbüro Profil: Großraumbüro (ab 7 Arbeitsplätze)
3. Sitzung Profil: Kantine
4. Kantine Profil: Kantine
5. Küche Profil: Küchen in Nichtwohngebäuden
6. Verkehrsfläche Profil: Verkehrsflächen
7. Keller+DG Profil: Nebenflächen (ohne Aufenthaltsräume).

5.2.3 Bildung von Beleuchtungsbereichen

Zur Ermittlung der Energie für Beleuchtung kann oft nicht die Zone als Ganzes betrachtet werden, da einzelne Bereiche einer Zone meist verschiedene Randbedingungen aufweisen. Dies kann einerseits die Beleuchtungsanlage selbst sein, die in einer Zone nicht immer homogen sein muss, aber auch verschiedene Fassadensysteme oder Orientierungen können eine Bereichsbildung notwendig machen. So können beispielsweise Nord- und Südräume aufgrund der deutlich unterschiedlichen Einstrahlung nicht gemeinsam dargestellt werden, bei nach Ost und West orientierten Räumen ist dies dagegen prinzipiell möglich.
Wie in Abb. 5-6 erkennbar, befindet sich auf der Westseite des Beispielgebäudes ein weiteres Gebäude. Aufgrund der Verschattung durch dieses Gebäude auf der Westfassade können im Beispiel die Ost- und Westräume des Gebäudes nicht mehr gemeinsam betrachtet werden.
Ein weiteres Kriterium bei der Bildung von Beleuchtungsbereichen ist die Tageslichtversorgung. So sind Bereiche, die nicht vom Tageslicht profitieren grundsätzlich getrennt von den tageslichtversorgten Bereichen zu betrachten.
Das Großraumbüro bekommt von zwei Fassaden Tageslicht. Für diese beiden Fassaden ist der tageslichtversorgte Anteil zu ermitteln. Dieser ermittelt sich aus der Differenz zwischen Sturzhöhe und Höhe der Nutzebene. Für die betrachtete

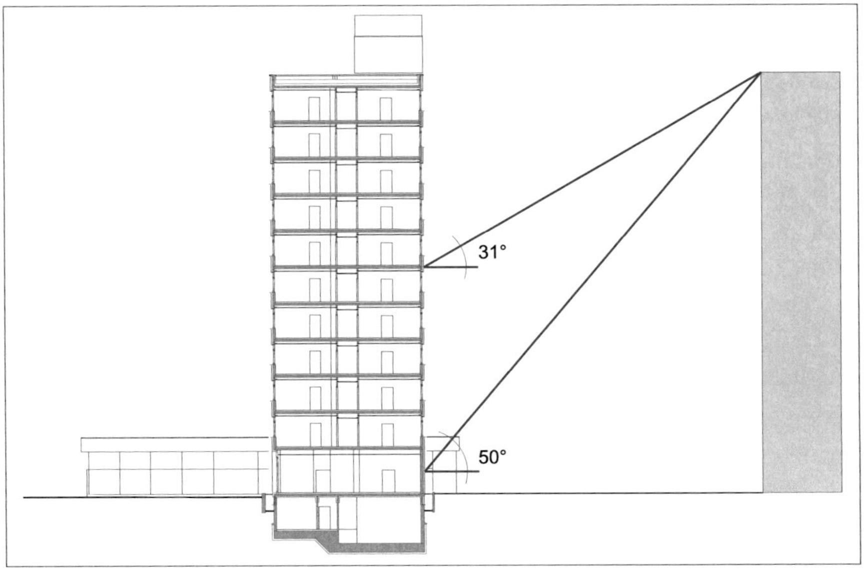

Abb. 5-6: Ost-West Schnitt durch das Gebäude mit Darstellung der Verbauung

Zone ergibt sich hieraus eine maximal mögliche Tiefe des vom Tageslicht versorgten Bereichs von 5,13 m.

$a_{TL,max} = 2{,}5 \cdot (2{,}85 - 0{,}8) = 5{,}13$ m

Bei einer gesamten Tiefe des Großraumbüros von 13,14 m ergibt sich hierdurch in der Mitte ein 2,89 m breiter Streifen, der nicht vom Tageslicht versorgt wird.

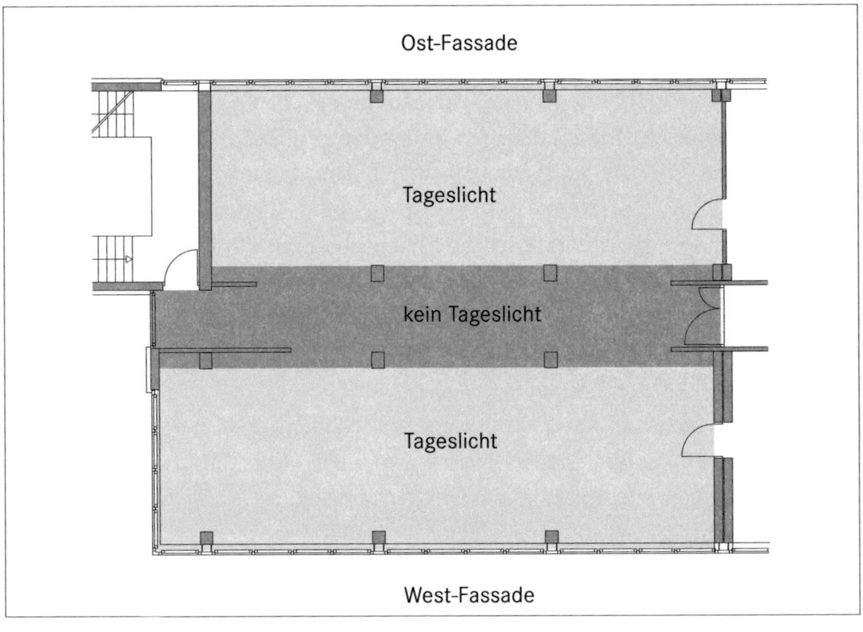

Abb. 5-7: Bildung von Beleuchtungsbereichen im Großraumbüro

Theoretisch könnten der Ost- und Westbereich in einem gemeinsamen Beleuchtungsbereich abgebildet werden, da sich jedoch gegenüber der Westfassade ein anderes Gebäude befindet, ist für diese Fassade eine Verbauung anzusetzen. Dadurch gibt es im Großraumbüro zwei verschiedene Beleuchtungssituationen, weshalb der Ost- und Westbereich in getrennten Beleuchtungsbereichen abzubilden ist, so dass sich im Großraumbüro insgesamt drei Beleuchtungsbereiche ergeben.
Die Einzel- und Gruppenbüros haben ebenfalls eine maximal mögliche Tiefe des vom Tageslicht versorgten Bereichs von 5,13 m. Die reale Raumtiefe beträgt in diesen Räumen mit 5,58 m jedoch weniger als das 1,25-fache der berechneten maximalen Tiefe, weshalb dort der gesamte Raum als tageslichtversorgt betrachtet wird. Außerdem ist in diesem 45 cm breiten Streifen keine weitere Leuchte installiert, die unabhängig vom vorderen Bereich betrieben wird, so dass eine getrennte Betrachtung hier auch keinen Sinn ergeben würde. Auch hier wird wieder in Ost- und Westbereich unterteilt.
Die Küche wird nur in einem Beleuchtungsbereich abgebildet, wobei die Gesamtfläche des Beleuchtungsbereichs aus zwei Teilflächen besteht. Einer Teilfläche, die mit Tageslicht versorgt ist und einer Teilfläche, die nicht mit Tageslicht versorgt ist. Für die Sitzungszone erfolgt eine getrennte Betrachtung der beiden Räume in zwei Beleuchtungsbereiche, wobei es im großen Sitzungsraum eine Teilfläche gibt, die nicht vom Tageslicht versorgt wird. Die Kantine wird entsprechend der drei Fassaden in drei Bereiche unterteilt, wobei jedem Bereich wiederum eine Teilfläche angehört, die nicht vom Tageslicht versorgt ist. Außerdem bilden die Sanitärräume einen eigenen Beleuchtungsbereich, in welchem die beleuchtungstechnischen Randbedingungen entsprechend dem Nutzungsprofil »WC und Sanitärräume« angesetzt werden. In der Zone »Verkehrsflächen« gibt es fünf Beleuchtungsbereiche. Auch hier gibt es wieder einen Beleuchtungsbereich »Sanitär«, außerdem werden die beiden Treppenhäuser, die Geschosslobby und die innen liegenden Flure in getrennten Bereichen abgebildet. Die Zone »Keller + DG« bekommt kein Tageslicht und kann somit in einem einzigen Beleuchtungsbereich erfasst werden.

Zugeschlagene Flächen

Zur Ermittlung der Nutzenergie für Beleuchtung gibt es zusätzlich zur Bereichsbildung die Möglichkeit, Bereiche, deren Randbedingungen von denen der Restfläche abweichen, einem anderen Berechnungsbereich oder der gesamten Zone zuzuschlagen. Hierfür darf jedoch der Anteil der zugeschlagenen Fläche nicht mehr als 25 % der bewerteten Fläche einnehmen. Das bedeutet, die Nutzenergie für Beleuchtung wird ermittelt, als ob es diesen zugeschlagenen Bereich nicht gäbe und am Schluss wird der flächenbezogene Wert auch für diesen Bereich übernommen. Dieser Fall tritt im Beispielgebäude in der Zone »Einzelbüro« auf. Der Hausmeisterraum wird dem Westbereich und der Personalraum dem Ostbereich der Zone zugeschlagen. Somit wird der Nutzenergiebedarf für Beleuchtung in den Einzelbüros ohne Betrachtung der Räume im EG ermittelt und erst am Ende wird der Wert des jeweiligen Beleuchtungsbereichs auf die Gesamtfläche hochgerechnet.

5.3 Beispielrechnung

Für die Berechnung des Energiebedarfs im Beispielgebäude mit den in Kap. 5.2 beschriebenen Randbedingungen werden die sieben Zonen jeweils einzeln bewertet und am Ende zum Gesamtgebäude aufsummiert. Die Berechnung erfolgt mit einem speziellen Excel-Tool, das vom Fraunhofer-Institut für Bauphysik entwickelt wurde. Die detaillierten Berechnungsergebnisse und ein Excel-Tool können auf **www.baufachinformation.de/Gesamtenergieeffizienz** kostenlos heruntergeladen werden.

5.3.1 Ungeregelte Einträge durch Systemverluste

Der pauschale Ansatz von Innenlasten kann zu einer Verfälschung der Ergebnisse führen, weshalb nun im ganzheitlichen Bewertungsansatz die realen Systemverluste ermittelt und als interne Einträge angesetzt werden. Hierfür wird

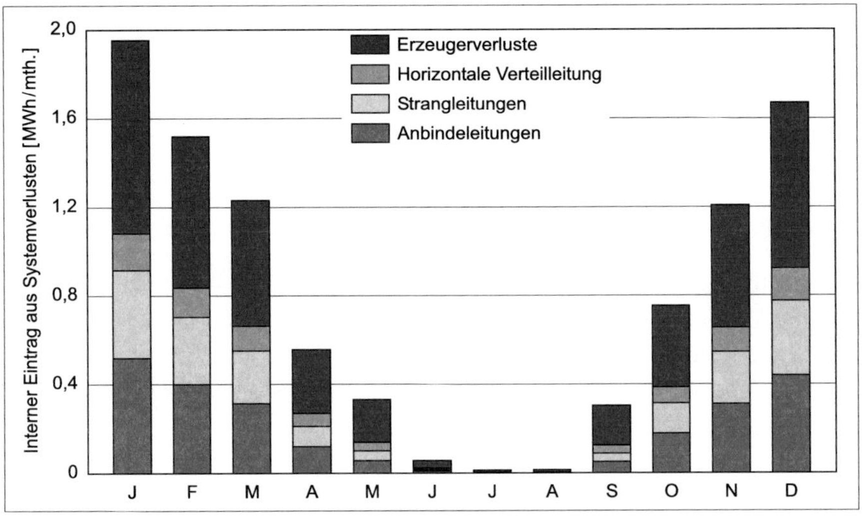

Abb. 5-8: Interne Einträge aus Systemverlusten

die Nutzenergie für Beleuchtung vorab bewertet und vollständig als interne Wärmequelle angesetzt. Zur Bestimmung der internen Einträge durch die Anlagentechnik erfolgt die Bilanzierung in mehreren Schritten. In einem ersten Durchlauf werden die Verluste der Anlagentechnik ermittelt, die dann in einem zweiten Iterationsschritt als interne Einträge in die Bilanzierung der jeweiligen Gebäudezone eingehen. Mit steigender Zahl der Iterationsschritte erzielt man dadurch eine immer höhere Genauigkeit. Für das Beispielgebäude werden als Verluste der Heizung die in Abb. 5-8 dargestellten Werte angesetzt.
Die Verluste der Strang- und Anbindeleitungen werden als interne Wärmequellen flächenanteilig auf die beheizten Zonen umgelegt, die Verluste der horizontalen Verteilleitungen und die Verluste der Erzeugung werden vollständig im Keller angesetzt.

5.3.2 Berechnung der zweiten Zone »Großraumbüro«

Beispielhaft wird hier die Berechnung der Nutzenergien für die Zone »Großraumbüro« dargestellt. Dabei wird wiederum in die drei Themengebiete entsprechend den Kapiteln 2 bis 4 dieses Buches unterschieden.

Beleuchtung

Für die drei Beleuchtungsbereiche nach Abb. 5-7 ist jeweils eine getrennte Ermittlung des Nutzenergiebedarfs durchzuführen, wobei sich der Unterschied zwischen den drei Bereichen nur auf die Tageslichtversorgung beschränkt, nicht jedoch auf die Kunstlichtanlage. Im gesamten Großraumbüro sind direkt/indirekt strahlende Leuchten mit stabförmigen Leuchtstofflampen und elektronischen Vorschaltgeräten installiert. Bei einem Wartungswert der Beleuchtungsstärke von 500 lx errechnet sich hieraus die spezifische elektrische Bewertungsleistung nach dem Tabellenverfahren zu 16,18 W/m². Der Teilbetriebsfaktor zur Berücksichtigung der Präsenz im Großraumbüro ist überall mit 100 % anzusetzen. Die Betriebszeit der Zone zur Tageszeit beträgt 2543 h pro Jahr und zur Nachtzeit 207 h pro Jahr. Diese Werte sind für alle drei Beleuchtungsbereiche identisch anzusetzen.
Für die beiden Bereiche, die mit Tageslicht versorgt werden, ist nun noch der Zeitanteil zu ermitteln, in dem das Tageslicht zur Beleuchtung ausreicht. Für die Ostfassade ergibt sich mit einem genäherten Tageslichtquotienten von 8,1 % eine gute Tageslichtversorgung, für die Westfassade kann dagegen infolge der Verbauung nur ein genäherter Tageslichtquotient von 5,3 % erreicht werden, was lediglich einer mittleren Tageslichtversorgung entspricht. Unter Berücksichtigung des Sonnenschutzsystems und des Beleuchtungskontrollsystems ergibt

sich so für den Ostbereich ein jährlicher Teilbetriebsfaktor zur Berücksichtigung der Tageslichtversorgung F_{TL} von 0,38 und für den Westbereich zu 0,48. Das bedeutet, dass in der Zeit, in der Tageslicht vorhanden ist, im Ostbereich nur zu 38 % zusätzlich Kunstlicht benötigt wird und im Westbereich zu 48 % der Tageslicht-Zeit Kunstlicht notwendig ist. Im mittleren Beleuchtungsbereich, der nicht vom Tageslicht versorgt wird, ist naturgemäß zu 100 % der Zeit Kunstlicht notwendig. Hieraus ergeben sich folgende jährliche effektive Betriebszeiten in den einzelnen Bereichen:

Tab. 5-1: Effektive jährliche Betriebszeiten in den einzelnen Beleuchtungsbereichen

Effektive Betriebszeit [h/a]	Ostbereich	Westbereich	Mitte
Am Tage $t_{eff,Tag}$	961	1.210	2.543
Nachts $t_{eff,Nacht}$	207	207	207
Gesamt: $t_{eff,Tag} + t_{eff,Nacht}$	1.168	1.417	2.750

Der Nutzenergiebedarf der einzelnen Bereiche kann nun durch Multiplikation der einzelnen Flächen mit der elektrischen Bewertungsleistung und der effektiven Betriebszeit der Zone ermittelt werden.

Ostbereich:	729,29 m² × 16,18 W/m² × 1.168,48 h/a	=	13.788 kWh/a
Westbereich:	821,28 m² × 16,18 W/m² × 1.416,62 h/a	=	18.824 kWh/a
Mitte:	340,43 m² × 16,18 W/m² × 2.750,00 h/a	=	15.147 kWh/a

Summiert man die Werte der einzelnen Bereiche auf, so erhält man einen gesamten jährlichen Nutzenergiebedarf im Großraumbüro von 47.763 kWh/a. Die monatlichen Werte der Tageslichtversorgung können mit Hilfe eines Verteilungsschlüssels ermittelt werden. In Tab. 5-4 ist der Nutzenergiebedarf an Beleuchtung für das Großraumbüro in Monatswerten dargestellt.
Der gesamte Nutzenergiebedarf für Beleuchtung geht in der Zonenbilanzierung als interne Wärmequelle ein.

Luftaufbereitung und -förderung

Im Großraumbüro ist eine RLT-Anlage installiert, die dem Großraumbüro konstant den nutzungsbedingten Mindestaußenluftwechsel zuführt. In der Realität ist natürlich der reale Volumenstrom der Anlage anzusetzen, für das Beispiel wurde der Volumenstrom allerdings dem Mindestaußenluftwechsel gleichgesetzt, der sich im Großraumbüro zu 11.346 m³/h ergibt. Da in jedem Monat die gleiche Luftmenge gefördert wird, ist der täglich Strombedarf für die Ventilatoren im ganzen Jahr konstant mit 132,6 kWh/d gegeben. Die Zulufttemperatur im Raum soll das ganze Jahr über konstant 17 °C betragen, so dass sich zusätzlich ein Nutzenergiebedarf zur Lufterwärmung und -kühlung ergibt. Dieser Anteil

wird mit Hilfe des in Kapitel 3 beschriebenen Kennwertverfahrens ermittelt. Grundlage sind hierbei die Kennwerte der Varianten Nr. 17 und 18. Diese müssen noch auf die Zulufttemperatur von 17 °C und auf die reale Betriebszeit von 13 h/d umgerechnet werden. Aus den korrigierten Energiekennwerten der Varianten 17 und 18 erfolgt schließlich noch eine Interpolation entsprechend dem realen Wärmerückgewinnungsgrad von 70 %. Durch Multiplikation mit dem mittleren Zuluftvolumenstrom wird schließlich die Nutzenergie für die Luftaufbereitung ermittelt. Die einzelnen Werte sind in Tab. 5-4 dargestellt.
Der Volumenstrom unter Berücksichtigung der Zulufttemperatur von 17 °C geht in die Zonenbilanzierung als Lüftungswärmesenke ein.

Heiz- und Kühlbedarf der Zone

Aufgrund der unterschiedlichen Randbedingungen für den Heiz- und Kühlfall ist für die beiden Fälle eine getrennte Bilanzierung durchzuführen, wobei noch zusätzlich in Werktage und Wochenenden zu unterscheiden ist. Für diese vier Randbedingungen werden jeweils die Quellen und Senken für einen durchschnittlichen Tag des Monats aufsummiert. In den beiden folgenden Tabellen ist dies beispielhaft für die Ermittlung des Heizwärmebedarfs an einem durchschnittlichen Werktag dargestellt.

Monat	Langwellige Abstrahlung	Intern	Speicherung Wochenende	Transmission	Lüftung	Summe
	kWh/d	kWh/d	kWh/d	kWh/d	kWh/d	kWh/d
Jan	2,88	0,00	78,88	704,61	338,54	**1.124,92**
Feb	1,79	0,00	78,88	644,58	326,79	**1.052,04**
Mrz	0,40	0,00	78,88	533,99	305,14	**918,41**
Apr	0,00	0,00	40,43	363,37	271,74	**675,53**
Mai	0,00	0,00	9,62	255,94	250,70	**516,26**
Jun	0,00	0,00	0,90	167,46	233,38	**401,75**
Jul	0,00	0,00	0,00	94,79	219,16	**313,95**
Aug	0,00	0,00	0,00	85,31	217,30	**302,61**
Sep	0,09	0,00	13,91	208,54	241,42	**463,97**
Okt	0,51	0,00	78,88	376,01	274,21	**729,60**
Nov	2,56	0,00	78,88	515,03	301,43	**897,90**
Dez	3,64	0,00	78,88	622,46	322,46	**1.027,44**
Summe	11,88	0,00	538,15	4.572,10	3.302,27	8.424,39

Tab. 5-2: Wärmesenken für die Berechnung des Heizwärmebedarfs an Werktagen im Großraumbüro

Tab. 5-3: Wärmequellen für die Berechnung des Heizwärmebedarfs an Werktagen im Großraumbüro

Monat	Solar	Intern	Transmission	Lüftung	Summe
	kWh/d	kWh/d	kWh/d	kWh/d	kWh/d
Jan	93,13	430,67	0,00	0,00	**523,80**
Feb	140,79	403,14	0,00	0,00	**543,93**
Mrz	203,20	380,57	0,00	0,00	**583,76**
Apr	370,40	362,77	0,00	0,00	**733,17**
Mai	405,44	352,90	0,00	0,00	**758,34**
Jun	472,81	349,17	0,00	0,00	**821,97**
Jul	488,10	351,94	0,00	0,00	**840,05**
Aug	353,84	360,68	0,00	0,00	**714,52**
Sep	267,66	376,09	0,00	0,00	**643,75**
Okt	195,74	397,18	0,00	0,00	**592,92**
Nov	107,31	425,80	0,00	0,00	**533,12**
Dez	57,95	458,41	0,00	0,00	**516,36**
Summe	3.156,37	4.649,33	0,00	0,00	7.805,70

Nach gleichem Schema werden die Wärmequellen und -senken für das Wochenende und für den Kühlfall ermittelt. Die Wochenend-Entspeicherung tritt jedoch nur bei den Senken für den Heizfall am Werktag auf. Aus den Wärmequellen und Senken wird der Ausnutzungsgrad ermittelt, über den dann in einem weiteren Schritt der Kühl- oder Wärmebedarf der Zone ermittelt wird.

Für den Monat Januar ergibt sich im Heizfall werktags ein Ausnutzungsgrad von 0,974. Dies bedeutet, dass im Januar 97 % der Wärmequellen für Heizzwecke genutzt werden können und sich somit im Großraumbüro werktags ein Heizwärmebedarf von 614,58 kWh/d ergibt:

$$1.124,92 - 0,974 \times 523,80 = 614,58 \text{ kWh/d}$$

Für die Berechnung am Wochenende ergibt sich im Januar ein Ausnutzungsgrad von 1,0 und hierdurch ein Wärmebedarf von: 784,17 – 1,0 × 102,01 = 682,17 kWh/d. Hierbei ist jedoch zu beachten, dass ein Teil dieser Wärme aus den Bauteilen stammt und daher nicht am Wochenende, sondern am Werktag aufgebracht wurde, weshalb dieser Teil bei der Berechnung des Heizwärmebedarfs am Werktag bereits als Senke berücksichtigt wurde. Dieser Anteil muss somit vom Wärmebedarf am Wochenende abgezogen werden. Im Januar beträgt somit der Heizwärmebedarf 510,69 kWh/d (= 682,17 kWh/d – 171,48 kWh/d).

Zur Ermittlung des gesamten Nutzwärmebedarfs im Januar werden die Tageswerte von Wochenende und Werktag mit den jeweiligen Zeitanteilen multipliziert. Bei einer Nutzungszeit des Großraumbüros von 250 Tagen pro Jahr beträgt die anteilige Zeit mit Nutzung im Januar 21,23 Tage und die Zeit ohne Nutzung 9,77 Tage. Hieraus ergibt sich im Großraumbüro ein bilanzierter Heizwärmebedarf im Januar von 18.037 kWh/mth.

Für die Bilanzierung des Kühlbedarfs wird analog vorgegangen, wobei sich der Kühlbedarf aus dem nicht für Heizzwecke nutzbaren Anteil der Wärmequellen ergibt. Im Juli ergibt sich werktags aus den Wärmequellen (840,05 kWh/d) und Wärmesenken (313,95 kWh/d) ein Ausnutzungsgrad von 0,49 mit dem sich wiederum ein Kühlbedarf von: 0,49 × 840,05 = 432,28 kWh/d ergibt. Am Wochenende wird nicht gekühlt. Somit ergibt sich ein gesamter Kühlbedarf im Juli von 9.179 kWh/mth.

Nach vollständiger Bilanzierung ergeben sich im Großraumbüro die in Tab. 5-4 dargestellten Nutzenergien. Im Großraumbüro errechnet sich eine erforderliche maximale Kühlleistung von 69,6 kW. Hieraus ergibt sich unter Berücksichtigung der mechanischen Lüftungsanlage für die zusätzlichen Anlagenkomponenten zur Raumkühlung eine maximale Kühlleistung von 42,61 kW und für die RLT-Anlage eine maximale Kühlleistung von 48,46 kW. Demgegenüber steht eine maximale Heizleistung für die Raumheizung von 68,50 kW und für die Luftheizung von 34,03 kW.

Monat	Raum-Wärme	Luft-Wärme	Raum-Kälte	Luft-Kälte	Ventilator	Licht
	kWh	kWh	kWh	kWh	kWh	kWh
Jan	18.037	2.278	0	0	2.827	4.860
Feb	13.591	1.545	269	0	2.554	3.888
Mrz	9.993	847	614	0	2.827	3.871
Apr	2.341	236	2.620	240	2.736	3.447
Mai	880	47	4.402	2.351	2.827	3.377
Jun	248	23	6.909	3.500	2.736	3.208
Jul	82	23	9.179	5.534	2.827	3.377
Aug	121	94	6.917	6.213	2.827	3.562
Sep	892	62	3.271	3.892	2.736	3.747
Okt	4.981	108	1.258	390	2.827	4.273
Nov	10.805	602	443	84	2.736	4.674
Dez	15.644	1.492	259	0	2.827	5.478
kWh/a	77.615	7.358	36.142	22.205	33.289	47.763
kWh/m²a	41,04	3,89	19,11	11,74	17,60	25,26

Tab. 5-4: Nutzenergien im Großraumbüro

5.3.3 Gesamtergebnis

Werden alle Energien der einzelnen Zonen aufsummiert, so ergeben sich für das Gesamtgebäude die nachfolgend aufgeführten Nutzenergien. Dabei ist zu

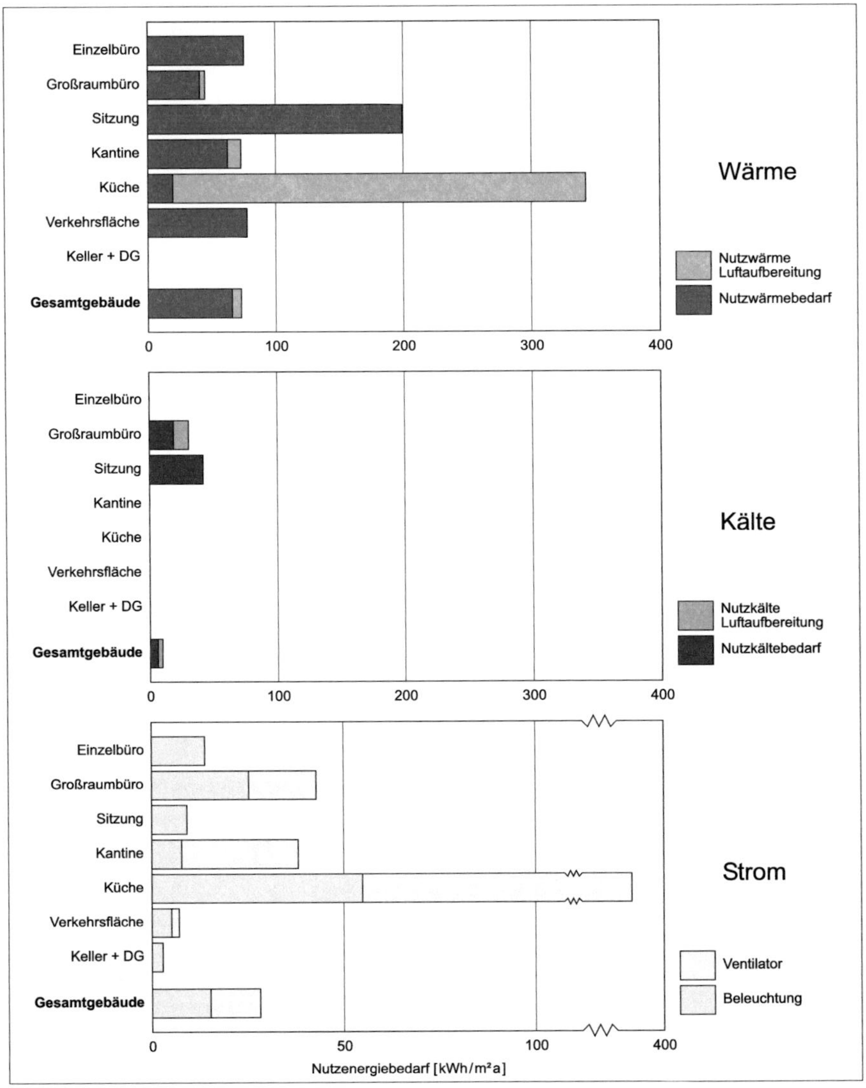

Abb. 5-9: Nutzenergiebedarf an Kälte, Wärme und Strom für Beleuchtung und Lüftung im Beispielgebäude

beachten, dass die flächenbezogenen Werte nur auf die thermisch konditionierte Gesamtfläche bezogen sind.

Nutzwärmebedarf	$Q_{h,b}$	= 65,44 kWh/m²a
Nutzwärmebedarf der Luftaufbereitung	$Q_{vh,b}$	= 7,09 kWh/m²a
Nutzkältebedarf	$Q_{c,b}$	= 6,30 kWh/m²a
Nutzkältebedarf der Luftaufbereitung	$Q_{vc,b}$	= 3,53 kWh/m²a
Nutzenergie für Beleuchtung	$Q_{l,b}$	= 15,06 kWh/m²a
Luft-Förderung	$Q_{v,aux}$	= 13,06 kWh/m²a

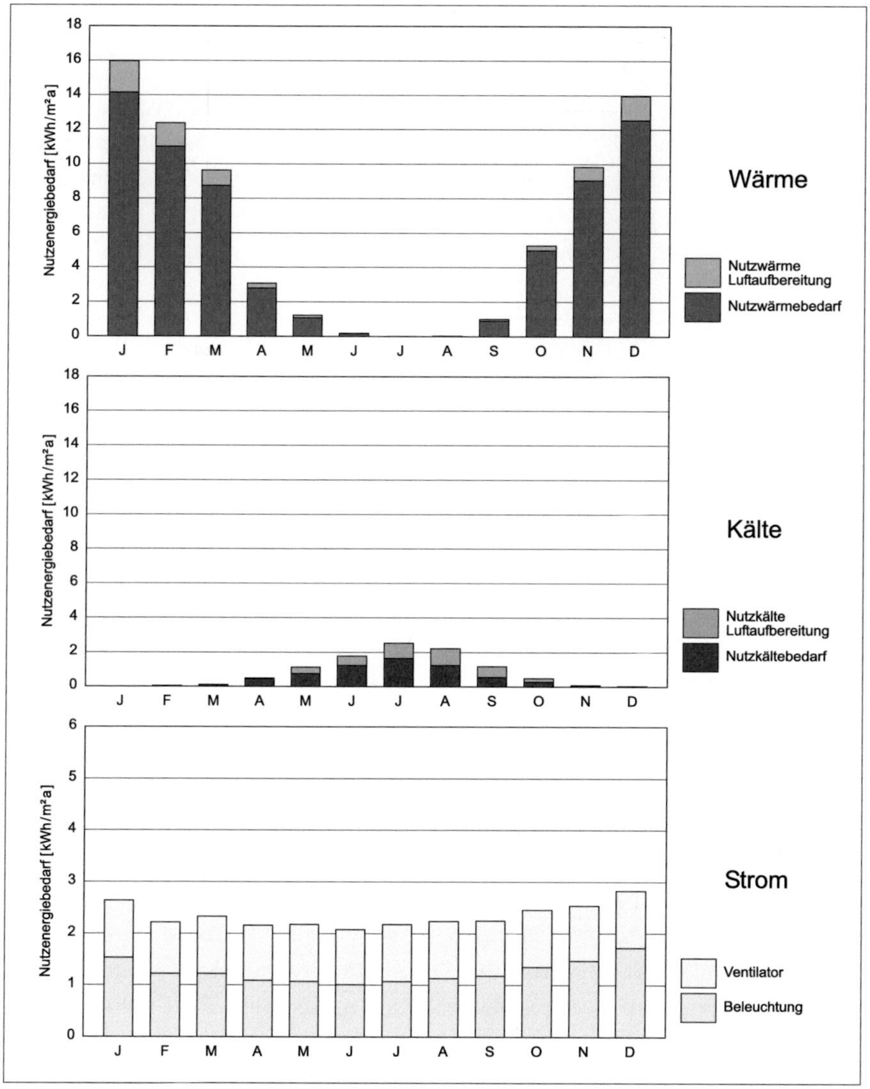

Abb. 5-10: Jahresverlauf des Nutzenergiebedarfs an Wärme, Kälte und Strom im Gebäude

Für das Gebäude erhält man eine maximale Kühlleistung von 98,33 kW, wovon 49,87 kW für die Raumkühlung und 48,46 kW für die Kühlung der Zuluft benötigt werden. Demgegenüber steht eine maximale Heizleistung von 382,75 kW von der 280,67 kW für die Raumheizung und 102,08 kW für die Erwärmung der Zuluft notwendig sind.

Auf den ersten Blick zeigt sich, dass der Nutzwärmebedarf den größten Anteil der Nutzenergien ausmacht. Dies täuscht jedoch über die Tatsache hinweg, dass bei einer primärenergetischen Betrachtung die Heizenergie nahezu konstant bleibt, wogegen sich der Energiebedarf für Beleuchtung und Lüftung verdreifacht. Um

diesen Effekt visuell zu verdeutlichen, sind in den Abb. 5-9 und 5-10 abweichende Maßstäbe gewählt.
Wie Abb. 5-9 zu entnehmen ist, passen diese Werte des Gesamtgebäudes zu keiner der einzelnen Zonen, worin auch die Notwendigkeit der Zonierung begründet ist. Bei einer Modellierung des Gebäudes in nur einer Zone, würden alle Einträge über das gesamte Gebäude gleichmäßig verteilt, so dass Zonen mit großen Senken eventuell den Kühlbedarf in anderen Zonen »wegsenken« würden.

5.4 Variationen im Beispielgebäude

Im Folgenden sollen die Auswirkungen einzelner Maßnahmen dargestellt werden, indem verschiedene Eingabewerte gegenüber der obigen Beschreibung verändert werden.

5.4.1 Abbildung der Sanitärräume in einer separaten Zone

Bei hohem Luftwechsel zwischen zwei Gebäudezonen sind diese grundsätzlich zusammenzufassen, weshalb im Beispielgebäude die Sanitärflächen den Zonen zugeschlagen werden aus denen sie die Zuluft bekommen. Prinzipiell besteht jedoch auch die Möglichkeit, die Sanitärflächen in einer eigenen Zone darzustellen und einen gezielten Luftaustausch mit den benachbarten Zonen anzusetzen.
Hierfür ist der Abluftvolumenstrom der Sanitärräume im Erdgeschoss als einströmender Zuluftvolumenstrom aus der Kantine zu berücksichtigen und dort als zusätzliche Abluft in benachbarte Zonen anzusetzen. Die Lüftungsanlage der Kantine wird hiervon nicht beeinflusst. In die Kantine wird weiterhin als Zuluftmenge nur der nutzungsbedingte Mindestaußenluftvolumenstrom angesetzt und dieselbe Luftmenge wird auch über die Abluftanlage der Kantine abgeführt. Der zusätzliche Volumenstrom in die Sanitärräume erzeugt somit einen erwünschten Unterdruck in der Kantine, die notwendige Zuluftmenge muss über Fenster und Türen nachströmen.
In den Obergeschossen ist analog vorzugehen. Der Abluftvolumenstrom der Sanitärräume ist als einströmende Luftmenge aus den Fluren anzusetzen und muss dort wiederum als Abluftvolumenstrom in benachbarte Zonen betrachtet werden, wodurch auch hier ein Unterdruck erzeugt wird. Die entsprechende Luftmenge muss ebenfalls über Fenster- und Türöffnungen nachströmen.
Für die Ermittlung der Beleuchtungsenergie sind die Sanitärzellen im EG und die in den Obergeschossen in zwei verschiedenen Beleuchtungsbereichen abzu-

bilden. Dabei sind für die Sanitärräume im EG weiterhin die Nutzungszeiten der Kantine anzusetzen, da der Zugang zu diesen Räumen nur über die Kantine erfolgt. Somit ist außerdem gewährleistet, dass sich der Beleuchtungsenergiebedarf gegenüber dem Grundfall nicht verändert.
Da sich die Luftvolumenströme gegenüber dem Grundfall nicht verändert haben, ändert sich bei der Berechnung der acht Zonen auch die Nutzenergie der Luftaufbereitung nicht. Lediglich der Nutzwärmebedarf im Gebäude verändert sich, da die Wärmequellen und -senken nun nicht mehr über mehrere Bereiche gleichmäßig verteilt werden. In der Kantine reduziert sich der Bedarf leicht von 62,21 kWh/m²a auf 62,04 kWh/m²a. Dagegen erhöht sich der Wert bei den Verkehrsflächen von 77,31 kWh/m²a auf 81,91 kWh/m²a, wobei sich dort der absolute Wert trotzdem verringert. Die Sanitärräume haben einen Wärmebedarf von 38,40 kWh/m²a. Der Wert für das Gesamtgebäude sinkt nur geringfügig von 65,44 kWh/m²a auf 65,17 kWh/m²a. Eine getrennte Betrachtung der Sanitärräume bewirkt also im Ergebnis kaum einen Unterschied, allerdings ist eine Erhöhung der Zonenzahl immer mit einem Mehraufwand verbunden, der in diesem Fall nicht gerechtfertigt ist.

5.4.2 Fensterlüftung anstelle vollständiger Belüftung über RLT-Anlage

In dieser Variante des Beispiels wird untersucht, welche Auswirkungen es hat, wenn anstelle der vollständigen Belüftung im Großraumbüro über die RLT-Anlage eine natürliche Belüftung über die Fenster stattfindet. Auch hierbei wird wieder von einem Mindestvolumenstrom von 11.346 m³/h ausgegangen. Die Raumheizung erfolgt dabei über statische Heizkörper und für die Raumkühlung ist weiterhin eine Kühldecke vorgesehen.
Der Wärmebedarf erhöht sich dadurch mit 74,46 kWh/m²a für die Raumheizung deutlich gegenüber dem Grundfall in welchem für Raumheizung und Lufterwärmung insgesamt nur 44,93k kWh/m²a (= 41,04 + 3,89) benötigt wurden. Demgegenüber steht jedoch eine Reduzierung des Kühlbedarfs von insgesamt 30,85 kWh/m²a (=19,11 + 11,74) im Grundfall auf 18,73 kWh/m²a für die Raumkühlung in der hier betrachteten Variante. Zusätzlich entfällt der Strombedarf für die Ventilatoren, der im Grundfall 17,6 kWh/m²a betrug. Die maximale Heizleistung hat sich von 102,5 kW (= 68,5 + 34,0) auf 107,8 kW erhöht, dagegen hat sich die maximale Kühlleistung von 91,1 kW (= 42,6 + 48,5) auf 72,2 kW reduziert. Es ist somit festzustellen, dass sich bei dieser Variante der Heizwärmebedarf zwar deutlich erhöht, der Kühl- und Strombedarf sich jedoch in fast derselben Größenordung reduziert, was vor allem unter primärenergetischen und wirtschaftlichen Aspekten deutlich für diese Variante spricht.

5.4.3 VVS-Anlage im Großraumbüro

Anstelle einer Grundlüftung über die RLT-Anlage und einer zusätzlichen Raumkühlung besteht prinzipiell auch die Möglichkeit, die Kühllasten mit einem variablen Volumenstrom-System (VVS-Anlage) vollständig über die RLT-Anlage abzufangen. Hierfür wird von der raumlufttechnischen Anlage mindestens der nutzungsbedingte Mindestaußenluftvolumenstrom von 11.346 m³/h bereitgestellt, der jedoch bei Bedarf zur Abfuhr der thermischen Lasten erhöht wird. Der Gesamtvolumenstrom setzt sich dann aus dem Mindestluftwechsel und dem kühllastabhängigen Spitzenanteil zusammen.
Aus dem monatlichen Nutzkältebedarf im Grundfall nach Tab. 5-4 kann der mittlere monatliche Gesamtvolumenstrom der VVS-Anlage ermittelt werden. Die maximale Gesamtkühllast von 69,6 kW ist ebenfalls analog zum Grundfall und dient zur Ermittlung des Auslegungsvolumenstromes. Damit ist zunächst die Berechnung des Energiebedarfs der Luftförderung notwendig, um die korrigierte Zulufttemperatur zu bestimmen. Im nächsten Schritt kann dann der Nutzenergiebedarf für die Luftaufbereitung ermittelt werden. Die einzelnen Werte sind in Tab.5-5 dargestellt.

Monat	Volumenstrom	Luftförderung	Lufterwärmung	Luftkühlung
	m3/h	kWh	kWh	kWh
Jan	11.346,00	1.572,71	2.673,00	0,00
Feb	11.799,98	1.493,28	1.892,00	0,00
Mrz	12.281,02	1.744,82	1.100,00	0,00
Apr	15.467,57	2.352,28	385,00	211,00
Mai	18.047,40	3.090,74	88,00	3.255,00
Jun	22.213,40	4.237,29	52,00	6.198,00
Jul	25.317,50	5.538,18	56,00	11.781,00
Aug	21.874,76	4.264,38	204,00	11.018,00
Sep	16.491,13	2.597,39	109,00	4.968,00
Okt	13.261,50	1.942,41	151,00	313,00
Nov	12.042,29	1.644,50	783,00	58,00
Dez	11.739,86	1.642,25	1.843,00	0,00
kWh/a	191.882,42	32.120,23	9.336,00	37.802,00
kWh/m²a	101,47	16,99	4,94	19,99

Tab. 5-5: Nutzenergiebedarf für die thermische Luftaufbereitung VVS-Variante

Der gesamte Strombedarf für die Luftförderung ist bei der VVS-Variante mit 16,99 kWh/m²a etwas geringer als im Grundfall mit 17,60 kWh/m²a. Lediglich in den Sommermonaten ist er etwas höher, in den kühleren Wintermonaten dagegen liegt der Strombedarf der VVS-Variante niedriger als im Grundfall mit konstanter Grundlüftung. Dies ist dadurch begründet, dass bei der VVS-Variante ein ähnlich niedriger monatlicher Luftvolumenstrom durch ein deutlich größer dimensioniertes Kanalnetz transportiert wird. Dadurch entstehen im Teillastfall niedrigere Druckverluste. Obwohl im Jahresmittel ein mehr als 40 % höherer Luftvolumenstrom gefördert wird, ist der Jahresenergiebedarf für die Luftförderung annähernd gleich.

In der VVS-Variante liegt mit 19,99 kWh/m²a jedoch ein deutlich geringerer Kühlbedarf als im Grundfall mit insgesamt 30,85 kWh/m²a (=19,11+11,74) vor, was durch die bessere Nutzung der freien Kühlung durch die erhöhte Außenluftzufuhr begründet ist. Der Gesamtenergiebedarf für die Lufterwärmung hat sich dagegen nur leicht von 3,89 kWh/m²a auf 4,94 kWh/m²a verändert. Der Energiebedarf für die Raumheizung wird durch die unterschiedlichen Varianten nicht beeinflusst.

5.4.4 Nur-Luft-Anlage (KVS) im Großraumbüro mit vollständiger Deckung des Kühlbedarfs der Gebäudezone

In dieser Variation soll analog zur vorigen Variante ebenfalls auf die Raumkühlung im Großraumbüro verzichtet und die Kühllast über einen erhöhten Luftvolumenstrom abgefangen werden. Im Gegensatz zur vorigen Variante, wird dies hier jedoch mit einer KVS-Anlage (konstanter Volumenstrom) bewerkstelligt, bei der sich die Luftmenge anstatt aus dem notwendigen Mindestaußenluftwechsel aus der maximalen Kühllast der Gebäudezone berechnet.

Die maximale Kühlleistung beträgt im Großraumbüro ohne Betrachtung der Lüftungsanlage 69,6 kW. Aus dieser Leistung ermittelt sich der notwendige Luftwechsel für den Kühlfall zu

$$\frac{69.616}{0{,}34 \cdot (24-17)} = 29.250\,\frac{m^3}{h}\,.$$

Durch diesen erhöhten Luftwechsel ergibt sich kein Nutzkältebedarf mehr im Raum, dafür erhöhen sich aber alle anderen Energien.

Der Strombedarf für den Ventilator steigt gegenüber dem Grundfall deutlich von 17,60 kWh/m²a auf 45,38 kWh/m²a an. Der Nutzwärmebedarf im Raum steigt von 41,04 kWh/m²a auf 62,87 kWh/m²a und der Wärmebedarf für die Luftaufbereitung steigt von 3,89 kWh/m²a auf 10,03 kWh/m²a. Nutzkältebedarf für Raumkühlung fällt in dieser Variante nicht mehr an und der Kältebedarf der Luftaufbereitung ist mit 30,27 kWh/m²a minimal geringer als die Summe aus Raumkälte und Luftkälte im Grundfall mit 30,85 kWh/m²a (= 19,11 + 11,74).

Diese Variante ist mit einem sehr hohen Energiebedarf verbunden und somit nicht empfehlenswert.

5.4.5 Vernachlässigung der Entspeicherung am Wochenende

In Kapitel 2 wird die Vorgehensweise zur Berücksichtigung einer ganz- oder mehrtägigen Betriebsunterbrechung erläutert. Demnach ersetzt die in den Bauteilen gespeicherte Wärme an den Wochenenden teilweise oder vollständig die erforderliche Heizwärme. Da diese entspeicherte Wärme an den Werktagen zusätzlich aufgebracht werden muss, hat diese zeitliche Verschiebung jedoch kaum einen Einfluss auf den absoluten Wärmebedarf, wohl aber auf die Auslastung der Anlagentechnik.
Wird die Entspeicherung des Gebäudes am Wochenende vernachlässigt, so ergibt sich für den Heizwärmebedarf im gesamten Beispielgebäude lediglich eine Erhöhung von 65,44 kWh/m²a auf 66,03 kWh/m²a, also einer Erhöhung um weniger als 1%. Anders verhält es sich bei den Heizbedarfszeiten. Hier ist in der Übergangszeit eine deutlich geringere Auslastung des Systems zu verzeichnen, wenn die Entspeicherung berücksichtigt wird.
Wie man in Tab. 5-6 erkennen kann, ist für das Großraumbüro im Beispielgebäude unter Berücksichtigung der Entspeicherung bereits im April am Wochenende keine Beheizung mehr nötig, wogegen bei Vernachlässigung der Entspeicherung im April noch eine volle Laufzeit notwendig wäre.

Tab. 5-6: Heizzeiten im Großraumbüro

Monat	Mit Entspeicherung		Ohne Entspeicherung	
	Werktag $t_{h,op}$	Wochenende $t_{h,we}$	Werktag $t_{h,op}$	Wochenende $t_{h,we}$
	h/d	h/d	h/d	h/d
Jan	24	24	24	24
Feb	24	24	24	24
Mrz	24	24	24	24
Apr	24	0	24	24
Mai	12	0	11	6
Jun	4	0	3	1
Jul	1	0	1	0
Aug	2	0	2	0
Sep	13	0	11	9
Okt	24	15	24	24
Nov	24	24	24	24
Dez	24	24	24	24

In Abb. 5-11 ist deutlich zu erkennen, dass eine Vernachlässigung der zeitlichen Verschiebung der aufzuwendenden Wärmemenge durch die in den Bauteilen gespeicherte Wärme erhebliche Einflüsse auf die Anlagentechnik hat. Die Laufzeit der Pumpen und Wärmeerzeuger und deren Auslastung können nur unter Beachtung der gespeicherten Wärme in den Bauteilen richtig eingeschätzt werden.

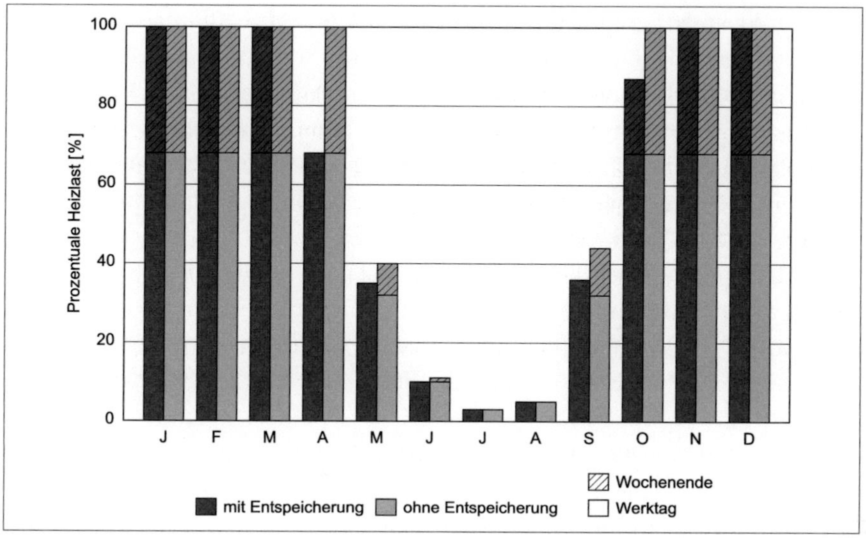

Abb. 5-11: Monatliche Auslastung des Heizsystems im Großraumbüro

5.5 Zusammenfassung

In den Kapiteln 2 bis 4 werden die Grundlagen der Berechnung der Nutzenergie für heizen, kühlen, belüften und beleuchten dargestellt. Um das Zusammenwirken der unterschiedlichen Komponenten aufzuzeigen, erfolgt im Kapitel 5 die Berechnung der Nutzenergie eines mehrgeschossigen Bürogebäudes. Zu Beginn der Berechnung ist eine praktikable Gebäudezonierung vorzunehmen, das vorliegende Beipielgebäude wird dabei in sieben Zonen unterteilt. Für die Berechnung des Beleuchtungsstrombedarfs kann es notwendig werden, eine definierte Zone in mehrere Bereiche zu unterteilen, wenn beispielsweise die Einstrahlbedingungen sich je nach Fassadenorientierung unterscheiden oder die Räume sehr tief sind und daher nicht vollständig mit Tageslicht versorgt werden können. Einige Verluste des Anlagensystems, die aufgewendete Beleuchtungsenergie sowie die Solarenergie und geregelte interne Wäremeeinträge stellen Wärmequellen dar und tragen wesentlich zur Substitution von Heizenergie bei. Am Beispiel des »Großraumbüros« wird die Berechnung des Nutzenergiebedarfs aufgezeigt. Die Bilanzierung erfolgt durch die monatsweise Berechnung der Wärmequellen und Wärmesenken. Mit der gewählten Anlagenkonfiguration liegt der Nutzenergiebedarf gemäß Tabelle 5-4 für Raumwärme bei 41,04 kWh/m²a und für Raumkälte bei 19,11 kWh/m²a. Der Strombedarf beträgt 17,6 kWh/m²a für den Lufttransport und 25,26 kWh/m²a für die Beleuchtung. Der Nutzenergiebedarf des Gesamtgebäudes, bezogen auf die thermisch konditionierte Fläche, beträgt

110,48 kWh/m²a. Der Anteil des Strombedarfs für die Luftförderung und Beleuchtung liegt bei 28,12 kWh/m²a. Dabei ist zu beachten, dass der Primärenergiebedarf des Strombedarfs sich verdreifacht. Aus der zonenweisen Bilanzierung des Nutzenergiebedarfs für Wärme, Kälte und Stom, dargestellt in Abb. 5-9, ist erkennbar, dass die einzelnen Zonen sich extrem voneinander unterscheiden. Der in Abb. 5-10 aufgetragene Jahresverlauf zeigt die monatlichen Beträge für Wärme, Kälte und Strom für das Gesamtgebäude.
Um den Einfluss unterschiedlicher Maßnahmen zu demonstrieren, wird in der ersten Variante die Zahl der Zonen im Gebäude verändert. In den Varianten 2 bis 4 erfolgt die Untersuchung unterschiedlicher Lüftungsstrategien im Großraumbüro. Bei der Variante 5 wird der Einfluss der Berücksichtigung der Energiespeicherung in Bauteilflächen untersucht. Die jeweilige Veränderung des Gebäude-Gesamtnutzenergiebedarfs für Wärme, Kälte und Strom, bezogen auf die thermisch konditionierte Gesamtgebäudefläche, ist in Abb. 5-12 dargestellt. Der auf die Fläche des Großraumbüros bezogene Einfluss hingegen ist in Abb. 5-13 angegeben.

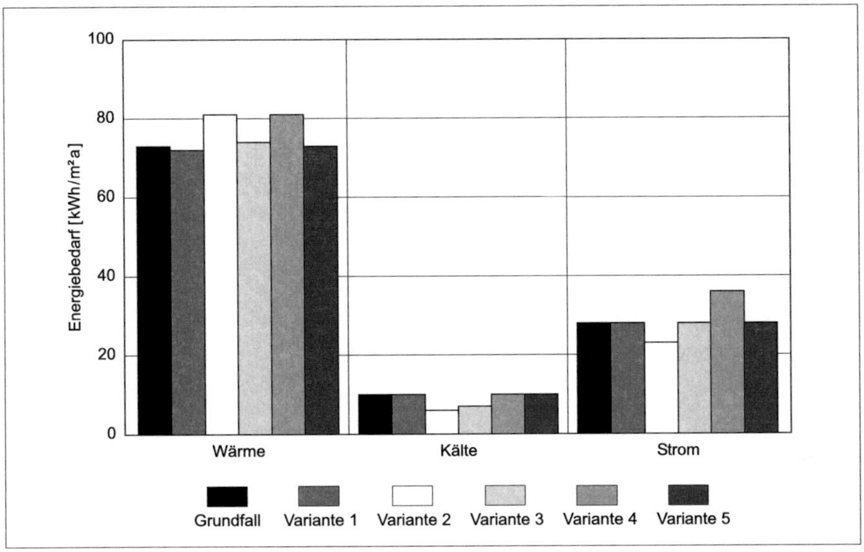

Abb. 5-12: Gegenüberstellung Grundfall und alle Varianten für das Beispielgebäude

Die Betrachtung der Sanitärflächen als separate Zone bedeutet Mehraufwand und ergibt, wie aus Abb. 5-12 zu erkennen ist, keinen nenneswerten Einfluss auf den Nutzenergiebedarf des Gesamtgebäudes. Da diese Variante am Gesamtgebäude und nicht am Großraumbüro vorgenommen wurde, ist sie in Abb. 5-13 nicht aufgeführt.
Wird die RLT-Anlage im Großraumbüro durch die Fensterlüftung ersetzt (Variante 2), führt dies zwar zu einem höheren Heizwärmebedarf, doch der Kühl- und Strombedarf sinkt etwa um den gleichen Betrag. Primärenergetisch be-

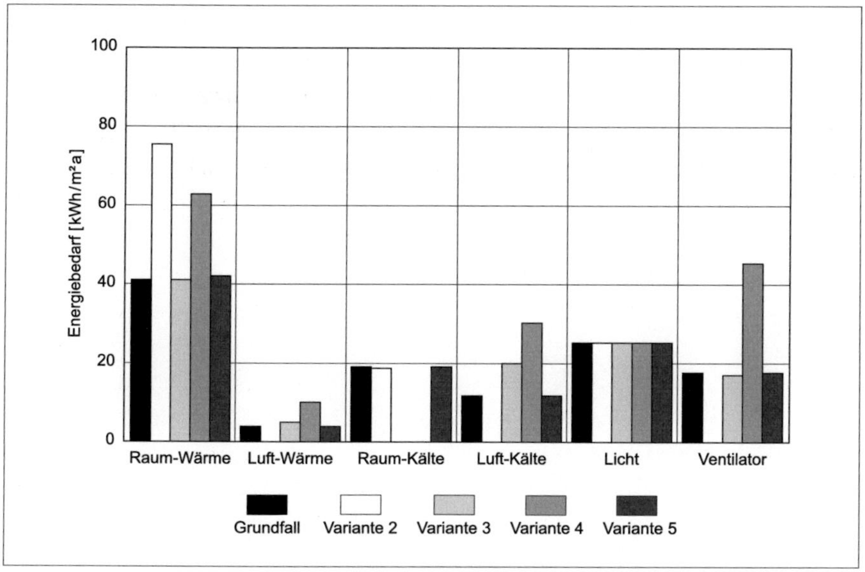

Abb. 5-13: Gegenüberstellung des Grundfalls und der Varianten zwei bis fünf für die Zone Großraumbüro

trachtet wirkt sich die Fensterlüftung somit positiv aus. Wird im Großraumbüro auf eine zusätzliche Raumkühlung verzichtet und werden die Kühllasten mit einer VVS-Anlage (variabler Volumenstrom) abgeführt (Variante 3), verringert sich der Nutzenergieaufwand für Kühlung gegenüber dem Grundfall.

Die KVS-Anlage (konstanter Volumenstrom) stellt eine weitere Möglichkeit dar, die Kühllast ohne zusätzliche Raumkühlung abzuführen (Variante 4). Der Luftvolumenstrom wird dabei aus der maximalen Kühllast ermittelt und dann während der Kühlperiode konstant gehalten. Diese Betriebsweise führt im Vergleich zum Grundfall und auch im Vergleich zu Variante 3 zu einem deutlich höheren Stromverbrauch. Die Berücksichtigung der Energieeinspeicherung in Bauteilflächen am Wochenende (Variante 5) wirkt sich auf den Heizwärmebedarf des Gebäudes kaum aus, da die am Wochenende von den Bauteilen an den Raum abgegebene Wärme während der Wochentage wieder zugeführt werden muss. Sie hat jedoch einen Einfluss auf die Anlagenlaufzeit. Insbesondere in den Übergangsmonaten ist die Anlagenlaufzeit am Wochenende kürzer, bzw. eine Einschaltung der Anlage ist gar nicht notwendig.

Die Varianten zeigen, wie sich unterschiedliche Strategien sowohl auf den Nutzwärmebedarf einer Zone als auch auf das Gesamtgebäude auswirken. Durch die zonenbezogene Bilanzierung des Nutzenergiebedarfs hat der Planer die Möglichkeit, jede einzelne Zone energieeffizient zu gestalten.